“双碳”目标下建筑中可再生能源利用

非传统能源与建筑生活热水

张　军　主编

中国建筑工业出版社

图书在版编目（CIP）数据

非传统能源与建筑生活热水 / 张军主编. — 北京 ：
中国建筑工业出版社，2023.11
（“双碳”目标下建筑中可再生能源利用）
ISBN 978-7-112-29207-3

Ⅰ.①非…　Ⅱ.①张…　Ⅲ.①能源-应用-生活用水
-研究　Ⅳ.①TU991

中国国家版本馆 CIP 数据核字(2023)第 186424 号

作为耗能大户，建筑行业如何助力实现我国“碳达峰、碳中和”这一战略目标是所有行业从业者都在迫切研究的课题。全书共七章，分别从我国能源现状及趋势、太阳能生活热水系统、热泵、温泉水系统、其他非传统能源、多能源生活热水系统的耦合利用、集中生活热水系统案例等方面，对非传统能源在集中生活热水的利用进行了详细的分析和说明。本书对从事建筑给水排水设计及施工等相关领域的工程技术人员以及大专院校的师生均有较高的参考价值。

责任编辑：高　悦　张　磊
责任校对：张　颖
校对整理：赵　菲

“双碳”目标下建筑中可再生能源利用
非传统能源与建筑生活热水
张　军　主编
*
中国建筑工业出版社出版、发行（北京海淀三里河路 9 号）
各地新华书店、建筑书店经销
北京科地亚盟排版公司制版
北京中科印刷有限公司印刷
*
开本：787 毫米×1092 毫米　1/16　印张：11¼　字数：278 千字
2024 年 4 月第一版　　2024 年 4 月第一次印刷
定价：**58.00** 元
ISBN 978-7-112-29207-3
（41922）

如有内容及印装质量问题，请与本社读者服务中心联系
电话：（010）58337283　QQ：2885381756
（地址：北京海淀三里河路 9 号中国建筑工业出版社 604 室　邮政编码：100037）

本书编委会名单

主 任 委 员： 王　研

副主任委员： 刘西宝

委　　　员： 张　军　周旭辉　王红炜

主　　　编： 张　军

副　主　编： 周旭辉

编写组成员：（按照姓氏笔画排序）

王　研　王红炜　石敏娜　白　雪　刘西宝

阳　康　杜　昭　张　军　陈　旭　罗陶然

周旭辉　钟义梅　姜令军　贺鹏鹏　穆丹琳

序

近年来，非传统能源逐渐走进我们的视野，而且方兴未艾。建筑行业是耗能大户，在研究和开发应用非传统能源这个方面，理应率先垂范。建筑设计是建筑行业的排头兵，许多新技术需要设计师们提出构思，企业研发出产品后，还需要设计师们不断提出合理建议，使产品日臻完善。非传统能源技术有些已经较为成熟并在建筑设计中得到了极大普及，有些还在探索和钻研的路上，这是一个艰难推进的过程。但无论如何，都需要我们不改初心，勇攀高峰，这样才能实现伟大的目标。

任何新事物新技术都需要我们有一个适应的过程，对非传统能源的了解、掌握并熟练应用，是当代设计师的必修课。如果能依据设计理论和实践经验提出自己的观点进而推动技术的进步，那便是锦上添花，这也是技术人员的崇高追求。本书全面介绍了非传统能源的知识和属性，以及在建筑设计中的应用，还有非传统能源与传统能源的耦合利用，不同的非传统能源之间的耦合利用，应用形式多种多样，总有一款适合你手头的项目。另外，对于在建筑设计上鲜有应用的氢能、生物质能等也做了介绍。其实国家层面上对于这些新型能源也早有布局，探索与研发一直在路上。本书顺应了新形势下设计上的迫切需求，在本书的最后章节附有多个经典设计案例，并且将氢能等新型能源的内容纳入其中，既有技术介绍又有实战演练，还有超前的新知识普及，内容之丰富、时代感之强可见一斑。

早几年，国家就提出了“双碳”的战略目标，在顶层设计下，各级政府也高度重视，相继出台了许多文件和设计标准。本书在此背景下问世，恰逢其时。在我院张军总工领衔和参与下，周旭辉、于妮琼、白雪、钟义梅、贺鹏鹏、穆丹琳、罗陶然，这个朝气蓬勃的年轻团队，不畏艰辛，勇担重任，为水行业奉献了一本技术先进、内容全面、设计案例经典的非传统能源设计百科全书。它既能指导工程设计，也不愧为教学的示范教材。编者们将多年宝贵的设计思想与实践经验倾注于书中，为社会和行业做出了重要的贡献，这就是该书出版的意义所在。

前进的路上不会一帆风顺，非传统能源的研发与应用也是一样。这就需要一代代水业同仁们持之以恒地坚守和努力，为实现蓝天碧水、绿色低碳的美好愿景贡献智慧和力量。

王玥

2023 年 8 月于西安

前 言

目前，我国“双碳”科普无论在实践层面还是在研究层面都还处于起步阶段，迫切需要集聚智慧，对“双碳”科普的主体、内容、路径、策略等进行研讨。

能源是人类赖以生存和发展的重要物质基础，在“双碳”背景下，能源结构、产业结构等方面将面临深刻的低碳转型，能源技术也将成为引领能源产业变革、实现创新驱动发展的原动力，为节能环保、清洁生产、清洁能源等产业带来广阔的市场前景和全新的发展机遇。近零能耗低碳建筑、非传统能源利用、多能耦合利用、高效太阳能利用等新型技术、新产品不断涌现，将为“双碳”目标的实现贡献建筑行业的智慧和力量。

建筑行业属于社会能耗大户，我国建筑能耗占社会能源消耗的比例为20%～25%，因此，优化建筑能源结构，提高建筑能耗管理水平和能耗利用技术水平，提高建筑能耗利用率，对“双碳”目标实现将起到积极的推动作用。在建筑能耗中，集中生活热水的能耗虽然不是所有的建筑都会涉及，但和供暖空调能耗相比较，集中生活热水的能耗又具有全年性、不间断性以及稳定可靠的特性要求，因此，随着化石能源使用占比的不断下降，单一能源或多能源组合在集中生活热水系统中的使用必将逐步增加。因此，在集中生活热水系统的能源选择上，要结合项目所在地的地域特点、可利用非化石能源的种类、可靠性等外部条件，统筹合理地利用非传统能源。同时集中生活热水又不同于供暖用热，其对供水温度、供水安全以及供水稳定性均有较高的要求。单一的非传统能源多少都存在这样那样的缺点或不足，如：太阳能的非连续性和不稳定性，温泉水的特殊地域性，空气源（能）热泵在低温、潮湿环境中的低能效问题，水源热泵可用水体受限等问题。因此，在集中生活热水的能源选择上，不同地区要考虑其气候条件、能源供应情况、政府政策要求等因素，选择合适的能源供应和能源组合，尽最大可能提升非传统能源在建筑集中生活热水系统中的使用比例，降低化石能源的占比。

为提升非传统能源在集中生活热水系统中的推广使用，特组织相关专业技术人员共同编写了本书。全书共7章，分别从我国能源现状及趋势、太阳能生活热水系统、热泵、温泉水系统、其他非传统能源、多能源生活热水系统的耦合利用、集中生活热水系统案例等多个方面，对非传统能源在集中生活热水的利用进行了详细的分析和说明。本书对从事建筑给水排水设计及施工等相关领域的工程技术人员以及大专院校的师生均有较高的参考价值。

本书第1章、第4章由张军、杜昭、姜令军执笔，第2章由白雪、穆丹琳、罗陶然执笔，第3章由周旭辉、王红炜、阳康、陈旭执笔，第5章由于妮琼执笔，第6章由张军、周旭辉、石敏娜执笔，第7章由钟义梅、贺鹏鹏执笔，全书由张军、周旭辉统稿和校审。

由于时间仓促，书中难免有不妥之处，欢迎读者批评指正。

中国建筑西北设计研究院有限公司 张军
2023年6月

目　　录

第 1 章　我国能源现状及趋势 …… 1
1.1　我国能源现状 …… 1
1.1.1　能源供给现状 …… 2
1.1.2　能源消费现状 …… 2
1.2　新能源的机遇与挑战 …… 3
1.2.1　“双碳”目标下新能源发展的机遇 …… 4
1.2.2　化石能源 …… 4
1.2.3　非化石能源 …… 5
1.3　民用建筑用能 …… 5
1.3.1　供热市场需求持续增长 …… 5
1.3.2　可再生能源供热市场前景广阔 …… 6
第 2 章　太阳能生活热水系统 …… 8
2.1　太阳能的特性 …… 8
2.1.1　太阳能概述 …… 8
2.1.2　太阳能光热转换 …… 9
2.1.3　太阳辐射及特性 …… 9
2.1.4　中国太阳能资源分区 …… 12
2.1.5　太阳能集热器 …… 15
2.2　太阳能热水系统分类及适用条件 …… 22
2.2.1　太阳能热水系统概述及分类 …… 22
2.2.2　太阳能热水系统特点及适用条件 …… 26
2.3　太阳能热水系统设计 …… 37
2.3.1　热水系统负荷计算 …… 37
2.3.2　太阳能热水系统集热器换热计算 …… 42
2.3.3　太阳能热水系统辅助热源选择 …… 46
第 3 章　热泵 …… 49
3.1　热泵技术 …… 49
3.1.1　热泵的概念 …… 49
3.1.2　热泵的发展 …… 50
3.1.3　热泵的种类 …… 51
3.2　空气源热泵 …… 54
3.2.1　空气源热泵概况 …… 54
3.2.2　空气源热泵热水系统 …… 57

3.2.3 空气源热泵的影响因素 …… 59
3.2.4 空气源热泵热水系统设计 …… 62
3.3 地源热泵 …… 64
3.3.1 地源热泵概况 …… 64
3.3.2 水源热泵原理 …… 66
3.4 热泵生活热水系统辅助热源 …… 67
3.4.1 辅助热源种类 …… 67
3.4.2 辅助热源选择 …… 68
3.5 热泵热水系统存在的问题及对策 …… 69
3.5.1 空气能热泵存在的问题及对策 …… 69
3.5.2 水源热泵存在的问题及对策 …… 70
3.5.3 地源热泵存在的问题及对策 …… 71
3.6 常用热泵热水系统特点及适用条件 …… 71
第4章 温泉水系统 …… 74
4.1 温泉水 …… 74
4.2 温泉水开发利用 …… 76
4.2.1 地热温泉水在民用建筑中的应用 …… 76
4.2.2 温泉水的其他应用 …… 79
4.2.3 温泉水开发利用中应注意的问题 …… 81
第5章 其他非传统能源 …… 83
5.1 氢能 …… 83
5.1.1 氢能的基本特性 …… 83
5.1.2 氢能制备技术 …… 84
5.1.3 氢能储运技术 …… 87
5.1.4 氢能利用存在问题及开发前景 …… 89
5.2 生物质能 …… 89
5.2.1 生物质能的基本特性 …… 89
5.2.2 生物质能的转换 …… 90
5.2.3 生物质原料收储运技术 …… 91
5.3 工业余热 …… 92
5.3.1 工业余热的基本特性 …… 92
5.3.2 工业余热利用及前景 …… 93
第6章 多能源生活热水系统的耦合利用 …… 95
6.1 太阳能与其他热源耦合利用热水系统 …… 95
6.1.1 太阳能与高温热媒耦合利用热水系统 …… 95
6.1.2 太阳能与电(燃气炉)耦合热水系统 …… 108
6.1.3 太阳能与热泵耦合利用热水系统 …… 110
6.1.4 太阳能热水系统的其他问题 …… 115

6.2 空气能与其他热源耦合利用热水系统 …… 117
6.3 水源(地源)热泵与其他热源耦合利用热水系统 …… 124
6.4 其他热源利用热水系统 …… 133
6.4.1 余热利用生活热水系统 …… 133
6.4.2 高温余热应用生活热水系统 …… 133
6.4.3 低温余热利用生活热水系统 …… 134
第7章 集中生活热水系统案例 …… 137
7.1 西安某五星级酒店太阳能热水系统案例 …… 137
7.1.1 工程概况 …… 137
7.1.2 热水系统基本参数 …… 137
7.1.3 方案设计 …… 137
7.1.4 热水系统材料表及相关附图 …… 139
7.1.5 工程照片及运行 …… 140
7.2 西安某五星级酒店废热回收利用热水系统案例 …… 145
7.2.1 工程概况 …… 145
7.2.2 计算参数 …… 145
7.2.3 方案设计 …… 145
7.2.4 热水系统材料表及原理图 …… 147
7.3 西安某五星级酒店泳池余热回收系统案例 …… 154
7.3.1 工程概况 …… 154
7.3.2 泳池系统介绍 …… 154
7.3.3 泳池系统原理图 …… 155
7.3.4 工程照片及附图 …… 156
7.4 某高级中学学生宿舍空气源热泵系统案例 …… 158
7.4.1 工程概况 …… 158
7.4.2 计算参数 …… 158
7.4.3 方案设计 …… 159
7.4.4 热水系统原理图 …… 160
7.5 西安某软件新城热水系统案例 …… 162
7.5.1 工程概况 …… 162
7.5.2 热水系统基本参数 …… 162
7.5.3 方案设计 …… 163
7.5.4 现场照片及运行情况 …… 168
参考文献 …… 170

第1章　我国能源现状及趋势

人类社会的发展和人类文明的进步从根本上离不开能源，人类文明的进步历程本身就是一部能源供应和能源利用的变革史。煤炭、石油、天然气等化石能源驱动了人类发展的工业化、现代化进程，但两个多世纪以后，以化石能源为主的能源系统所产生的环境污染和温室气体排放问题日显突出，环境污染治理和应对全球气候变暖已经成为全人类面临的巨大挑战，也促使人类使用能源从原来的化石能源逐渐向绿色、低碳能源转型。近年来的页岩气革命和新能源技术革命，加速了煤炭开发利用全面向石油、天然气等低碳能源转型；加之人类发展所带来的新技术和市场扩张，不断加速全球能源利用从化石能源向太阳能、风能、核能、生物质能、地热能等可再生能源转型。人类正进入由“高碳”向“低碳”、由低密度向高密度、由黑色向绿色的能源加速转型时代。

1.1　我国能源现状

我国虽拥有丰富的能源资源，但人均拥有量较少，人均可利用能耗远低于世界平均水平。另外，我国的能源分布很不平衡，我国约61%的煤炭探明储量集中在华北地区，70%的水资源集中在西南地区，而我国的经济发达地区大多分布在东部地区，大量的石油、天然气需通过铁路等手段运输至消费中心。我国也是世界上少数采取长距离输电的国家。我国的能源格局表现为能源资源、能源生产和经济布局不协调，北煤南运、西电东送、西气东输将是长期的能源输送格局。加快西部能源资源开发，实施西电东送、西气东输战略，是实现更大范围资源优化配置的客观要求。

以煤为主的能源结构面临严峻挑战。我国是世界上少数以煤炭为主要能源的国家，与世界能源结构相比较，我国属于严重缺乏石油和天然气的国家，石油和天然气储量人均值分别仅为世界平均水平的11%和4%，随着经济规模的不断提升，交通运输量的不断攀升，我国石油消费的增长速度远高于石油生产的增长速度，石油供应前景十分严峻。自1993年起，我国已经成为石油净进口国，而受到国力和外汇的限制，我国很难支持大规模的石油进口。在今后的一段时间内，我国能源需求的增长仍将主要来源于煤炭供应，而大幅度增加煤炭生产和利用将对环境和运输带来越来越大的压力。我国经济的快速发展迫切需要增加非传统能源等新能源的利用。

我们国家一方面能源紧缺，人均能源占比低；另一方面国民经济单位产值的能耗高，能耗利用率又低，造成资源的大量浪费。通过新技术、新工艺以及精细化的运行管理等手段，降低国民经济单位产值的能耗迫在眉睫。

1.1.1 能源供给现状

2020年12月国务院发布的《新时代的中国能源发展》白皮书显示，我国基本形成了煤、油、气、电、核和可再生能源多轮驱动的能源生产体系。初步核算，2019年中国一次能源生产总量达39.7亿t标准煤，为世界能源生产第一大国。煤炭仍是保障能源供应的基础能源，2012年以来原煤年产量保持在34.1亿～39.7亿t。国家努力保持原油生产的稳定，2012年以来原油年产量保持在1.9亿～2.1亿t。天然气产量明显提升，从2012年的1106亿m^3增长到2019年的1762亿m^3。电力供应能力持续增强，累计发电装机容量201066万kW，2019年发电量7.5万亿kW·h，较2012年分别增长75%、50%。可再生能源开发利用规模迅速扩大，水电、风电、光伏发电的总装机容量均居世界首位。截至2019年底，在运、在建核电装机容量6593万kW，居世界第二，在建核电装机容量居世界第一。中国能源生产情况如图1.1-1所示。

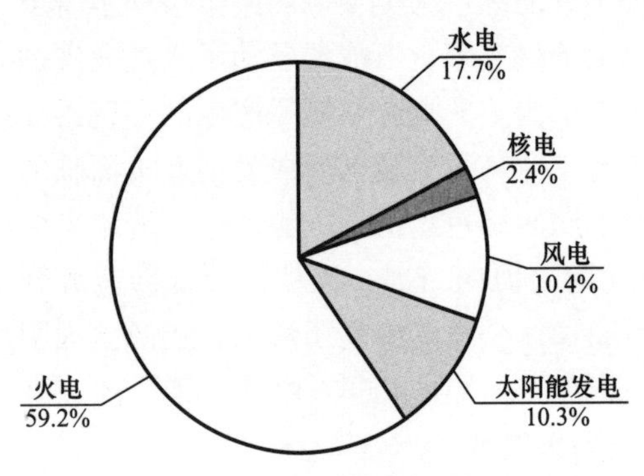

图1.1-1 中国能源生产情况

截至2019年底，中国可再生能源发电总装机容量7.9亿kW，约占全球可再生能源发电总装机容量的30%。其中，水电、风电、光伏发电、生物质能发电装机容量分别为3.56亿kW、2.1亿kW、2.04亿kW、2369万kW，均位居世界首位。可再生能源供热广泛应用，截至2019年底，太阳能热水器集热面积累计超5亿m^2，浅层和中深层地热能供暖建筑面积超过11亿m^2。

风电、光伏发电设备制造形成了完整的产业链，技术水平和制造规模均处于世界前列。2019年多晶硅、光伏电池、光伏组件的产量分别约占全球总产量的67%、79%和71%，光伏产品出口到世界200多个国家及地区。风电整机制造约占全球总产量的41%，已成为全球风电设备制造产业链的重要国家。2020年中国可再生能源继续快速发展，我国新增可再生能源发电装机容量1.39亿kW，特别是风电、光伏发电新增装机容量1.2亿kW，创历史新高；可再生能源利用水平持续提升，到2020年我国可再生能源发电量超过2.2万亿kW·h，约占全部发电量的30%，全年水电、风电、光伏发电利用率分别达到97%、97%和98%；产业优势持续增强，水电产业优势明显，是世界水电建设的中坚力量，风电、光伏发电基本形成全球最具竞争力的产业体系和产品服务；减污降碳成效显著。2020年我国可再生能源利用规模达到6.8亿t标准煤，相当于替代煤炭近10亿t，减少CO_2、SO_2和氮氧化物排放量分别约17.9亿t、86.4万t和79.8万t，为生态文明建设夯实基础，惠民利民、成果丰硕。

1.1.2 能源消费现状

能源利用效率不断提高，能源消费结构向清洁低碳加快转变。初步核算，2019年煤炭消费量占能源消费总量的比重为57.7%，比2012年降低10.8个百分点；天然气、水电、核电、风电等清洁能源消费量占能源消费总量的比重为23.4%，比2012年提高8.9个百分点；非化石能源消费量占能源消费总量的比重为15.3%，比2012年提高5.6个百分点，提前完成到 2020 年非化石能源消费比重达到 15%左右的目标。

积极优化产业结构，提升重点领域能效水平。大力发展低能耗的先进制造业、高新技术产业、现代服务业，推动传统产业智能化、清洁化改造升级。推动工业绿色、循环、低碳转型升级，全面实施绿色制造、绿色建造。建立健全节能监察执法和节能诊断服务机制，开展能效对标达标。不断提升新建建筑节能标准，深化既有建筑节能改造，优化建筑用能结构。构建节能高效的综合交通运输体系，推进交通运输用能清洁化，提高交通运输工具能效水平。全面建设节约型公共机构，促进公共机构为全社会节能工作做出表率。构建市场导向的绿色技术创新体系，促进绿色技术研发、转化与推广。全社会推广国家重点节能低碳技术、工业节能技术装备、交通运输行业重点节能低碳技术等。推动全民节能，引导树立勤俭节约的消费观，倡导简约适度、绿色低碳的生活方式，反对奢侈浪费和不合理消费，重点领域节能持续加强。

加强工业领域节能，实施国家重大工业专项节能监察、工业节能诊断行动、工业节能与绿色标准化行动，在钢铁、电解铝等 12 个重点行业遴选能效“领跑者”企业。开展工业领域电力需求侧管理专项行动，发布《工业领域电力需求侧管理工作指南》，遴选 153 家工业领域示范企业（园区）。培育新能源服务集成商，促进现代能源服务业与工业制造有机融合。

强化建筑领域节能。新建建筑全面执行建筑节能标准，开展超低能耗、近零能耗建筑示范，推动既有居住建筑节能改造，提升公共建筑能效水平，加强可再生能源建筑应用。截至 2019 年底，累计建成节能建筑面积 198 亿 m^2，占城镇既有建筑面积比例超过 56%，2019 年城镇新增节能建筑面积超过 20 亿 m^2。

促进交通运输节能。完善公共交通服务体系，推广多式联运。提升铁路电气化水平，推广天然气车船，发展节能与新能源汽车，完善充换电站和加氢站等能源基础设施建设，鼓励靠港船舶和民航飞机停靠期间使用岸电，建设天然气加气站、加注站。淘汰老旧高能耗车辆、船舶等。截至 2019 年底，建成港口岸电设施 5400 余套、液化天然气动力船舶 280 余艘。

加强公共机构节能。实行能源定额管理，实施绿色建筑、绿色办公、绿色出行、绿色食堂、绿色信息、绿色文化等行动，开展不同形式、不同类型的节约型公共机构示范单位创建活动。

推动终端用能清洁化。以京津冀及周边地区、长三角、珠三角、汾渭平原等地区为重点，实施煤炭消费减量替代和散煤综合治理，推广清洁高效锅炉，推行天然气、电力和可再生能源等替代低效和高污染煤炭的使用。制定财政价格等支持政策，积极推进北方地区冬季清洁取暖，以促进大气环境质量改善。推进终端用能领域以电代煤、以电代油，推广新能源汽车、热泵、电窑炉等新型用能方式。加强天然气基础设施建设与互联互通，在城镇燃气、工业燃料、燃气发电、交通运输等领域推进天然气的高效利用。大力推进天然气热电冷联供的供能方式，推进分布式可再生能源发展，推行终端用能领域多能协同和能源综合梯级利用。

1.2　新能源的机遇与挑战

中国科学院发布的《中国“碳中和”框架路线图研究》提出，“碳中和”看似很复杂，但概括起来就是一个“三端发力”的体系：第一端是能源供应端，尽可能用非化石能源替代化石能源发电、制氢，构建新型电力系统或能源供应系统；第二端是能源消费端，力争在居民生活、交通、工业、农业、建筑等绝大多数领域中，实现电力、氢能、地热、太阳能等非化石能源消费对化石能源消费的替代；第三端是人为固碳端，通过生态建设、土壤固碳、碳捕集和存储等组合工程去除不得不排放的CO_2。

新的时期，对应新能源技术的内涵与范围也发生了改变，不再仅仅是新的能源开发技术，而是涵盖了新能源的规模化、高效化利用技术，传统能源清洁利用技术和能源系统的高效综合运行技术三个方面，很好地涵盖了“双碳”目标实施的各个环节。在此背景下，新能源技术的发展和产业化将迎来前所未有的机遇，但与此同时，我国新能源技术的科技创新能否满足国家战略的需求，也将迎来一个个现实的挑战。

1.2.1 “双碳”目标下新能源发展的机遇

从辩证的角度看，“双碳”目标的实现过程，也是催生全新行业和商业模式的过程，我国应顺应科技革命和产业变革大趋势，抓住绿色转型带来的巨大发展机遇，从绿色发展中寻找机遇和动力。

1. 促进低碳、零碳和负碳产业的发展

在“双碳”的背景下，能源结构、产业结构等方面将面临深刻的低碳转型，能源技术也将成为引领能源产业变革、实现创新驱动发展的原动力，给节能环保、清洁生产、清洁能源等产业带来广阔的市场前景和全新的发展机遇。我国应借此机遇，催生零碳钢铁、零碳建筑等新型技术产品，推动低碳原材料生产工艺的升级改造、能源利用效率提升，构建低碳、零碳、负碳新型产业体系。

2. 绿色清洁能源发展机遇

在我国能源产业格局中，煤炭、石油、天然气等产生碳排放的化石能源占能源消费总量的84%，而水电、风电、核能和光伏等仅占16%。目前，我国光伏、风电、水电装机容量均已占到全球总装机容量的1/3左右，领跑全球。按照“双碳”目标到2060年实现碳中和，核能、风能、太阳能的装机容量将分别超过目前的5倍、12倍和70倍。化石能源的零碳高效利用技术也将迎来大规模商业应用。为实现“双碳”目标，能源革命势在必行，加快发展可再生能源，降低化石能源的比重，巨大的清洁、绿色能源产业发展空间将会进一步打开。

1.2.2 化石能源

化石能源主要包括煤炭、石油和天然气。煤炭作为一种常规能源，其应用途径广泛，涉及煤电行业、冶金行业、化工行业等，其中的煤电行业应用量最大。随着我国宏观经济增长的结构性调整，煤炭开采和煤炭下游需求行业的供给侧改革力度的加大和环保压力的提升，可再生能源发电占比逐步增大，煤炭的开采利用已经进入较为成熟的阶段，但由于煤炭从开采到使用的过程中均产生较高的环境污染，随着能源供给革命的推进，煤炭供应量在未来能源总量中的占比将大幅减少。在未来的煤炭开发中，需坚持煤炭的绿色开采，实现安全、科学、高效的开采。在煤炭利用方面将加大科技投入，使煤炭的利用做到绿色、环保、经济、可持续。

天然气是最清洁的化石能源，在非化石能源利用占比及技术成熟之前，天然气是替代煤炭和石油，降低用能污染排放和温室气体排放的最佳选择，在非化石能源成熟后，天然气作为清洁能源仍将具有广泛的应用空间，因此随着各种非常规天然气资源探明程度的不断增加，把天然气培育成为继煤炭、石油之后新的主体能源，具有十分重要的意义，是推进能源供给革命的重要内容之一。

1.2.3 非化石能源

中国能源供给革命研究，太阳能热利用将在居民和工商业领域的热水供应、供暖和制冷方面发挥重要作用。2020年太阳能热水系统的热利用运行保有量达到8亿 m^2，年替代化石能源0.87亿t标准煤。2020～2030年，太阳能供暖和制冷技术逐步成熟并普及，在居民和工商业领域的热水供应、供暖和制冷方面发挥重要作用。太阳能热利用运行保有量将达到12亿 m^2，实现年替代化石能源1.2亿t标准煤。2030～2050年，太阳能的中、高温应用技术得到推广，太阳能实现在热水供应、供暖、制冷和中高温商业与工业应用方面均得到大规模发展。太阳能热利用运行保有量将达到14亿 m^2，年替代化石能源1.5亿t标准煤。

生物质能热利用，在农村和城镇推广沼气和成型燃料，在终端能源消耗中主要提供炊事和锅炉等的热能需求。2030年前，沼气提纯技术基本成熟，工业化生产沼气产业初具规模；集约化农林生物质致密成型燃料在适宜地区有较大规模的发展，实现年产3000万t成型燃料。

地热集中供暖在华北、东北南部、华东、西南等地区成为主要的供暖方式，地源热泵在长江中下游地区和长江以南地区等夏热冬冷地区和有供暖需求的夏热冬暖地区得到大规模应用。2030～2050年，沼气技术广泛应用在城市和农村，实现年沼气产气量500亿 m^3；生物质成型燃料生产设备的稳定性和使用寿命大幅度提高，各类应用市场得到全面开发，在适宜地区大规模发展。地热能热利用技术发展成熟，地热能应用在我国得到全面推广，全国利用地热能的供热、供暖和制冷面积将达到10亿 m^2 以上。

1.3 民用建筑用能

1.3.1 供热市场需求持续增长

根据《可再生能源供热市场和政策研究》报告的预测，2020年供热市场总需求约为16.7亿t标准煤，2030年约为22.4亿t标准煤。2030年供热市场需求比2020年约增长5.7亿t标准煤，增长约34%。供热市场主要有四种需求，包括民用热水、建筑供暖、建筑制冷和工业热水。其中，建筑供暖和建筑制冷市场份额总和占比在2020年和2030年均超过70%。

(1) 民用热水：2020年民用热水供应需耗能约1.52亿t标准煤，2030年民用热水供应需耗能约1.89亿t标准煤。其中，住宅2020年热水供应需耗能约1.45亿t标准煤，2030年热水供应需耗能约1.78亿t标准煤；公共建筑2020年热水供应需耗能约0.07亿t标准煤，2030年热水供应需耗能约0.11亿t标准煤。民用热水市场是可再生能源供热的主要应用领域，太阳能热水、地热能、生物质能等供热技术的应用主要集中于民用热水应用市场。

（2）建筑供暖：2020年和2030年建筑供暖热力需求量分别达到6.31亿t标准煤和7.94亿t标准煤，是最大的、最重要的供热市场，在总热力市场中的比例分别为38％和36％。其中，严寒和寒冷地区的农村建筑供暖需求更大，占建筑供暖总需求的40％～45％，目前农村地区的建筑供暖主要依靠散煤、电等，供暖炉效率低、污染大，可再生能源供热是其可行的清洁能源替代技术。

（3）建筑制冷：2020年和2030年建筑制冷总需求量分别达到6.12亿t标准煤和9.03亿t标准煤。建筑制冷需求量与建筑供暖需求量基本相当。在建筑制冷市场中，目前和未来空调制冷仍是最主要的制冷技术，只有部分建筑制冷需求是通过热能提供。从可再生能源制冷技术看，地源、水源热泵制冷技术是成熟的，太阳能空调在预计不远的将来可形成技术成果，这些技术可满足一定的制冷市场需求。

（4）工业热水：根据规模以上工业热力及工业小锅炉热力需求分析，2020年工业热力需求量约2.74亿t标准煤，到2030年工业热力需求量约3.55亿t标准煤。工业领域对热水的温度和压力等要求较高，生物质锅炉能够替代燃煤锅炉提供工业热水，其他可再生能源供热技术需与常规能源供热技术联合运行，满足工业热水和热力需求，也可通过预热、伴热等形式替代化石能源，提高清洁能源的比例。

1.3.2 可再生能源供热市场前景广阔

从可再生能源现有供热方式来看，主要分为太阳能、生物质能、地热能的直接供热（可再生能源电力间接供热不计入可再生能源供热总量中）。2020年可再生能源供热潜力达到18.39亿t标准煤，到2030年潜力可达35.87亿t标准煤。特别是太阳能和地热能的资源潜力非常巨大。从可再生能源资源角度，可再生能源供热还有很多的发展潜力和空间，能够为供热市场提供更高比例的清洁、低碳能源供应。

1. 太阳能供热潜力

根据《太阳能利用“十三五”发展规划》，到2020年太阳能热利用集热面积保有量达到8亿m^2。按照t标准煤/m^2计算，2020年太阳能热利用替代能源折算标准煤约9600万t。随着太阳能的中、高温技术的进一步成熟，太阳能供热市场范围将进一步扩大，预测太阳能热利用集热面积仍按“十三五”增长速度，到2030年太阳能热利用集热面积保有量将达到12亿m^2，替代能源折合标准煤约1.44亿t。

2. 生物质能供热潜力

未来农林剩余物的应用将逐渐从生物质直燃发电转向生物质热电联产、生物质供热等，生物质能供热将以分布式生物质成型锅炉供热为主。特别在工业燃煤锅炉改造替代领域短期内将迎来快速发展。根据《中国生物质产业发展路线图2050年》，2020年我国农林生物质直燃发电量装机容量约500万kW，2030年装机容量约800万kW，折合标准煤分别为420万t、896万t。2020年生物质成型燃料锅炉供热600万吉焦，供热市场替代常规能源折合标准煤2050万t；2030年生物质成型燃料锅炉供热1000万吉焦，供热市场替代常规能源折合标准煤3420万t。综上所述，2020年生物质供热潜力为2470万t标准煤，2030年生物质供热潜力为4316万t标准煤。

3. 地热能供热不断加大

我国地热资源分布具有明显的规律性和地带性。结合目前地热能开发现状及技术发展趋势，未来地热能供热主要考虑分布广泛的浅层地热能，在北方寒冷地区、夏热冬冷地区及夏热冬暖地区均可开发利用。截至2019年，浅层和中深层地热能供暖的面积超11亿m^2。2021～2030年，地热供暖面积按年均增长15%预计，到2030年，地热供暖面积接近51亿m^2，替代常规能源折合标准煤7579万t。

第2章 太阳能生活热水系统

2.1 太阳能的特性

2.1.1 太阳能概述

太阳是一个处于高温、高压下的巨大火球，其直径约 1.39×10^{6}km，相当于地球直径的 109 倍；其质量约为 2.0×10^{30}kg，是地球质量的 33 万倍；体积约是地球的 130 万倍；平均密度约为地球的 1/4；表面温度约为 6000K，中心温度约达 1.4×10^{7}K；压力约 1.96×10^{13}kPa，太阳的物理数据见表 2.1-1。在这样的温度和压力下，太阳内部持续不断地进行着由氢聚变成氦的核聚变反应，同时其不断地以光线的形式向广阔宇宙空间辐射出巨大的能量，即太阳能。在该反应过程中，太阳内部产生数百万摄氏度的高温，表面温度达 5762K，这正是太阳向空间辐射出巨大能量的源泉。地球所接收到的太阳能相当于全球所需能量的 3 万～4 万倍，其总量是现今世界上可以开发利用的最大能量源，可见来自太阳的能量多么巨大。人们推测太阳的寿命至少还有几十亿年，因此对人类来说，太阳能是一种无限的能源。如果能合理、最大限度地利用太阳能，将会为人类提供充足的非传统化石能源。因此，对太阳能的研究和应用一直以来是人类能源发展的主要方向之一。

太阳的物理数据　　表 2.1-1

名称	数值	名称	数值
太阳直径（km）	1.39×10^{6}	光球表面温度（相对于黑体辐射）（K）	5762
在日地平均距离上太阳的径向角	32′2.4″	阳光辐照度（$W\cdot m^{-2}$）	615×10^{7}
太阳表面积（km^{2}）	6.036×10^{12}	太阳表面抛物线速度（$km\cdot s^{-1}$）	617
太阳质量（g）	1.989×10^{33}	太阳自转周期（d）	24.65
太阳体积（cm^{3}）	1.4122×10^{33}	太阳成分（按质量）元素	氢 75%，氦 24.25%，其他元素 0.75%
表面加速度（$cm\cdot s^{-2}$）	2.7398×10^{4}	太阳常数值（$W\cdot m^{-2}$）	1353
日冠温度（K）	$\approx10^{6}$	—	—

太阳能作为一种清洁可再生能源在人类社会的许多方面都体现了重要的地位。太阳能一般指太阳光的辐射能量。在能源方面解释，太阳能又分为广义和狭义两种：广义上太阳能包括地球上的风能、水能、海洋温差能、波浪能和生物质能以及部分潮汐能。即使是地球上的化石燃料（如煤、石油、天然气等），从根本上讲也是远古以来贮存下来的太阳能；狭义上太阳能则限于太阳辐射能的光热、光电和光化学的直接转换。通常说的太阳能指的是它狭义的概念。

太阳能是太阳内部或者表面的黑子在连续不断的核聚变反应过程中产生的能量。太阳向宇宙空间发射的辐射功率约为 3.8×10^{23}kW 的辐射值，其中 20 亿分之一到达地球大气层。到达地球大气层的太阳能的 30%被大气层反射，23%被大气层吸收，其余的到达地球表面，其功率约为 8×10^{14}kW，地球轨道上的平均太阳辐射强度约为 1367W/m^2，也就是说太阳每秒钟照射到地球上的能量就相当于燃烧 500 万 t 标准煤释放的热量，可见太阳能的能量十分巨大。

太阳能的利用包括以下几个方面：

（1）光热利用：将阳光聚合并运用其能量产生热水、蒸汽等加以利用。

（2）光电利用：利用光伏板组件在阳光下产生直流电加以利用。

（3）光化学利用：利用太阳光的照射使某些物质发生化学反应，进而得到新物质加以利用。

太阳能的优点：太阳能资源丰富，取之不尽，用之不竭，在使用过程中不会产生废物，对自然环境没有任何污染；太阳能可以免费使用，又无需运输，长期经济效益较高。到目前为止，利用的太阳能仅是其中的很少部分，而今后随着科技的进步，太阳能逐步市场商业化，将带动相关产业的飞速发展，潜力巨大。

太阳能的缺点：随着太阳和地球的运动，地球上的太阳能利用受白昼、天气等的影响，太阳能的利用具有非连续性和不确定性，因此作为能源利用而言，很多系统就需要考虑在太阳能无法利用时段的辅助热源或储能措施。

2.1.2　太阳能光热转换

太阳能的光热转换与利用是将太阳能转换成热能，供热水器、冷热空调系统等使用，这种利用方式普及性高，发展得较为成熟且工业化程度较高。在太阳能光热利用中，可通过反射、吸收等方式收集太阳能，然后将其转化成热能，其在生活中的应用非常广泛。如太阳能集热器、太阳能供暖房、太阳灶、太阳能干燥器、太阳能温室、太阳能蒸发器、太阳能水泵和太阳能热机、太阳炉、太阳能海水淡化、太阳能光热（冷、暖）空调等。通常情况下，太阳能光热转换与利用提供的热能温度都较低，小于等于 100℃。相对来说，低温利用比较容易，但由于温度较低也会限制其使用范围。太阳能光热转换与利用主要通过太阳能集热器来实现。太阳能集热器包括太阳能平板集热器以及太阳能聚光集热器。平板集热器吸收太阳辐射的面积与采集太阳辐射的面积相等且不聚光，主要用于太阳能热水、供暖和制冷等方面。为了在较高温度条件下利用太阳能，聚光集热器被广泛应用。它可将太阳光聚集在比较小的吸热面上，散热损失少，吸热效率高，从而达到较高的温度。但这会增加技术难度，并且成本高。因此，聚光集热器可利用廉价反射器代替昂贵的集热器来降低成本。但在缺电和无电地区，太阳能的光热利用与建筑结合起来考虑，其市场潜力比较大。

2.1.3　太阳辐射及特性

太阳能是利用太阳光辐射所产生的能量。那么，太阳光辐射能量的大小如何度量，它到达地面量的多少受哪些因素的影响，有哪些特点呢？这是了解太阳能、利用太阳能需要掌握的一个基本问题。

（1）首先介绍几个太阳能的常用单位。

1）辐射通量：太阳以辐射形式发射出的功率称为辐射功率，也叫作辐射通量，常用 Φ 表示，单位为 W；

2）辐照度：投射到单位面积上的辐射通量叫作辐照度，常用 E 表示，单位为 W/m^2；

3）曝辐量：从单位面积上接收到的辐射能称为曝辐量，常用 H 表示，单位为 J/m^2；

4）辐照量：单位面积集热面 1h 内接收到的太阳辐射能量称为辐照量，单位为 J/m^2。

太阳辐照度，可根据不同波长范围的能量大小及其稳定程度，划分为常定辐射和异常辐射两类。常定辐射，包括可见光部分、近紫外线部分和近红外线部分三个波段的辐射，是太阳光辐射的主要部分，它的特点是能量大且稳定，它的辐射能占太阳辐射能的90%左右，受太阳活动的影响很小。表示这种辐照度的物理量，叫作太阳常数。异常辐射，则包括光辐射中的无线电波部分、紫外线部分和微粒子流部分，它的特点是随着太阳活动的强弱而发生剧烈的变化，在极大期能量很大，在极小期能量则很微弱。

在地球大气层的上界，由于不受大气的影响，太阳辐射能有一个比较恒定的数值，这个数值就叫作太阳常数。它指的是在平均日地距离时，在地球大气层的上界，在垂直于太阳光线的平面上，单位时间内在单位面积上所获得的太阳总辐射能的数值，常用单位为 W/m^2。

（2）太阳辐照度，是根据太阳以辐射形式发射出的功率投射到单位面积上的多少而言的。由于大气层的存在，真正到达地球表面的太阳辐射能的大小，则要受多种因素影响，一般来说，太阳高度、大气质量、大气透明度、地理纬度、日照时间及海拔是影响的主要因素。

1）太阳高度

太阳高度即太阳位于地平面以上的高度角，常用太阳光线和地平线的夹角即入射角 φ 来表示。入射角大，太阳高度高，则辐照度也大；反之，入射角小，太阳高度低，则辐照度也小。

由于地球的大气层对太阳辐射有吸收、反射和散射作用，所以红外线、可见光和紫外线在光射线中所占的比例，也随着太阳高度的变化而变化。当太阳高度角为 90°时，在太阳光谱中，红外线占 50%，可见光占 46%，紫外线占 4%；当太阳高度角为 30°时，红外线占 53%，可见光占 44%，紫外线占 3%；当太阳高度角为 5°时，红外线占 72%，可见光占 28%，紫外线占比则近于 0。

太阳高度在一天中是不断变化的，早晨日出时高度角为 0°，高度最低，以后逐渐增加；到正午时高度角为 90°，高度最高；下午太阳高度逐渐减小，到日落时高度角又降为 0°。太阳高度在一年中也是不断变化的。这是由于地球不仅在自转，而且还在围绕着太阳公转的缘故。地球自转轴与公转轨道平面不是垂直的，而是始终保持着一定的倾斜。自转轴与公转轨道平面法线之间的夹角为 23.5°。上半年，太阳从低纬度到高纬度逐日升高，直到夏至日正午，达到最高点 90°。从此以后，则逐日降低，直到冬至日，达到最低点。这就是一年中夏季炎热、冬季寒冷和一天中正午比早晚温度高的原因。

对于某一地平面来说，由于太阳高度低时，光线穿过大气的路程较长，所以能量被衰减得就较多。同时，又由于光线以较小的角度投射到该地平面上，所以到达地平面的能量就较少；反之，则较多。

2）大气质量

由于大气的存在，太阳辐射能在到达地面之前将受到很大的衰减。这种衰减作用的大小与太阳辐射能穿过大气路程的长短有着密切的关系。太阳光线在大气中经过的路程越长，能量损失得就越多；路程越短，能量则损失得就越少。通常把太阳处于天顶即垂直照射地面时，光线穿过大气的路程，称为 1 个大气质量。太阳在其他位置时，大气质量都大于 1。例如在早晨 8～9 点时，有 2～3 个大气质量。大气质量越多，说明太阳光线经过大气的路程就越长，受到的衰减就越多，到达地面的能量也就越少。因此，我们把大气质量定义为太阳光线通过大气路程与太阳在天顶时太阳光线通过大气路程之比。例如在此值为 1.5 时，就称大气质量为 1.5，通常写为 AM1.5。在大气层外，大气质量为 0，通常写为 AM0。

3）大气透明度

在大气层上界与光线垂直的平面上，太阳辐照度基本上是一个常数；但是在地球表面上，太阳辐照度却是经常变化的。这主要是由于大气透明程度的不同所引起的。大气透明度是表征大气对于太阳光线透过程度的一个参数。在晴朗无云的天气，大气透明度高，到达地面的太阳辐射能就多些。在天空中云雾很多或风沙灰尘很多时，大气透明度很低，到达地面的太阳辐射能就较少。可见，大气透明度与天空中云量的多少以及大气中所含灰尘等杂质的多少关系是很大的。

4）地理纬度

太阳辐射通量是由低纬度向高纬度逐渐减弱的。这是什么原因呢？假定高纬度地区和低纬度地区的大气透明度是相同的，在这样的条件下进行比较，如图 2.1-1 所示。取春分中午时刻，此时太阳垂直照射到地球赤道 F 点上，设同一经度上有另外两点 B、D。B 点纬度比 D 点纬度高，由图中可明显地看出阳光射到 B 点所需经过的大气层的路程 AB 比阳光射到 D 点所需要经过的大气层的路程 CD 更长，所以 B 点的垂直辐射通量将比 D 点的小。在赤道上 F 点的垂直辐射通量最大，是因为阳光在大气层中经过的路程 EF 最短。例如地处高纬度的圣彼得堡（北纬 60°），每年在 $1cm^2$ 的面积上，只能获得 335kJ 的热量；而在我国首都北京，由于地处中纬度（北纬 39°57′），则可得到 586kJ 的热量；在低纬度的撒哈拉地区，则可得到高达 921kJ 的热量。

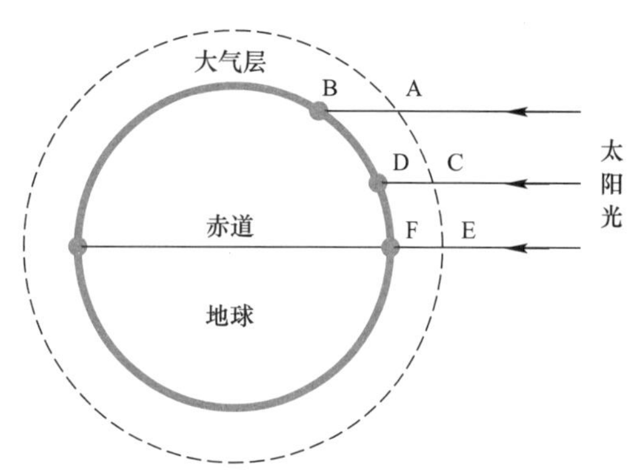

图 2.1-1　太阳辐射通量与地理纬度的关系

5）日照时间

这也是影响地面太阳辐照度的一个重要因素。如果某地区某日白天有 14h，其中有 6h 是阴天，8h 出太阳，那么就说该地区那一天的日照时间（也称日照时数）是 8h。日照时间越长，地面所获得的太阳总辐射量就越多。

6）海拔

以平均海水面做标准的高度称为海拔。海拔越高，大气透明度也越高，从而太阳直接辐射量也就越多。此外，日地距离、地形、地势等，对太阳辐照度也有一定的影响。例如地球在近日点要比远日点的平均气温高 4℃。又如在同一纬度上，盆地要比平川气温高，阳坡要比阴坡热。

总之，影响地面太阳辐照度的因素很多，但是某一具体地区太阳辐照度的大小，则是由上述这些因素综合决定的。

2.1.4 中国太阳能资源分区

我国地处北半球，幅员辽阔，绝大部分地区位于北纬 45°以南，是世界上太阳能最丰富的地区之一。我国超过 60％的国土面积年太阳能辐射量为 1400～1750kW·h/m^2，每年获得的太阳能约为 3.6×10^{22}J，相当于 1.2 万 t 标准煤的热值。全国 2/3 以上地区的年日照数在 2000h 以上。特别是西部地区，年日照时间能够达 3000h 以上。各地区全年总辐射量大体为 930～2330kW·h/m^2，由于受地理纬度和气候等因素的限制，各地区太阳能资源的分布不均。

以大兴安岭西麓至云南和西藏的交界处为界，可将我国从东北向西南分为两大部分。西北部地区太阳辐射量大多高于东北部地区。其中青藏高原的年总辐射量超过 1800kW·h/m^2，部分地区甚至超过 2000kW·h/m^2，年日照数长达 3200～3300h，是我国太阳能资源最丰富的地区。该地区可与地球上太阳能资源最丰富的印巴地区相媲美。此外，内蒙古、青海、新疆等地区的部分区域辐射总量和日照时数也在我国位居前列。以上这些地区为我国太阳能资源最丰富的地区，被称为太阳能资源最丰富带；太阳能资源很丰富带包括新疆、内蒙古、黑龙江、吉林、辽宁等地区的部分区域，年辐射量为 1400～1750kW·h/m^2；太阳能资源较丰富带包括山东、山西、陕西、甘肃等地区的部分区域，年辐射量为 1050～1400kW·h/m^2；太阳能资源一般带包括四川、重庆、贵州等云雨天气多的地区，年辐射量低于 1050kW·h/m^2。总之，除了四川盆地及其邻近地区以外，我国绝大部分地区的太阳能超过或相当于国外同纬度地区。由此可见，我国拥有丰富的太阳能资源，利用前景十分广阔。

我国的太阳能资源分布情况见表 2.1-2、表 2.1-3。我国 72 个城市的典型年设计用气象参数见表 2.1-4。

我国的太阳能资源区划指标　　表 2.1-2

资源区划代号	名称	太阳辐照量［MJ/(m^2·a)］	资源区划代号	名称	太阳辐照量［MJ/(m^2·a)］
Ⅰ	资源极富区	＞6700	Ⅲ	资源较富区	4200～5400
Ⅱ	资源丰富区	5400～6700	Ⅳ	资源一般区	＜4200

我国的太阳能资源分区及特征　　表 2.1-3

分区	太阳辐照量［MJ/(m^2·a)］	主要地区	月平均气温 21℃、日照时数＞6h 的天数（d）
资源极富区	＞6700	新疆南部、甘肃西北一角	275 左右
		新疆南部、西藏北部、青海西部	275～325
		甘肃西部、内蒙古巴彦淖尔市西部、青海一部分	275～325
		青海南部	250～300
		青海西南部	250～275
		西藏大部分	250～300
		内蒙古乌兰察布市、巴彦淖尔市及鄂尔多斯市一部分	＞300

续表

分区	太阳辐照量 [MJ/(m^2·a)]	主要地区	月平均气温 21℃、日照时数>6h 的天数（d）
资源丰富区	5400～6700	新疆北部	275 左右
		内蒙古呼伦贝尔市	225～275
		内蒙古锡林郭勒盟、乌兰察布市、河北北部一隅	>275
		山西北部、河北北部、辽宁部分	250～275
		北京、天津、山东西北部	250～275
		内蒙古鄂尔多斯市大部分	275～300
		陕北及甘肃东部一部分	225～275
		青海东部、甘肃南部、四川西部	200～300
		四川南部、云南北部一部分	200～250
		西藏东部、四川西部和云南北部一部分	<250
		福建、广东沿海一带	175～200
		海南	225 左右
资源较富区	4200～5400	山西南部、河南大部分及安徽、山东、江苏部分	200～250
		黑龙江、吉林大部分	225～275
		吉林、辽宁、长白山地区	<225
		湖南、安徽、江苏南部、浙江、江西、福建、广东北部、湖南东部和广西大部分	150～200
		湖南西部、广西北部一部分	125～150
		陕西南部	125～175
		湖北、河南西部	150～175
		四川西部	125～175
		云南西南一部分	175～200
		云南东南一部分	175 左右
		贵州西部、云南东南一隅	150～175
		广西西部	150～175
资源一般区	<4200	四川、贵州大部分	<125
		成都平原	<100

我国 72 个城市的典型年设计用气象参数　　**表 2.1-4**

城市名称	纬度	H_{ha}	H_{ht}	H_{La}	H_{Lt}	T_a	S_y	S_t	f	N
北京	39°56′	14.180	5178.754	16.014	5844.400	12.9	7.5	2755.5	40%～50%	10
哈尔滨	45°45′	12.923	4722.185	15.394	5619.748	4.2	7.3	2672.9	40%～50%	10
长春	43°54′	13.663	4990.875	16.127	5885.278	5.8	7.4	2709.2	40%～50%	10
伊宁	43°57′	15.125	5530.671	17.330	6479.176	9.0	8.1	2955.1	50%～60%	8
沈阳	41°46′	13.091	4781.456	14.980	5466.630	8.6	7.0	2555.0	40%～50%	10
天津	39°06′	14.106	5152.363	15.804	5768.782	13.0	7.2	2612.7	40%～50%	10
二连浩特	43°39′	17.280	6312.236	21.012	7667.933	4.1	9.1	3316.1	50%～60%	8
大同	40°06′	15.202	5554.111	17.346	6332.744	7.2	7.6	2772.5	50%～60%	8
西安	34°18′	11.878	4342.079	12.303	4495.737	13.5	4.7	1711.1	40%～50%	10
济南	36°41′	13.167	4809.780	14.455	5277.709	14.9	7.1	2597.3	40%～50%	10
郑州	34°43′	13.482	4925.519	14.301	5222.523	14.3	6.2	2255.7	40%～50%	10

续表

城市名称	纬度	H_{ha}	H_{ht}	H_{La}	H_{Lt}	T_a	S_y	S_t	f	N
合肥	31°52′	11.272	4122.817	11.873	4341.379	15.4	5.4	1971.3	<40%	15
武汉	30°37′	11.466	4192.960	11.869	4339.349	16.5	5.5	1990.2	<40%	15
宜昌	30°42′	10.628	3887.618	10.852	3968.500	16.6	4.4	1616.5	<40%	15
长沙	28°14′	10.882	3984.009	11.061	4048.902	17.1	4.5	1636.0	<40%	15
南昌	28°36′	11.792	4316.409	12.158	4449.184	17.5	5.2	1885.2	40%～50%	10
南京	32°00′	12.156	4444.666	12.898	4714.471	15.4	5.6	2049.3	40%～50%	10
上海	31°10′	12.300	4497.261	12.904	4716.445	16.0	5.5	1997.5	40%～50%	10
杭州	30°14′	11.117	4068.653	11.621	4252.141	16.5	5.0	1819.9	<40%	15
福州	26°05′	11.772	4307.124	12.128	4436.527	19.6	4.6	1665.5	40%～50%	10
广州	23°08′	11.216	4102.517	11.513	4210.564	22.2	4.6	1687.4	<40%	15
韶关	24°48′	11.677	4274.501	11.981	4384.906	20.3	4.6	1665.8	40%～50%	10
南宁	22°49′	12.690	4642.457	12.788	4677.737	22.1	4.5	1640.1	40%～50%	10
桂林	25°20′	10.756	3936.810	10.999	4025.320	19.0	4.2	1535.0	<40%	15
昆明	25°01′	14.633	5337.074	15.551	5669.130	15.1	6.2	2272.3	40%～50%	10
贵阳	26°35′	9.548	3493.043	9.654	3530.934	15.4	3.3	1189.9	<40%	15
成都	30°40′	9.402	3438.352	9.305	3402.674	16.1	3.0	1109.1	<40%	15
重庆	29°33′	8.669	3174.724	8.552	3131.848	18.3	3.0	1101.6	<40%	15
拉萨	29°40′	19.843	7246.092	22.022	8038.284	8.2	8.6	3130.4	>60%	5
西宁	36°37′	15.636	5712.065	17.336	6329.704	6.5	7.6	2776.0	50%～60%	8
格尔木	36°25′	19.238	7029.169	21.785	7955.565	5.5	8.7	3190.1	>60%	5
兰州	36°03′	14.322	5232.783	15.135	5526.917	9.8	6.9	2508.3	40%～50%	10
银川	38°29′	16.507	6030.888	18.465	6742.000	8.9	8.3	3011.4	50%～60%	8
乌鲁木齐	43°47′	13.884	5078.441	15.726	5748.627	6.9	7.3	2662.1	40%～50%	10
喀什	39°28′	15.522	5673.439	16.911	6178.789	11.9	7.7	2825.7	50%～60%	8
哈密	42°49′	17.229	6296.969	20.238	7390.591	10.1	9.0	3300.1	50%～60%	8
漠河	52°58′	12.935	4727.574	17.147	6254.374	−4.3	6.7	2434.7	40%～50%	10
黑河	50°15′	12.732	4651.737	16.253	5929.060	0.4	7.6	2761.8	40%～50%	10
佳木斯	46°49′	12.019	4391.131	14.689	5360.745	3.6	6.9	2526.4	40%～50%	10
阿勒泰	47°44′	14.943	5462.996	18.157	6631.225	4.5	8.5	3092.6	50%～60%	8
奇台	44°01′	14.927	5456.112	17.489	6387.316	5.2	8.5	3087.1	50%～60%	8
吐鲁番	42°56′	15.244	5573.030	17.114	6251.978	14.4	8.3	3014.9	50%～60%	8
库车	41°48′	15.770	5763.318	17.639	6443.517	11.3	7.7	2804.0	50%～60%	8
若羌	39°02′	16.674	6093.686	18.260	6670.228	11.7	8.8	3202.6	50%～60%	8
和田	37°08′	15.707	5739.433	17.032	6221.590	12.5	7.3	2674.1	50%～60%	8
额济纳旗	41°57′	17.884	6535.737	21.501	7850.923	8.9	9.6	3516.2	50%～60%	8
敦煌	40°09′	17.480	6388.071	19.922	7276.161	9.5	9.2	3373.1	50%～60%	8
民勤	38°38′	15.928	5818.724	17.991	6568.829	8.3	8.7	3172.6	50%～60%	8
伊金霍洛旗	39°34′	15.438	5639.461	17.973	6561.603	6.3	8.7	3161.5	50%～60%	8
太原	37°47′	14.394	5259.107	15.815	5774.811	10.0	7.1	2587.7	40%～50%	10
侯马	35°39′	13.791	5039.715	14.816	5411.905	12.9	6.7	2455.6	40%～50%	10
烟台	37°32′	13.428	4905.477	14.792	5400.072	12.6	7.6	2756.4	40%～50%	10

续表

城市名称	纬度	H_{ha}	H_{ht}	H_{La}	H_{Lt}	T_a	S_y	S_t	f	N
噶尔	32°30′	19.013	6943.190	21.717	7926.455	0.4	10.0	3656.2	>60%	5
那曲	31°29′	15.423	5633.032	17.013	6211.557	−1.2	8.0	2911.8	50%～60%	8
玉树	33°01′	15.797	5771.158	17.439	6368.517	3.2	7.1	2590.6	50%～60%	8
昌都	31°09′	16.415	5995.896	18.082	6602.136	7.6	6.9	2502.0	50%～60%	8
绵阳	31°28′	10.049	3675.079	10.051	3675.106	16.2	3.2	1182.2	<40%	15
峨眉山	29°31′	11.757	4290.836	12.621	4604.691	3.1	3.9	1437.6	40%～50%	10
乐山	29°30′	9.448	3455.720	9.372	3426.930	17.2	3.0	1080.5	<40%	15
威宁	26°51′	12.793	4671.782	13.492	4924.531	10.4	5.0	1837.9	40%～50%	10
腾冲	25°01′	14.960	5457.679	16.148	5889.004	15.1	5.8	2107.2	50%～60%	8
景洪	22°00′	15.170	5532.070	15.768	5747.762	22.3	6.0	2197.2	50%～60%	8
蒙自	23°23′	14.621	5334.100	15.247	5559.737	18.6	6.1	2227.6	40%～50%	10
南充	30°48′	9.946	3639.914	9.939	3636.549	17.3	3.2	1177.2	<40%	15
万县	30°46′	9.653	3533.956	9.655	3534.288	18.0	3.6	1302.3	<40%	15
泸州	28°53′	8.807	3225.726	8.770	3211.848	17.7	3.2	1183.1	<40%	15
遵义	27°41′	8.797	3221.330	8.685	3179.993	15.3	3.0	1093.1	<40%	15
赣州	25°51′	12.168	4453.617	12.481	4567.442	19.4	5.0	1826.9	40%～50%	10
慈溪	30°16′	12.202	4463.771	12.804	4682.430	16.2	5.5	2003.5	40%～50%	10
汕头	23°24′	12.921	4725.103	13.293	4860.517	21.5	5.6	2044.1	40%～50%	10
海口	20°02′	12.912	4721.413	13.018	4759.480	24.1	5.9	2139.0	40%～50%	10
三亚	18°14′	16.627	6074.573	16.956	6193.388	25.8	7.0	2546.8	50%～60%	8

注：H_{ha} 为水平面年平均日辐照量，MJ/(m^2·d)；H_{ht} 为水平面年总辐照量，MJ/(m^2·a)；H_{La} 为当地纬度倾角平面年平均日辐照量，MJ/(m^2·d)；H_{Lt} 为当地纬度倾角平面年总辐照量，MJ/(m^2·a)；T_a 为年平均环境温度，℃；S_y 为年平均每日的日照小时数，h；S_t 为年总日照小时数，h；f 为年太阳能保证率推荐范围；N 为回收年限允许值，年（a）。

2.1.5　太阳能集热器

目前常用的太阳能集热器主要有平板型集热器和真空管型集热器。真空管型集热器又可分为全玻璃真空管集热器、U 形管集热器、全玻璃真空管内插集热器、玻璃-金属热管集热器、全玻璃热管集热器等。

1. 平板型集热器

平板型集热器是太阳能低温热利用的基本部件，平板型集热器主要由集热板（包括吸收表面和传热介质流道）、透明盖板、隔热保温层和外壳等几个部分组成，如图 2.1-2 所示。

平板型集热器的工作原理为：太阳辐射穿过透明盖板后投射在集热板上，集热板吸收太阳辐射后温度升高，将热量传递给集热板内的传热工质，使传热工质的温度升高；同时，温度升高的集热板以传导、对流和辐射等方式向四周散热，成为集热器的热量损失。由于平板型结构不具备聚集阳光的功能，因此平板型集热器一般只能提供温度低于 70℃的低温热能。平板型集热器已广泛应用于生活用热水加热、游泳池加热、工业用热水加热、建筑物供暖与空调等诸多领域。

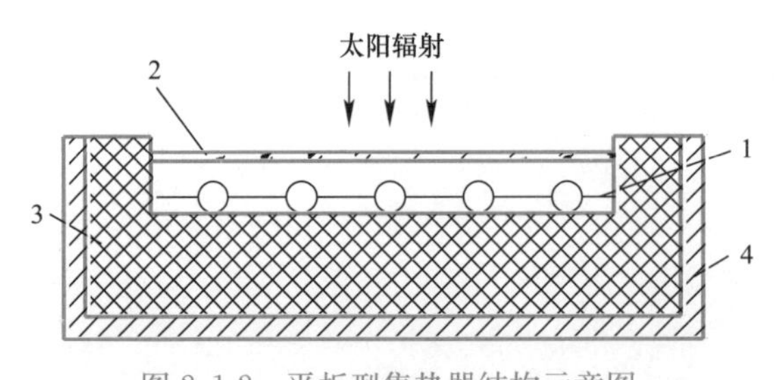

图 2.1-2 平板型集热器结构示意图

1—集热板；2—透明盖板；3—隔热保温层；4—外壳

集热板是平板型集热器内吸收太阳辐射能并向传热工质传递热量的部件，其基本为平板形状。

1）集热板的技术要求

根据集热板的功能及工程应用的需求，对吸热体有以下主要技术要求：

① 太阳吸收率高，可以最大限度地吸收太阳辐射能；

② 热传递性能好，产生的热量可以最大限度地传递给传热工质；

③ 与传热工质的相容性好，不会被传热工质腐蚀；

④ 具有一定的承压能力，便于将集热器与其他部件连接组成太阳能系统；

⑤ 加工工艺简单，便于批量生产及推广应用。

2）集热板的结构形式

在平板形状的集热板上，通常都布置有排管和集管。排管是指集热板纵向排列并构成流体通道的部件；集管是指集热板上下两端横向连接若干根排管并构成流体通道的部件。

集热板的材料种类很多，有铜、铝合金、铜铝复合、不锈钢、镀锌钢、塑料、橡胶等。根据国家标准《平板型太阳能集热器》GB/T 6424—2021，集热板有管板式、翼管式、扁盒式、蛇管式和平板热管式等结构形式。沿海地区和水质较差地区，平板型集热板一般采用塑料。

① 管板式

管板式集热板是将排管与平板以一定的结合方式连接构成吸热条带，如图 2.1-3(a) 所示，然后再与上下集管焊接成集热板。这是目前国内外使用比较普遍的集热板结构类型。

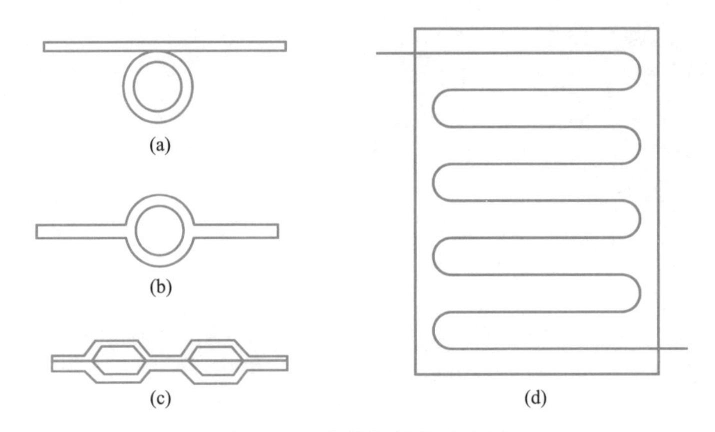

图 2.1-3 集热板结构示意图

排管与平板的结合有多种方式，早期有捆扎、胶粘、锡焊等，这些结合方式制造工艺落后，结合热阻较大，已逐渐被淘汰，目前主要应用热碾压吹胀、高频焊接、超声焊接等连接方式。

② 翼管式

翼管式集热板是利用模子挤压拉伸工艺制成金属管两侧连有翼片的吸热条带，如图2.1-3(b) 所示，然后再与上下集管焊接成集热板。集热板材料一般采用铝合金。

翼管式集热板的优点是热效率高、无结合热阻、耐压能力强；缺点是水质不易保证、材料用量大、动态性能差。

③ 扁盒式

扁盒式集热板是将两块金属板分别模压成型，然后再焊接成一体构成集热板，如图2.1-3(c) 所示。集热板材料可以采用不锈钢、铝合金、镀锌钢等。通常流道之间采用点焊工艺，集热板四周采用滚焊工艺。

扁盒式集热板的优点是热效率高、无结合热阻；不需要焊接集管，流体通道和集管采用一次模压成型。缺点是焊接工艺难度大，容易出现焊接穿透或焊接不牢的问题；耐压能力差；流体通道的横截面大，动态性能差；铝合金和镀锌钢都会被腐蚀，水质不易保证。

④ 蛇管式

蛇管式集热板是将金属管弯曲成蛇形，然后再与平板焊接构成集热板，如图2.1-3(d) 所示。集热板材料一般采用铜，焊接工艺可采用高频焊接或超声焊接。蛇管式集热板的优点是热效率高、无结合热阻、不需要焊接集管、减少泄漏可能、水质清洁、耐压能力强。缺点是串联流体通道、流动阻力大、焊缝不是直线而是曲线的、焊接工艺难度大。

3）透明盖板

透明盖板是平板型集热器中覆盖集热板并由透明或半透明材料组成的板状部件。它的作用主要是保护集热板，使其不受灰尘及雨雪的侵蚀损坏，同时阻止集热板在温度升高后通过对流和辐射向周围环境散热。对透明盖板的技术要求主要有：

① 太阳透射比高：透射率越高，投射到集热板上的太阳辐射越强，集热效率越高；

② 红外透射比低：可以阻止集热板在温度升高后的热辐射，减小集热器辐射热损失；

③ 导热系数小：集热器工作时，集热板与透明盖板之间的空气温度可达50～70℃，因此，透明盖板导热系数越小，散热损失就越小；

④ 冲击强度高：集热器使用中，在受到冰雹、碎石等外力撞击下，透明盖板不至于损坏；

⑤ 耐久性好：透明盖板在冷、热、光、雨、雪等各种气候条件下长期使用后，其透光、强度等性能应无明显变化。

常用的透明盖板材料主要有普通平板玻璃、钢化玻璃、玻璃钢或者透明的纤维板等，目前国内使用最广泛的是平板玻璃。

4）隔热保温层

隔热保温层用来抑制集热板通过热传导向周围环境散热，减小集热板底部和四周的热损失。根据保温层的功能，保温层应具有导热系数小、耐高温、不易变形、不易挥发等特点。

① 保温层的材料

根据《平板型太阳能集热器》GB/T 6424—2021的规定，保温层材料的导热系数应不大于 0.045W/(m·K)，常用的保温层材料有岩棉、玻璃棉、聚苯乙烯泡沫塑料等。聚苯乙烯泡沫塑料在温度高于 70℃时会收缩变形，使用时需在它与集热板之间放置一层涂铝聚酯膜，以降低其使用温度。玻璃棉耐高温达 400℃，适用于较高工作温度的集热器。

② 保温层的厚度

保温层的厚度应根据选用的材料种类、集热器的工作温度、使用地区的气候条件等因素，同时兼顾投资效益来确定。一般而言，集热器底部保温层厚度选用 30～50mm，侧面保温层厚度与之大致相同。集热器底部保温材料的最小厚度，可用式（2.1-1）进行计算：

$$\delta \geqslant \frac{k_{100}}{1.45} \tag{2.1-1}$$

式中 k_{100}——保温材料在 100℃时所测得的导热系数，W/(m·K)；

δ——保温材料厚度，m。

5）外壳

外壳是使集热板形成温室效应的围护部件，它的作用是将集热板、透明盖板、隔热保温层等组成一个有机的整体，并具有一定的刚度和强度。

① 外壳的材料

集热板的外壳一般采用钢、不锈钢、铝合金、玻璃钢、塑料等。自制集热板的外壳也可以用木材、砖石、泥沙等砌成。钢板由于价廉且强度大，故使用较多。为了提高外壳的密封性，有的产品已采用铝合金板一次模压成型工艺。

② 呼吸孔

要想完全使集热板与外界隔绝是不可能的，集热板内温度的剧烈变化势必会引起集热板内的压力在较大范围内变化，进而引起集热板的“呼吸”。集热板的呼吸一方面会吸入灰尘，污染集热器内集热板和透明盖板的内侧，另一方面会在集热板内造成严重的水蒸气凝结。从这个角度讲，集热板适度的不严密是需要的。因此，在设计集热板时，应合理设置集热板的呼吸孔，为防止集热板“呼吸”带入灰尘，呼吸孔应当安装过滤材料。

2. 真空管集热器

真空管集热器广泛应用于太阳能热水、供暖、制冷空调、物料干燥、海水淡化、工业加热等诸多领域。真空管集热器按吸热体的材料种类可分为两大类：①全玻璃真空管集热器——吸热体由内玻璃管组成的真空管集热器；②金属吸热体真空管集热器——吸热体由金属材料组成的真空管集热器，有时也称为玻璃—金属真空管集热器。

1）全玻璃真空管集热器

全玻璃真空集热管由内玻璃管、外玻璃管、选择性吸收涂层、弹簧支架、消气剂等部件组成，如图 2.1-4 所示。

全玻璃真空管的一端开口，将内玻璃管和外玻璃管的管口进行环状熔封；另一端开口封闭成半球形圆头，内玻璃管用弹簧支架支撑于外玻璃管上，以缓冲热胀冷缩引起的应力。将内玻璃管和外玻璃管之间的夹层抽成高真空。在外玻璃管尾端一般粘结一只金属保护帽，以保护抽真空后封闭的排气嘴。内玻璃管的外表面涂有选择性吸收涂层，弹簧支架上装有消气剂，它在蒸散以后用于吸收真空集热管运行时产生的气体，起保持管内真空度的作用。

其工作原理是太阳光能透过外玻璃管照射到内玻璃管外表面的吸热体上转换为热能，

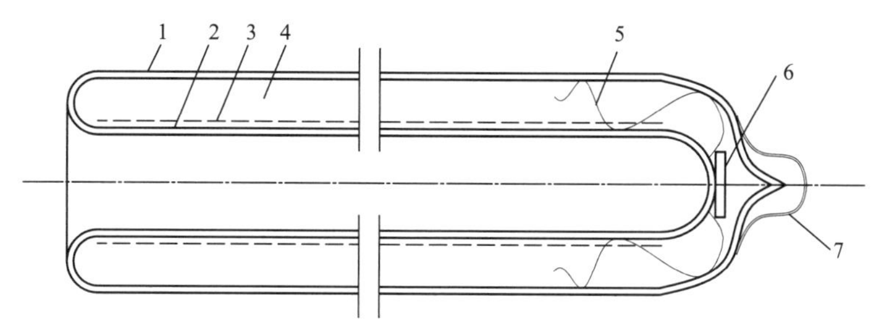

图 2.1-4　全玻璃真空管结构示意图

1—外玻璃管；2—内玻璃管；3—选择性吸收涂层；4—真空；5—弹簧支架；6—消气剂；7—保护帽

然后加热内玻璃管内的传热流体，由于夹层之间被抽成真空，有效降低了向周围环境散失的热损失，使集热效率得以提高。

全玻璃真空集热管的产品质量与选用的玻璃材料、真空性能和选择性吸收膜有重要关系。

① 玻璃：国家标准《全玻璃真空太阳集热管》GB/T 17049—2005 规定：生产制造全玻璃真空集热管应采用硼硅玻璃，该材料具有很好的透光性能，玻璃中的氧化铁含量为 0.5%以下，热稳定性好，热膨胀系数小，为 3.3×10^{-6}/℃；耐热冲击性好、耐热温差大于 200℃；有较高的机械强度，有较好的抗化学侵蚀性，并适合于加工。

② 真空度：真空集热管的真空度是保证产品质量和产品使用年限的重要指标。根据国家标准规定，集热管的真空度应小于或等于 5×10^{-2}Pa。

要使集热管内长期保持较高的真空度，在排气台排气时，必须对玻璃真空集热管进行较高温度与较长时间的保温烘烤，以消除管内水蒸气及其他气体。此外，在真空集热管内还放置了钡-钛吸气剂，它蒸散在抽真空封口一端的管壳内表面上，像镜面一样，能在运行时吸收集热管内释放出的微量气体，以确保管内真空度的保持。一旦银白色的镜面消失，就说明该真空集热管的真空度受到破坏，管子也就报废了。

③ 选择性吸收膜：采用光谱选择性吸收膜作为光热转换材料是真空集热管的又一重要特点。对于真空集热管的选择性吸收膜，需要考虑两个特殊要求：一是真空性能；二是耐温性能。工作时要求不影响管内真空度，其他性能指标也不能下降。

全玻璃真空管集热器由若干支真空管按照一定规则排列成的真空管阵列、联集管（或称联箱）、尾托架和反射器等部件组成，如图 2.1-5 所示。

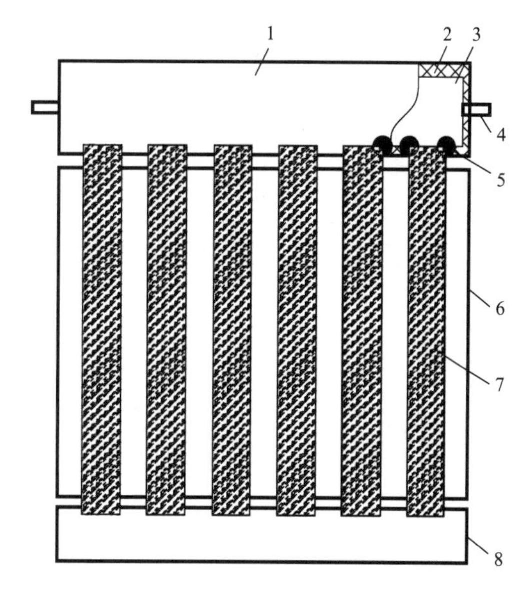

图 2.1-5　全玻璃真空管集热器结构示意图

1—保温盒外壳；2—保温层；3—联集管；4—配管接口；5—密封圈；6—反射板；7—全玻璃真空管；8—尾托架

全玻璃真空管集热器的联箱一般有圆形和方形两种，多采用不锈钢板制成，集热器配管接口焊接在联箱的两端。联箱的一面或两面按设计的真空管间距开孔，真空管的开口端直接插入联箱内，真空管与联箱之间通过硅橡胶密封圈进行密封。

为了提高真空管集热器的性能，一些厂家的产品在真空管阵列的背面增设了反射板，其中多为平面漫反射板，一般采用铝板或涂白漆的平板制成。因为反射板长期暴露在空气中，容易积聚灰尘和污垢，需要经常清理，否则反射效果会受到影响，并且反射板增大了集热器的风阻，影响集热器安装的稳定性，所以，风沙比较大的地区不宜安装带反射板的集热器。

按照真空管安装走向的不同，全玻璃真空管集热器可分为竖直排列（南北向）和水平排列（东西向）两种排列形式，其中水平排列又有水平单排和水平双排两种形式，如图 2.1-6 所示。

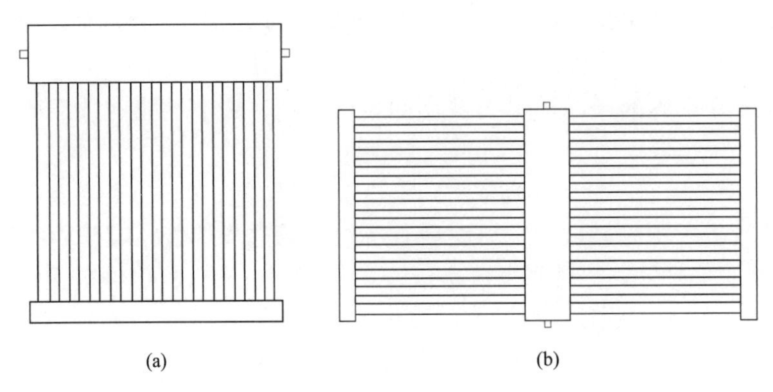

图 2.1-6　全玻璃真空管集热器排列方式示意图

(a) 竖直排列全玻璃真空管集热器；(b) 水平排列全玻璃真空管集热器（双排）

全玻璃真空太阳能集热管的材质为玻璃，放置在室外被损坏的概率较大，在运行过程中，若有一根管损坏，整个系统就要停止工作。为解决此问题，在全玻璃真空太阳能集热管的基础上，开发出了两种金属—玻璃结构的真空管，即采用热管直接插入真空管内和应用 U 形金属管吸热板插入真空管内两类集热管，这两种类型的真空集热管，既未改变全玻璃真空太阳能集热管的结构，又提高了产品运行的可靠性。

2）热管式真空管集热器

热管式真空管集热器是金属—玻璃真空集热器的一种主要形式，于 1986 年由北京太阳能研究所率先开始研究开发，如今国内已有多家企业涉足该项技术。

热管式真空管集热器由真空集热管、连接管、导热块、隔热材料、保温盒、套管、支架等组成，如图 2.1-7、图 2.1-8 所示。热管式真空管集热器的工作原理为：在集热器运行时，热管式真空集热管将太阳辐射能转换为热能并传递给吸热板中间的热管，热管内的工质通过汽化、凝结的重复过程，将热量从热管冷凝段释放出去，再通过导热块将热量传递给集管内的传热介质（水），使传热介质逐步升温，直至达到可利用的目的。

① 热管

热管是利用汽化潜热高效传递热能的传热元件，传热速度可达 80～100cm/s。在热管式真空管中使用的热管一般都是重力热管，也称热虹吸管。重力热管的特点是管内没有吸液芯，工质冷凝后依靠自身重力回流至蒸发段，因而结构简单、制造方便、工作可靠、传热性能优良。

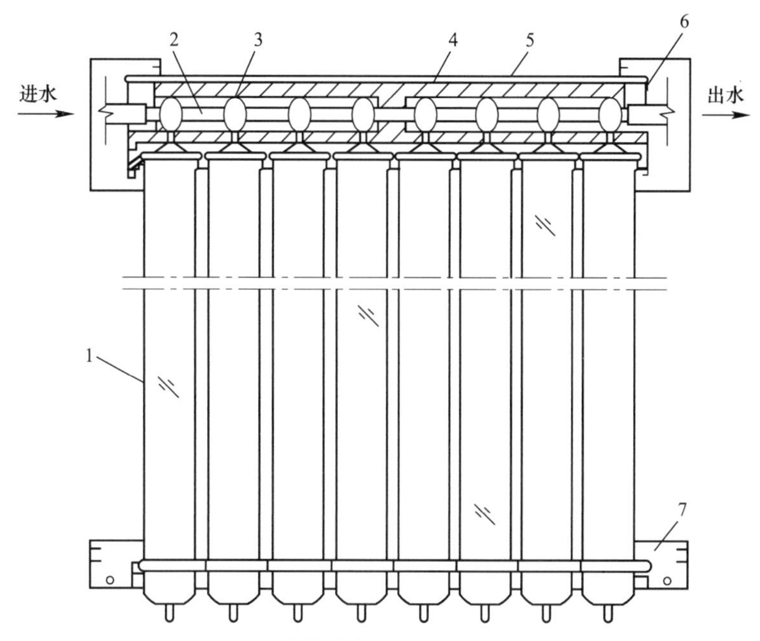

图 2.1-7　热管式真空管集热器结构示意图

1—真空集热管；2—连接管；3—导热块；4—隔热材料；5—保温盒；6—套管；7—支架

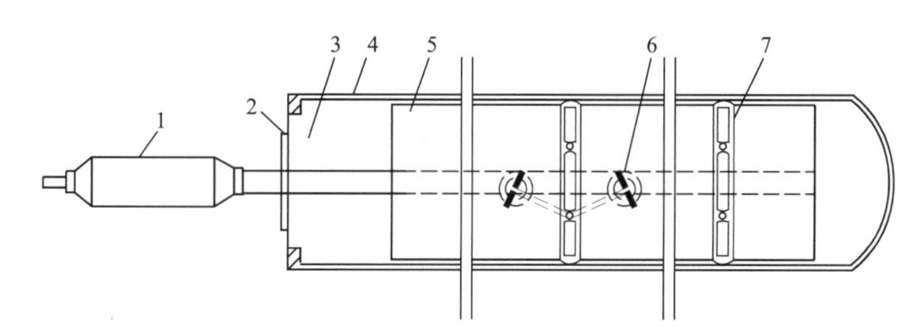

图 2.1-8　热管式真空集热管结构示意图

1—热管冷凝段；2—金属封盖；3—热管蒸发段；4—玻璃管；5—金属吸热板；6—消气剂；7—弹簧支架

目前太阳能领域使用的热管一般为铜-水热管，即以铜为基材，热管工质为水，国外也有使用有机物质作为热管工质的，但必须满足工质与热管材料的相容性。由于采用了热管技术，热管式真空集热管具有许多优点。例如，真空管内没有水，因而抗冻性很强，即使在−40℃的环境温度下也不会冻坏，一些厂家的产品可以耐−50℃以下的低温；热管的热容量小，因而启动速度快，热利用率高；热管有热二极管效应，热量只能从下部传递到上部而不能从上部传递到下部，从而减少了系统热损失。当然，由于热管的液态工质是依靠自身的重力回流到蒸发段，所以在安装时要求热管式真空管与地面保持一定的倾角。为了使热管式真空管集热器能够更加贴近太阳能与建筑的结合要求，目前，已有热管真空管生产企业开发生产了可以水平安装的水平热管。以水平热管为核心部件的水平热管式真空管集热器可以水平安装于建筑屋顶或南立面墙，并且可以和建筑构件结合为一体，既高效利用了太阳能又不影响建筑的整体外观效果，有力地推动了太阳能与建筑结合的进程。

② 金属吸热板

金属吸热板是热管式真空管集热器的核心部件，其性能直接决定热管式真空管集热器的热性能。目前市场上的热管式真空管集热器所采用的吸热板一般为无氧铜吸热板或铜-铝复合吸热板，吸热板表面采用磁控溅射工艺形成高吸收率、低发射率的选择性吸收涂层。吸热板与热管通过超声焊接或激光焊接结合或嵌套在一起，确保热量快速传导。

③ 玻璃-金属封接

由于玻璃和金属的热膨胀系数差别很大，所以热管组件与玻璃罩管之间的封接是热管式真空管产品的一个技术难题。

玻璃-金属封接技术大体可分为两种：一种是熔封，也称为火封，它是借助一种热膨胀系数介于玻璃和金属之间的过渡材料，利用火焰将玻璃熔化后封接在一起；另一种是热压封，也称为固态封接，它是利用一种塑性较好的金属作为焊料，在加热加压的条件下将玻璃管和金属封盖封接在一起。因为热压封技术具有封接温度低、封接速度快、封接材料匹配要求低等优点，所以目前国内玻璃-金属封接大多采用热压封技术，热压封使用的焊料有铅、铝等。

④ 消气剂

为了使真空集热管长期保持良好的真空性能，热管式真空集热管内一般应同时放置蒸散型消气剂和非蒸散型消气剂两种。蒸散型消气剂在高频激活后被蒸散在玻璃管的内表面上，像镜面一样，主要作用是提高真空集热管的初始真空度；非蒸散型消气剂是一种常温激活的长效消气剂，主要作用是吸收管内各部件工作时释放的残余气体，保持真空集热管的长期真空度。

目前国内生产的热管式真空管的外形尺寸，以玻璃管直径 100mm 居多，近年来也有玻璃管直径 65mm、70mm、120mm 等若干种规格问世，长度也有 1800mm、2000mm、2200mm 等多种。

2.2 太阳能热水系统分类及适用条件

2.2.1 太阳能热水系统概述及分类

太阳能热水系统是利用太阳辐射能加热水的装置，太阳能热水系统可由太阳能集热系统、供热水系统、辅助热源系统、电气与控制系统等构成。其中太阳能集热系统可包括太阳能集热器、储热装置、水泵、支架和连接管路等。

按系统的集热与供热水方式，太阳能热水系统可分为下列三类：①集中集热-集中供热水系统；②集中集热-分散供热水系统；③分散集热-分散供热水系统。

集中集热-集中供热水系统是采用集中的太阳能集热器和集中的贮水箱供给建筑物所需热水的系统。集中集热-分散供热水系统是采用集中的太阳能集热器和分散的贮水箱供给建筑物所需热水的系统。分散集热-分散供热水系统采用分散的太阳能集热器和分散的贮水箱供给各个用户所需热水的小型系统。

按集热系统的传热工质运行方式不同，太阳能热水系统可分为下列三类：①自然循环系统；②强制循环系统；③直流式系统。

自然循环系统是利用传热工质内部的温度梯度产生的密度差所形成的自然对流进行

循环的太阳能热水系统。这种系统结构简单，不需要附加动力。在自然循环中，为了保证必要的热虹吸压头，贮水箱应置于集热器上方，如图 2.2-1 所示。

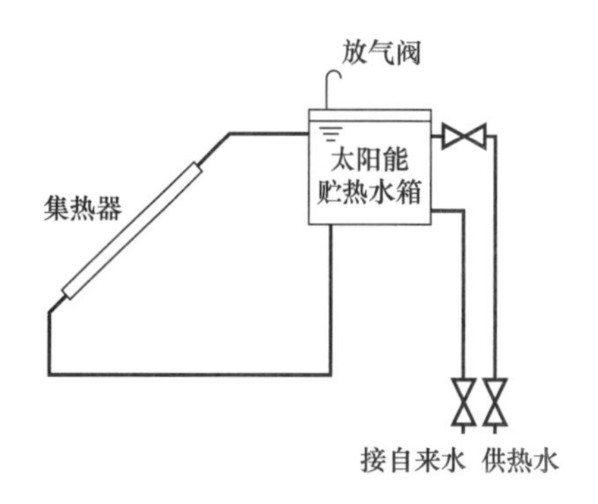

图 2.2-1　自然循环热水系统

运行过程是水在集热器中受太阳辐射能加热，温度升高，加热后的水从集热器的上循环管进入贮水箱的上部，与此同时，贮水箱底部的冷水由下循环管流入集热器。经过一段时间后，水箱中的水形成明显的温度梯度分层，上层水达到可使用温度。用热水时，由补给水箱向贮水箱底部补充冷水，将贮水箱上层热水顶出使用，其水位由补给水箱内的浮球阀控制。

这是国内最早采用的一种太阳能热水系统。其优点是系统结构简单，运行安全可靠，不需要循环水泵，管理方便。其缺点是为了维持必要的热虹吸压头，并防止系统在夜间产生倒流现象，贮水箱必须置于集热器的上方。大型太阳能热水系统，不适宜采用这种自然循环方式。因为大型系统的贮水箱很大，要将贮水箱置于集热器上方，在建筑布置和荷重设计上都会带来很多问题。

强制循环太阳能热水系统是利用机械设备等外部动力迫使传热工质通过集热器或换热器进行循环的热水系统。图 2.2-2 为主动循环式太阳能热水系统。这种系统在集热器和贮水箱之间的管路上设置水泵，作为系统中的水循环动力。系统中设有控制装置，根据集热器出口与贮水箱之间的温差控制水泵运转。在水泵入口处装有止回阀，防止夜间系统发生水倒流而引起热损失。

强制循环系统的形式较多，主要有直接式和间接式两种。直接式系统主要分为单水箱方式和双水箱方式，一般采用变流量定温放水的控制方式或温差循环控制方式；间接式系统主要分为单水箱方式和双水箱方式，控制方式以温差循环控制方式为主。强制循环系统是与建筑结合的太阳能热水系统的发展方向。

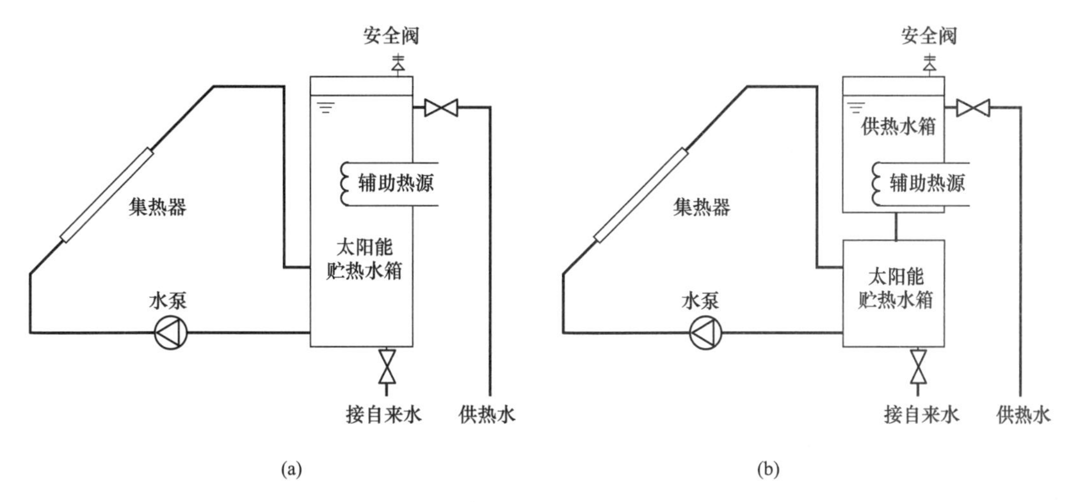

图 2.2-2　强制循环太阳能热水系统（一）
(a) 强制循环直接式单水箱系统；(b) 强制循环直接式双水箱系统；

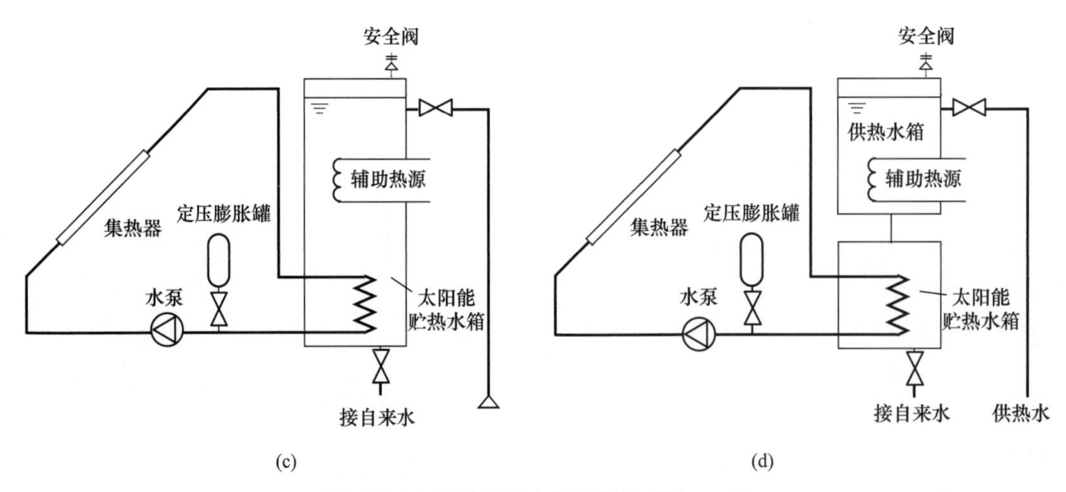

图 2.2-2　强制循环太阳能热水系统（二）

（c）强制循环间接式单水箱系统；（d）强制循环间接式双水箱系统

强制循环式太阳能热水系统增加循环加压设施，使循环效率大大提升，有利于提高热效率，实现热水系统的多种功能及控制，是目前应用较广泛的一种太阳能热水系统形式。目前在大型太阳能热水工程中，可以用普通太阳能热水器串（并）联组成上述各种系统，但更常用的是联集管集热器组成的各种形式的热水系统。

直流式太阳能热水系统是传热工质一次流过集热器加热后便进入贮水箱或用水点的非循环热水系统。贮水箱的作用仅为储存集热器所排出的热水，直流式系统有热虹吸型和定温放水型两种。

热虹吸型直流式太阳能热水系统由集热器、贮水箱、补给水箱和连接管道组成，如图 2.2-3 所示。

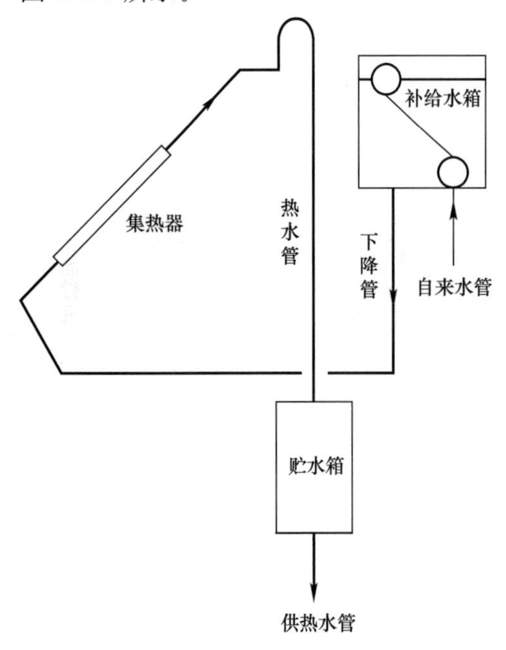

图 2.2-3　热虹吸型直流式太阳能热水系统

补给水箱的水位由箱中的浮球阀控制，使之与集热器出口（上升管）的最高位置一致。根据连通管的原理，在集热器无阳光照射时，集热器、上升管和下降管均充满水，但不流动。当集热器受到阳光照射后，其内部的水温升高，在系统中形成热虹吸压力，从而使热水由上升管流入贮水箱，同时补给水箱的冷水则自动经下降管进入集热器。太阳辐射越强，则所得的热水温度越高，量也越多。早晨太阳升起一段时间以后，在贮水箱中便开始收集热水，这种虹吸型直流式太阳能热水系统的流量具有自动调节功能，但供水温度不能按用户要求自行调节，这种系统目前应用得较少。

定温放水型直流式太阳能热水系统在集热器出口处安装测温元件，使用户得到合适温度的热水，系统如图 2.2-4 所示。通过控制安装在集热器入口管道上的开度，根据温度调节水流量，使出口水温始终保持恒定。这种系统不用补给水箱，通过补给水管直接与自来水管连接。整个系统运行的可靠性同样取决于电动阀和控制器的工作质量。

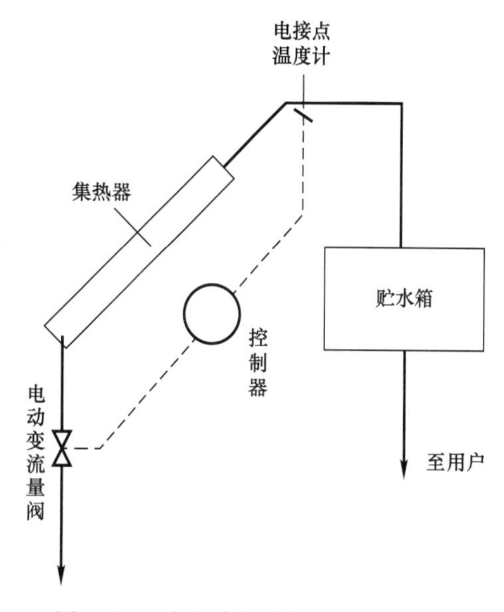

图 2.2-4　定温放水型直流式热水系统

直流式太阳能热水系统具有很多优点：

1）由于系统的冷水补给由自来水直接供给，自来水具有一定的压头，保证了系统的水循环动力，因此系统中不需设置水泵；

2）贮水箱可以因地制宜地放在室内，既减轻了屋顶载荷，也有利于贮水箱保温，减少热损失；

3）完全避免了热水与集热器入口冷水的掺混；

4）可以取消补给水箱；

5）系统管理得到大大简化；

6）阴天，只要有一段见晴的时刻，就可以得到一定量的适用热水。

所以，定温放水型直流式太阳能热水系统特别适合于大型太阳能热水装置，布置也较为灵活。缺点是对电磁阀和控制器的可靠性要求较高，系统较为复杂。但由于它具有很多优点，在电磁阀性能可靠的条件下，应是一种结构合理、值得推广的太阳能热水系统，目前国内有一定的应用。

按生活热水与集热系统内传热工质的关系，太阳能热水系统可分为下列两类：①直接系统；②间接系统。

直接系统，也称为单回路系统或单循环系统，是指最终被用户消费或循环流至用户的热水直接流经集热器的太阳能热水系统。

间接系统，也称为双回路系统或双循环系统，是指传热工质不是最终被用户消费或循环流至用户的水，而是传热工质流经集热器的太阳能热水系统。

按辅助能源的加热方式，太阳能热水系统可分为下列两类：①集中辅助加热系统；②分散辅助加热系统。

太阳能热水系统按辅助能源加热设备安装位置可分为内置加热系统和外置加热系统。内置加热系统，是指辅助能源加热设备安装在太阳能热水系统的贮水箱内；外置加热系统，是指辅助能源加热设备不安装在贮水箱内，而是安装在太阳能热水系统的供热水管路上或贮水箱旁。

太阳能热水系统按辅助能源启动方式可分为全日自动启动系统、定时自动启动系统和按需手动启动系统。全日自动启动系统，是指始终自动启动辅助能源加热设备，确保可以全天 24h 供应热水的太阳能热水系统；定时自动启动系统，是指定时自动启动辅助能源加热设备，从而可以定时供应热水的太阳能热水系统；按需手动启动系统，是指根据用户需要，随时手动启动辅助能源加热设备的太阳能热水系统。

2.2.2 太阳能热水系统特点及适用条件

常用集中供热太阳能热水系统汇总见表 2.2-1。

常用集中供热太阳能热水系统汇总 表 2.2-1

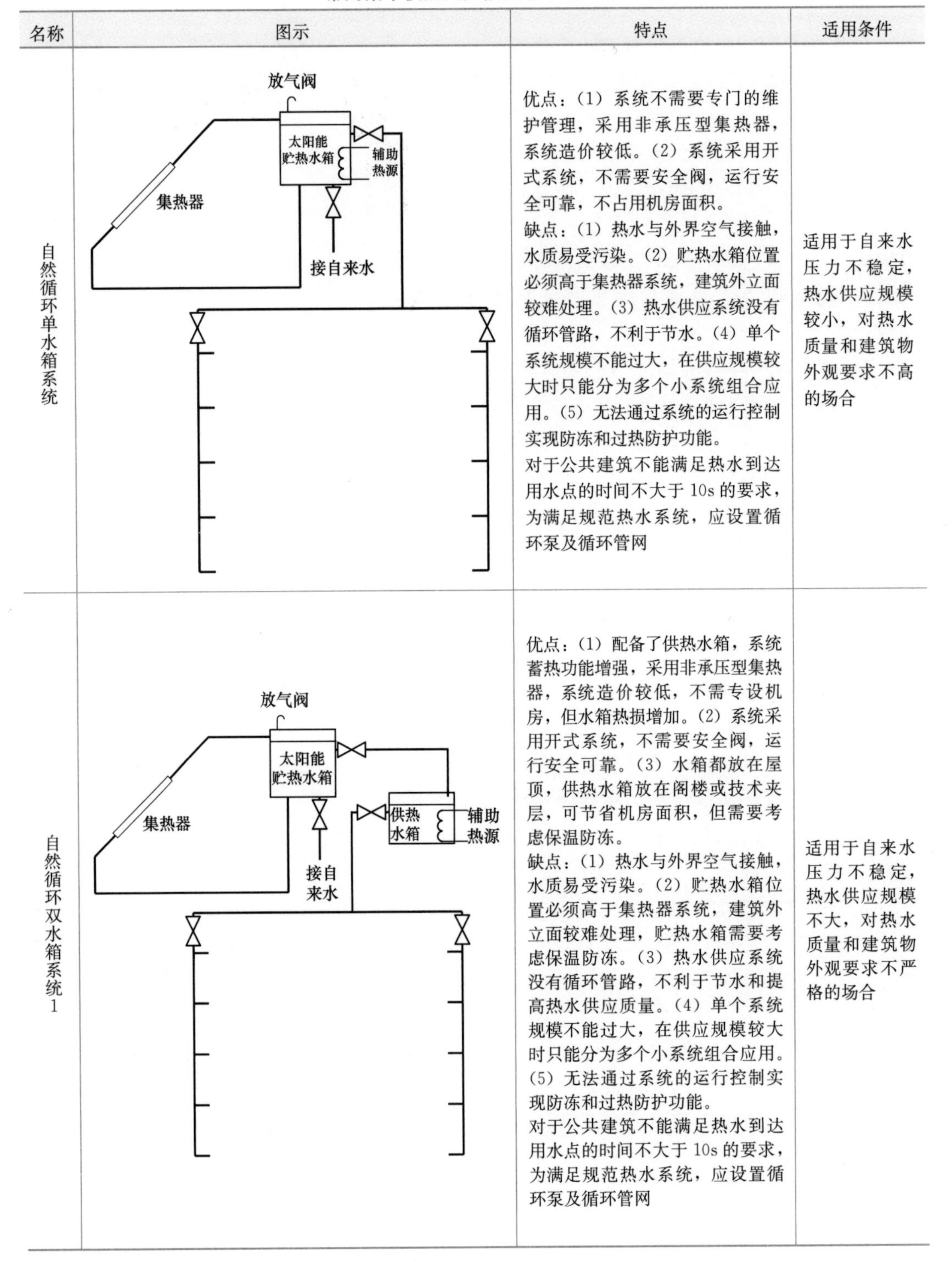

名称	图示	特点	适用条件
自然循环单水箱系统	放气阀；太阳能贮热水箱；辅助热源；集热器；接自来水	优点：(1) 系统不需要专门的维护管理，采用非承压型集热器，系统造价较低。(2) 系统采用开式系统，不需要安全阀，运行安全可靠，不占用机房面积。 缺点：(1) 热水与外界空气接触，水质易受污染。(2) 贮热水箱位置必须高于集热器系统，建筑外立面较难处理。(3) 热水供应系统没有循环管路，不利于节水。(4) 单个系统规模不能过大，在供应规模较大时只能分为多个小系统组合应用。(5) 无法通过系统的运行控制实现防冻和过热防护功能。 对于公共建筑不能满足热水到达用水点的时间不大于 10s 的要求，为满足规范热水系统，应设置循环泵及循环管网	适用于自来水压力不稳定，热水供应规模较小，对热水质量和建筑物外观要求不高的场合
自然循环双水箱系统1	放气阀；太阳能贮热水箱；集热器；接自来水；供热水箱；辅助热源	优点：(1) 配备了供热水箱，系统蓄热功能增强，采用非承压型集热器，系统造价较低，不需专设机房，但水箱热损增加。(2) 系统采用开式系统，不需要安全阀，运行安全可靠。(3) 水箱都放在屋顶，供热水箱放在阁楼或技术夹层，可节省机房面积，但需要考虑保温防冻。 缺点：(1) 热水与外界空气接触，水质易受污染。(2) 贮热水箱位置必须高于集热器系统，建筑外立面较难处理，贮热水箱需要考虑保温防冻。(3) 热水供应系统没有循环管路，不利于节水和提高热水供应质量。(4) 单个系统规模不能过大，在供应规模较大时只能分为多个小系统组合应用。(5) 无法通过系统的运行控制实现防冻和过热防护功能。 对于公共建筑不能满足热水到达用水点的时间不大于 10s 的要求，为满足规范热水系统，应设置循环泵及循环管网	适用于自来水压力不稳定，热水供应规模不大，对热水质量和建筑物外观要求不严格的场合

续表

名称	图示	特点	适用条件
自然循环双水箱系统2	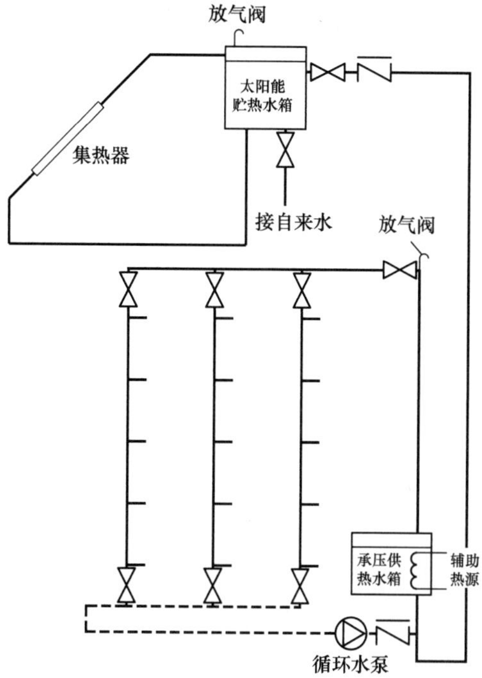 放气阀 太阳能贮热水箱 集热器 接自来水 放气阀 承压供热水箱 辅助热源 循环水泵	优点：(1) 配备了供热水箱，系统蓄热功能增强，放在机房或设备层，减小建筑上部荷载，但水箱热损增加。(2) 系统采用开式系统，不需要安全阀，运行安全可靠，采用非承压型集热器，系统造价较低。(3) 热水供应系统采用干管和立管循环的方式，热水供应质量进一步提高，但竣工前需调试以防热水短路。 缺点：(1) 热水与外界空气接触，水质易受污染。(2) 贮热水箱位置必须高于集热器系统，建筑外立面较难处理，贮热水箱需要考虑保温防冻。(3) 热水供应系统需要循环水泵，投资和运行费用较以上系统均有增加。(4) 单个系统规模不能过大，在供应规模较大时只能分为多个小系统组合应用。(5) 无法通过系统的运行控制实现防冻和过热防护功能	适用于自来水压力不稳定，热水供应规模不大，对热水质量要求较严格，对建筑物外观要求不太严格的场合
自然循环双水箱系统3	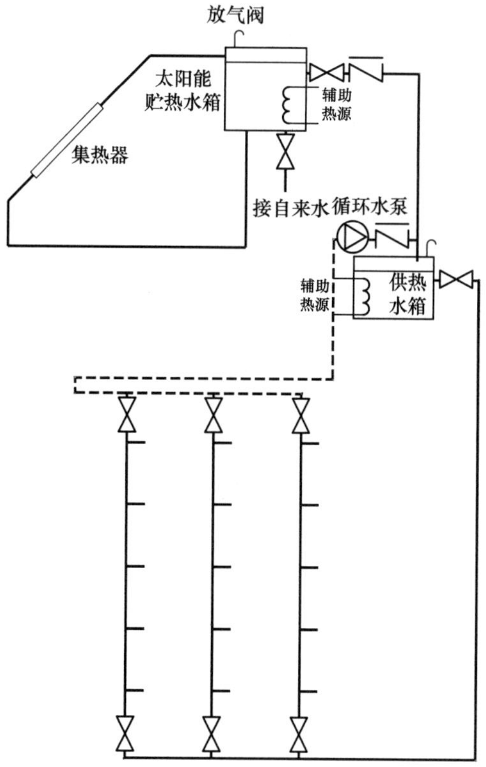 放气阀 太阳能贮热水箱 辅助热源 集热器 接自来水 循环水泵 辅助热源 供热水箱	优点：(1) 配备了供热水箱，系统蓄热功能增强，但水箱热损增加。(2) 系统采用开式系统，不需要安全阀，运行安全可靠，采用非承压型集热器，系统造价较低。(3) 热水供应系统采用干管和立管循环的方式，热水供应质量进一步提高，但竣工前需调试以防热水短路。 缺点：(1) 热水与外界空气接触，水质易受污染。(2) 贮热水箱位置必须高于集热器系统，建筑外立面较难处理，贮热水箱需要考虑保温防冻。(3) 热水供应系统需要循环水泵，投资和运行费用较以上系统均有增加。(4) 水泵放在建筑上部，消声减振要求较高。(5) 单个系统规模不能过大，在供应规模较大时只能分为多个小系统组合应用。(6) 无法通过系统的运行控制实现防冻和过热防护功能	适用于自来水压力不稳定，热水供应规模不大，对热水质量要求较严格，对建筑物外观要求不太严格的场合

续表

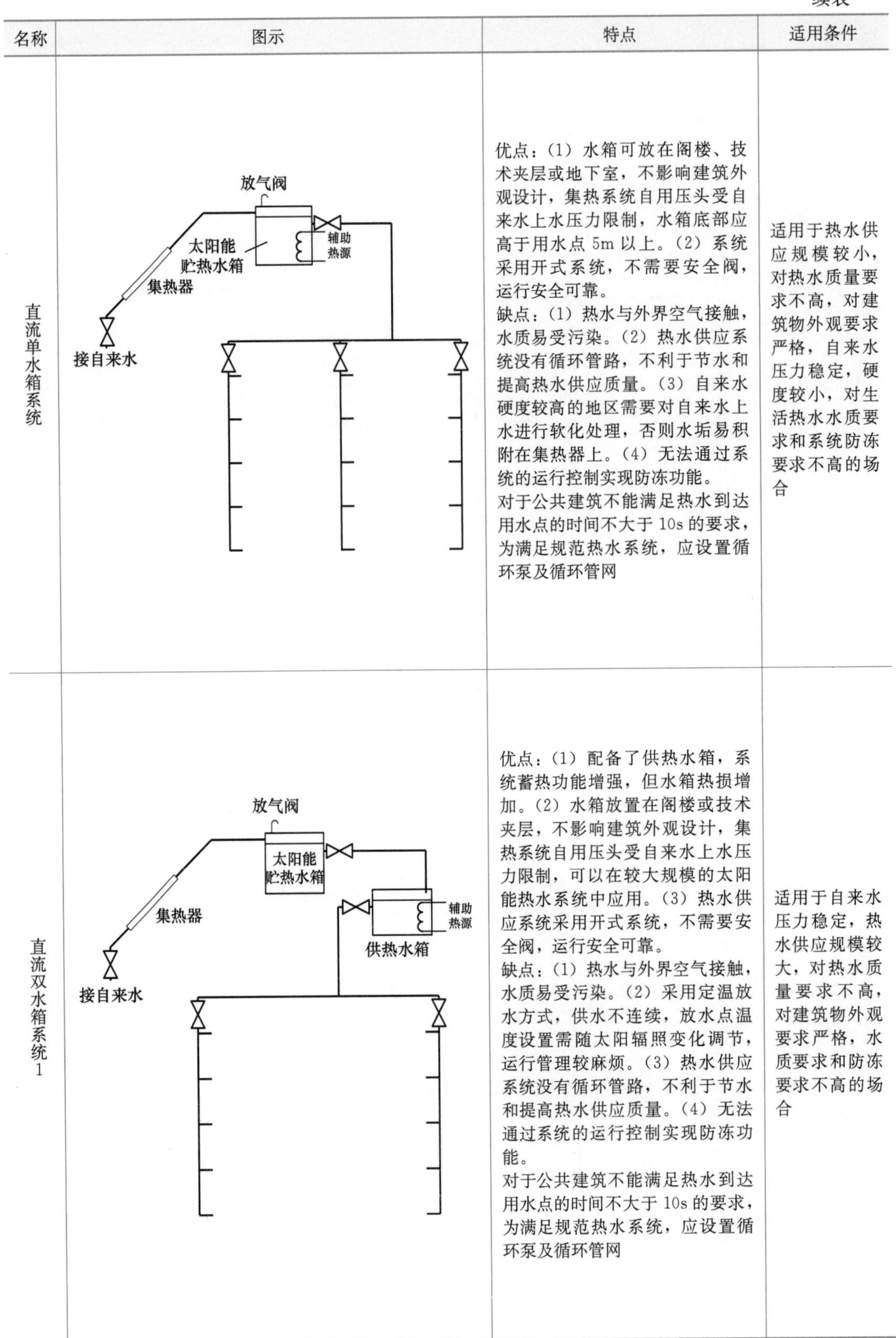

名称	图示	特点	适用条件
直流单水箱系统		优点：(1) 水箱可放在阁楼、技术夹层或地下室，不影响建筑外观设计，集热系统自用压头受自来水上水压力限制，水箱底部应高于用水点 5m 以上。(2) 系统采用开式系统，不需要安全阀，运行安全可靠。 缺点：(1) 热水与外界空气接触，水质易受污染。(2) 热水供应系统没有循环管路，不利于节水和提高热水供应质量。(3) 自来水硬度较高的地区需要对自来水上水进行软化处理，否则水垢易积附在集热器上。(4) 无法通过系统的运行控制实现防冻功能。 对于公共建筑不能满足热水到达用水点的时间不大于 10s 的要求，为满足规范热水系统，应设置循环泵及循环管网	适用于热水供应规模较小，对热水质量要求不高，对建筑物外观要求严格，自来水压力稳定，硬度较小，对生活热水水质要求和系统防冻要求不高的场合
直流双水箱系统1		优点：(1) 配备了供热水箱，系统蓄热功能增强，但水箱热损增加。(2) 水箱放置在阁楼或技术夹层，不影响建筑外观设计，集热系统自用压头受自来水上水压力限制，可以在较大规模的太阳能热水系统中应用。(3) 热水供应系统采用开式系统，不需要安全阀，运行安全可靠。 缺点：(1) 热水与外界空气接触，水质易受污染。(2) 采用定温放水方式，供水不连续，放水点温度设置需随太阳辐照变化调节，运行管理较麻烦。(3) 热水供应系统没有循环管路，不利于节水和提高热水供应质量。(4) 无法通过系统的运行控制实现防冻功能。 对于公共建筑不能满足热水到达用水点的时间不大于 10s 的要求，为满足规范热水系统，应设置循环泵及循环管网	适用于自来水压力稳定，热水供应规模较大，对热水质量要求不高，对建筑物外观要求严格，水质要求和防冻要求不高的场合

续表

名称	图示	特点	适用条件
直流双水箱系统2	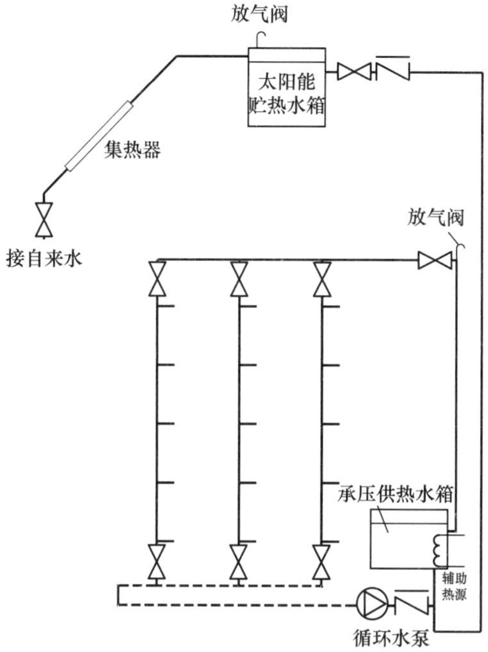 放气阀 太阳能贮热水箱 集热器 接自来水 放气阀 承压供热水箱 辅助热源 循环水泵	优点：(1) 配备了供热水箱，系统蓄热功能增强，放在机房或设备层，减小建筑上部荷载，但水箱热损增加。(2) 集热系统自用压头受自来水上水压力限制，可以在较大规模的太阳能热水系统中应用。(3) 热水供应系统采用开式系统，不需要安全阀，运行安全可靠。(4) 热水供应系统采用了干管和立管循环的方式，热水供应质量进一步提高，但竣工前需调试以防短路。 缺点：(1) 热水与外界空气接触，水质易受污染。(2) 采用定温放水方式，供水不连续，放水点温度设置需随太阳辐照变化调节，运行管理较麻烦。(3) 需要循环水泵，投资和运行费用较高，且需占用部分机房面积。(4) 无法通过系统的运行控制实现防冻功能	适用于自来水压力稳定，热水供应规模较大，对热水质量要求高，对建筑物外观要求严格，对水质要求和防冻要求不高的场合
强制循环单水箱直接系统1	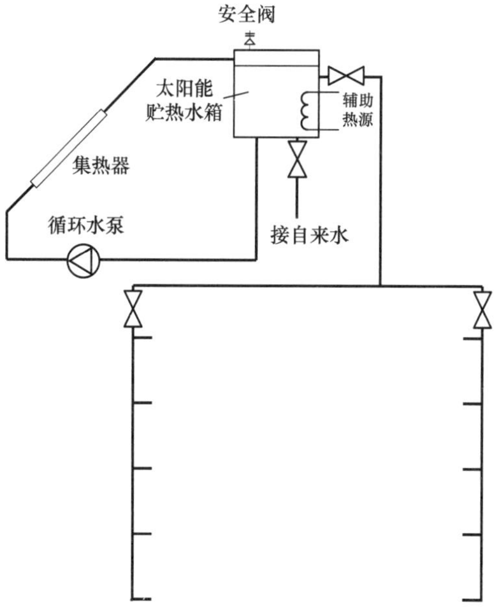 安全阀 太阳能贮热水箱 辅助热源 集热器 循环水泵 接自来水	优点：(1) 水箱可放置在阁楼或技术夹层，对集热系统阻力没有限制，可以在较大规模的太阳能热水系统中应用。(2) 系统一般依靠自来水水压顶水供水，水箱位置没有限制，供水压力有保障。(3) 热水供水质量有保障，太阳能集热系统运行效率较高。 缺点：(1) 集热系统需要循环水泵，投资和运行费用较高。(2) 热水供应系统没有循环管路，不利于节水和进一步提高供水质量。 对于公共建筑不能满足热水到达用水点的时间不大于 10s 的要求，为满足规范热水系统，应设置循环泵及循环管网	适用于自来水压力稳定，热水供应规模不大，对热水质量要求不高，对建筑物外观要求不高的场合

续表

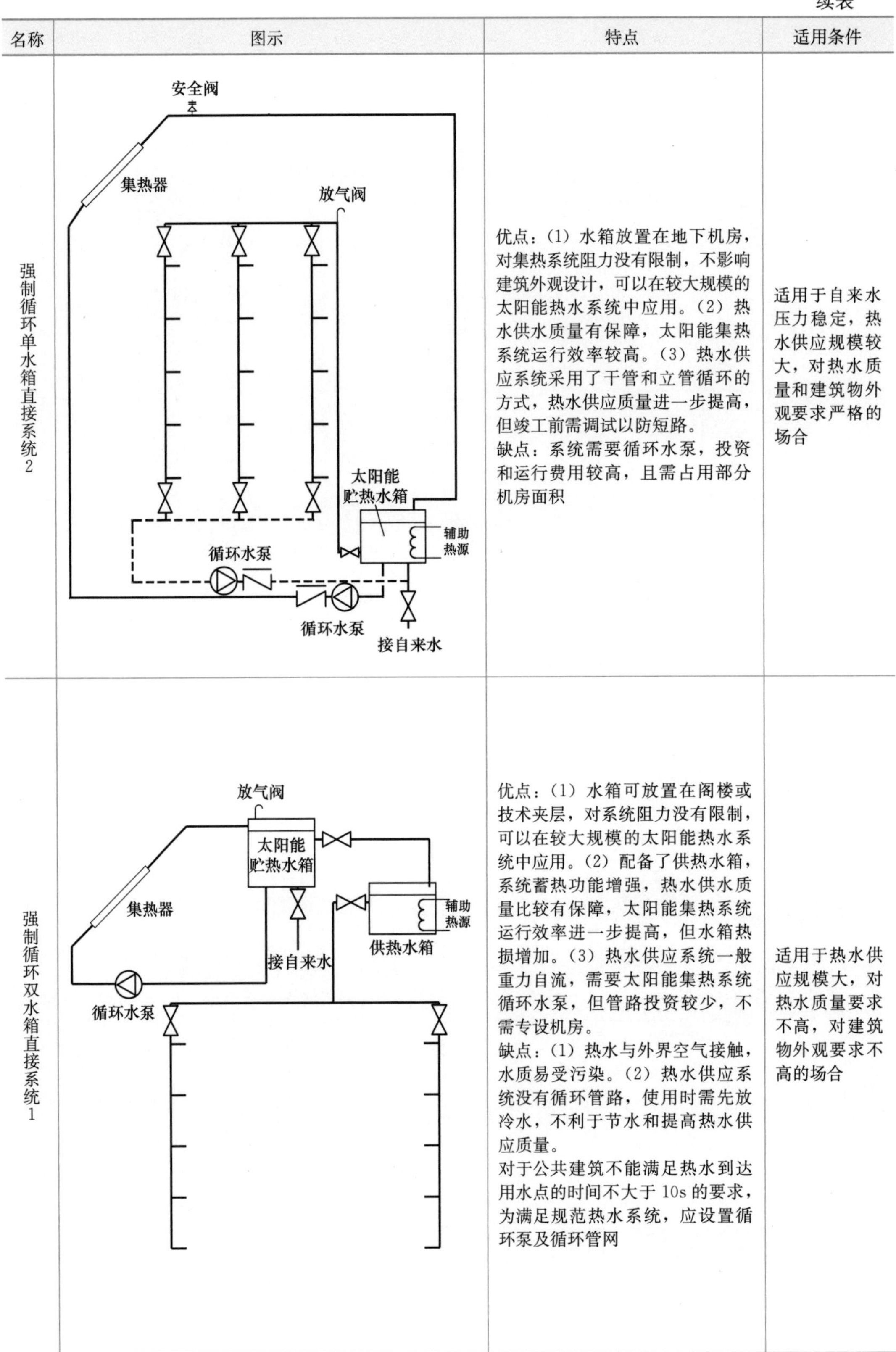

名称	图示	特点	适用条件
强制循环单水箱直接系统2		优点：(1) 水箱放置在地下机房，对集热系统阻力没有限制，不影响建筑外观设计，可以在较大规模的太阳能热水系统中应用。(2) 热水供水质量有保障，太阳能集热系统运行效率较高。(3) 热水供应系统采用了干管和立管循环的方式，热水供应质量进一步提高，但竣工前需调试以防短路。 缺点：系统需要循环水泵，投资和运行费用较高，且需占用部分机房面积	适用于自来水压力稳定，热水供应规模较大，对热水质量和建筑物外观要求严格的场合
强制循环双水箱直接系统1		优点：(1) 水箱可放置在阁楼或技术夹层，对系统阻力没有限制，可以在较大规模的太阳能热水系统中应用。(2) 配备了供热水箱，系统蓄热功能增强，热水供水质量比较有保障，太阳能集热系统运行效率进一步提高，但水箱热损增加。(3) 热水供应系统一般重力自流，需要太阳能集热系统循环水泵，但管路投资较少，不需专设机房。 缺点：(1) 热水与外界空气接触，水质易受污染。(2) 热水供应系统没有循环管路，使用时需先放冷水，不利于节水和提高热水供应质量。 对于公共建筑不能满足热水到达用水点的时间不大于 10s 的要求，为满足规范热水系统，应设置循环泵及循环管网	适用于热水供应规模大，对热水质量要求不高，对建筑物外观要求不高的场合

续表

名称	图示	特点	适用条件
强制循环双水箱直接系统2	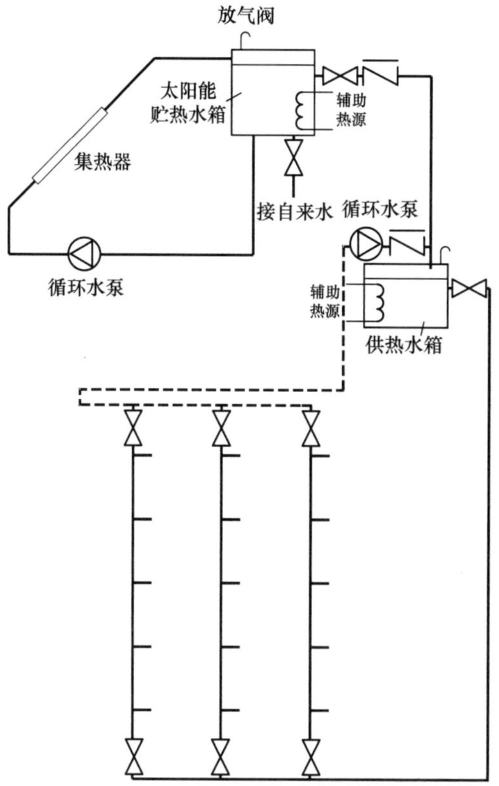 放气阀 太阳能贮热水箱 辅助热源 集热器 接自来水 循环水泵 循环水泵 辅助热源 供热水箱	优点：(1) 水箱可放置在阁楼或技术夹层，对系统阻力没有限制，可以在较大规模的太阳能热水系统中应用。(2) 配备了供热水箱，系统蓄热功能增强，热水供水质量比较有保障，太阳能集热系统运行效率进一步提高，但水箱热损增加。(3) 热水供应系统采用了干管和立管同程循环的方式，热水供应质量进一步提高，有利于消除管路热水短路。(4) 热水供应系统一般重力自流，需要太阳能集热系统循环水泵，但管路投资较少，不需专设机房。 缺点：(1) 热水与外界空气接触，水质易受污染。(2) 系统需要循环水泵，投资和运行费用较高。(3) 水泵放在建筑上部，消声减振要求较高	适用于热水供应规模大，对热水质量要求较高，对建筑物外观要求不高的场合
强制循环双水箱直接系统3	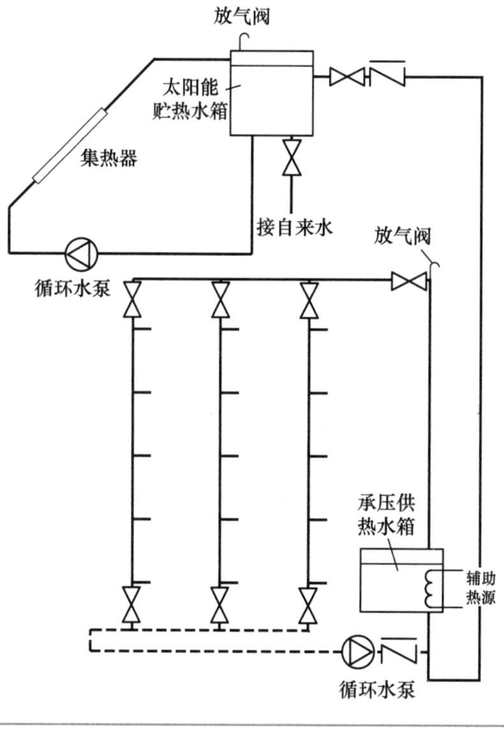 放气阀 太阳能贮热水箱 集热器 接自来水 循环水泵 放气阀 承压供热水箱 辅助热源 循环水泵	优点：(1) 供热水箱放置在地下机房，对系统阻力没有限制，不影响建筑外观设计，可以在较大规模的太阳能热水系统中应用。(2) 配备了供热水箱，系统蓄热功能增强，热水供水质量比较有保障，太阳能集热系统运行效率进一步提高，但水箱热损增加。(3) 热水供应系统采用了干管和立管循环的方式，热水供应质量进一步提高，但竣工前需调试以防短路。(4) 热水供应系统采用了干管和立管同程循环的方式，热水供应质量进一步提高，有利于消除管路热水短路。 缺点：系统需要循环水泵，投资和运行费用较高	适用于热水供应规模大，对热水质量和建筑物外观要求严格的场合

续表

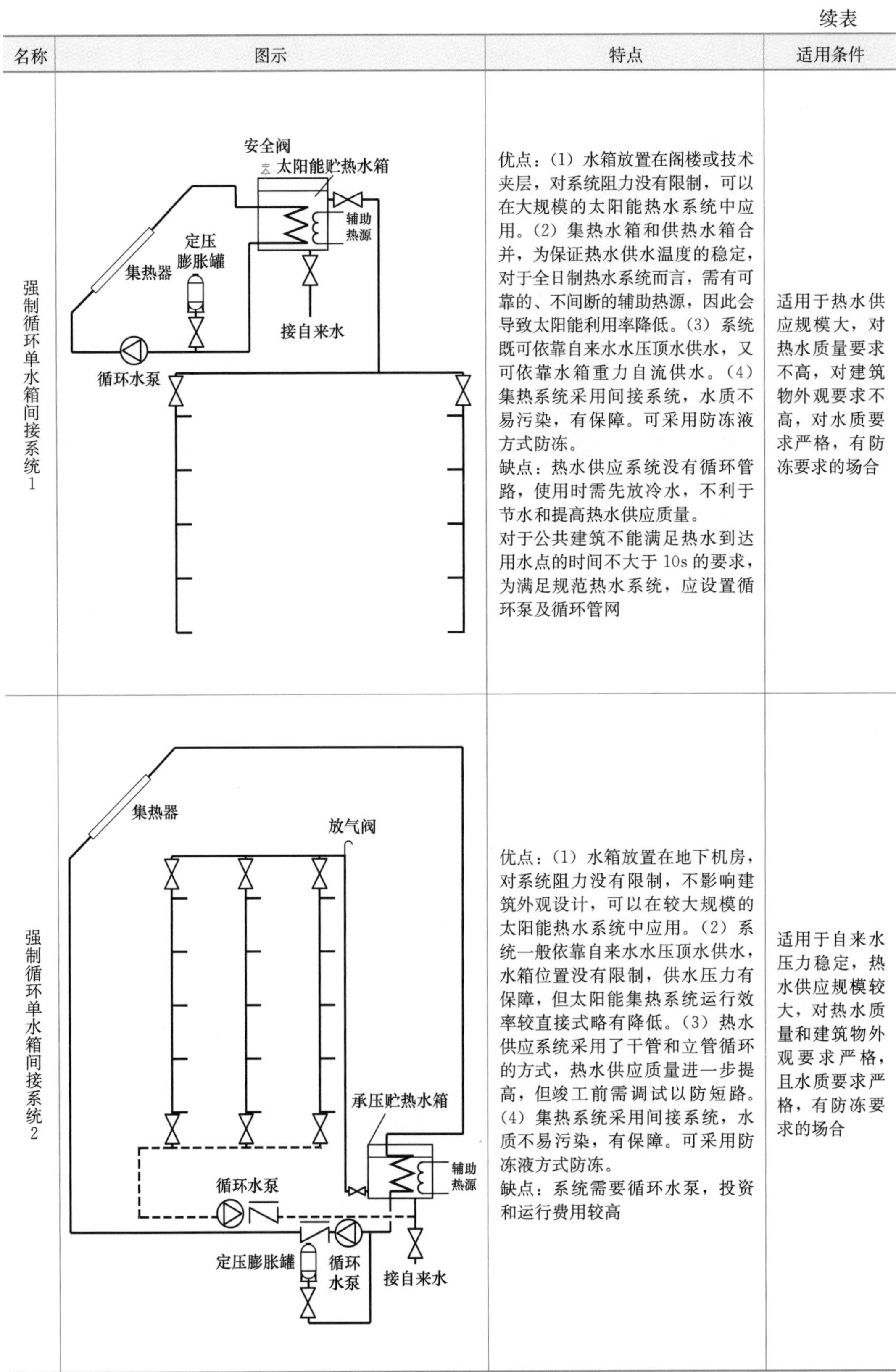

名称	图示	特点	适用条件
强制循环单水箱间接系统1		优点：(1) 水箱放置在阁楼或技术夹层，对系统阻力没有限制，可以在大规模的太阳能热水系统中应用。(2) 集热水箱和供热水箱合并，为保证热水供水温度的稳定，对于全日制热水系统而言，需有可靠的、不间断的辅助热源，因此会导致太阳能利用率降低。(3) 系统既可依靠自来水水压顶水供水，又可依靠水箱重力自流供水。(4) 集热系统采用间接系统，水质不易污染，有保障。可采用防冻液方式防冻。 缺点：热水供应系统没有循环管路，使用时需先放冷水，不利于节水和提高热水供应质量。 对于公共建筑不能满足热水到达用水点的时间不大于10s的要求，为满足规范热水系统，应设置循环泵及循环管网	适用于热水供应规模大，对热水质量要求不高，对建筑物外观要求不高，对水质要求严格，有防冻要求的场合
强制循环单水箱间接系统2		优点：(1) 水箱放置在地下机房，对系统阻力没有限制，不影响建筑外观设计，可以在较大规模的太阳能热水系统中应用。(2) 系统一般依靠自来水水压顶水供水，水箱位置没有限制，供水压力有保障，但太阳能集热系统运行效率较直接式略有降低。(3) 热水供应系统采用了干管和立管循环的方式，热水供应质量进一步提高，但竣工前需调试以防短路。(4) 集热系统采用间接系统，水质不易污染，有保障。可采用防冻液方式防冻。 缺点：系统需要循环水泵，投资和运行费用较高	适用于自来水压力稳定，热水供应规模较大，对热水质量和建筑物外观要求严格，且水质要求严格，有防冻要求的场合

续表

名称	图示	特点	适用条件
强制循环双水箱间接系统1	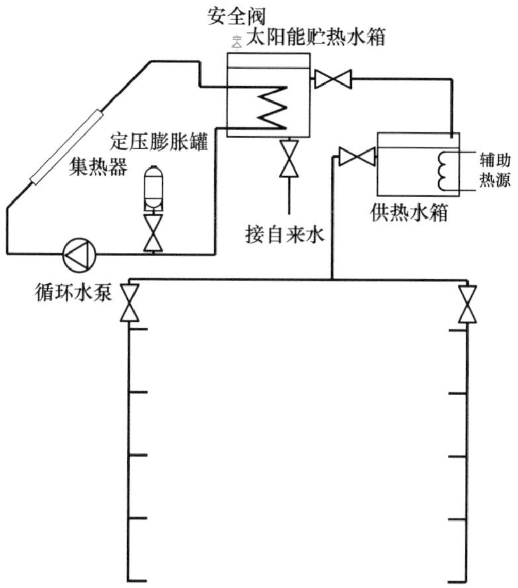 安全阀 太阳能贮热水箱 定压膨胀罐 集热器 辅助热源 供热水箱 接自来水 循环水泵	优点：(1) 水箱放置在阁楼或技术夹层，对系统阻力没有限制，可以在大规模的太阳能热水系统中应用。(2) 配备了供热水箱，系统蓄热功能增强，太阳能集热系统运行效率提高，但水箱热损增加。(3) 系统既可依靠自来水水压顶水供水，又可依靠水箱重力自流供水。(4) 集热系统采用间接系统，水质不易污染，有保障。可采用防冻液方式防冻。 缺点：热水供应系统没有循环管路，使用时需先放冷水，不利于节水和提高热水供应质量。 对于公共建筑不能满足热水到达用水点的时间不大于 10s 的要求，为满足规范热水系统，应设置循环泵及循环管网	适用于热水供应规模大，对热水质量要求不高，对建筑物外观要求不高，对水质要求严格，有防冻要求的场合
强制循环双水箱间接系统2	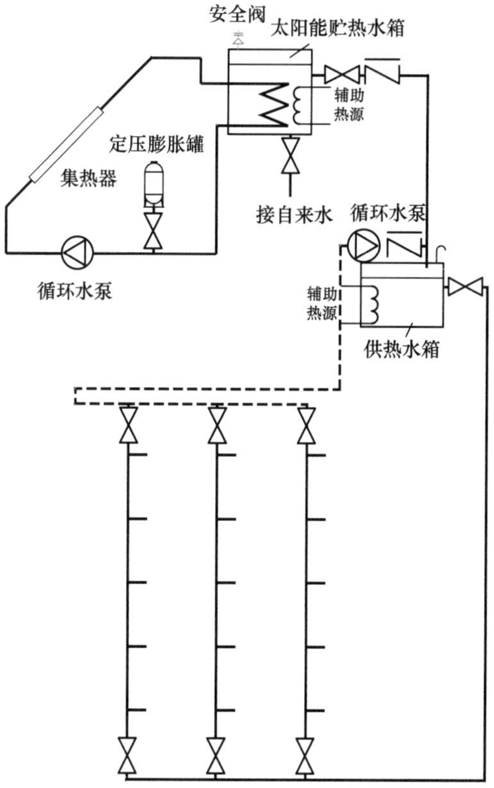 安全阀 太阳能贮热水箱 辅助热源 定压膨胀罐 集热器 接自来水 循环水泵 循环水泵 辅助热源 供热水箱	优点：(1) 水箱放置在阁楼或技术夹层，对系统阻力没有限制，可以在大规模的太阳能热水系统中应用。(2) 配备了供热水箱，系统蓄热功能增强，太阳能集热系统运行效率提高，但水箱热损增加。(3) 热水供应系统采用了干管和立管循环的方式，热水供应质量进一步提高，但竣工前需调试以防短路。(4) 集热系统采用间接系统，水质不易污染，有保障。可采用防冻液方式防冻。(5) 系统既可依靠自来水水压顶水供水，又可依靠水箱重力自流供水。 缺点：(1) 系统需要循环水泵，投资和运行费用较高。(2) 水泵放在建筑上部，消声减振要求较高	适用于热水供应规模大，对热水质量要求不高，对建筑物外观要求不高，对水质要求严格，有防冻要求的场合

续表

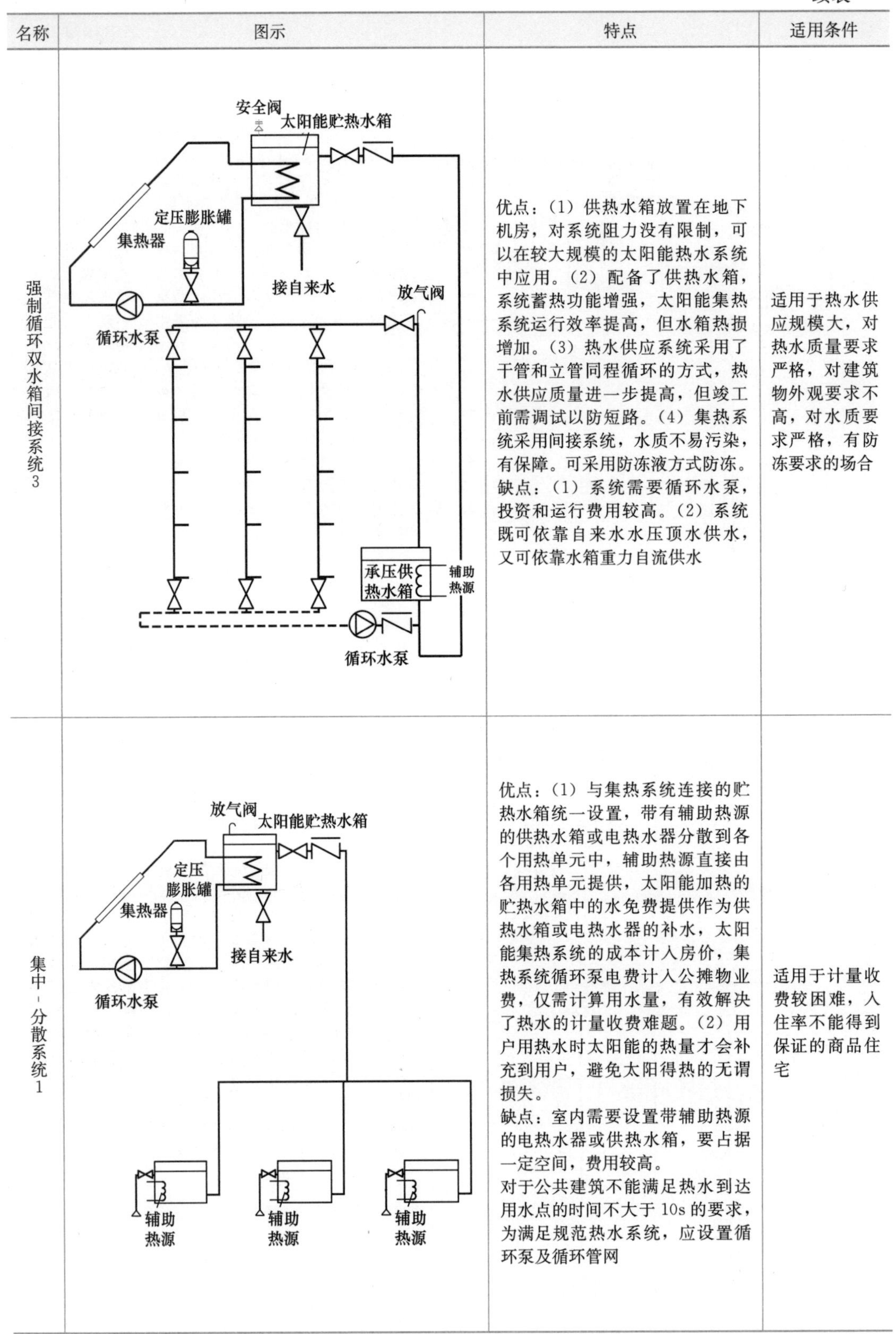

名称	图示	特点	适用条件
强制循环双水箱间接系统3		优点：(1) 供热水箱放置在地下机房，对系统阻力没有限制，可以在较大规模的太阳能热水系统中应用。(2) 配备了供热水箱，系统蓄热功能增强，太阳能集热系统运行效率提高，但水箱热损增加。(3) 热水供应系统采用了干管和立管同程循环的方式，热水供应质量进一步提高，但竣工前需调试以防短路。(4) 集热系统采用间接系统，水质不易污染，有保障。可采用防冻液方式防冻。 缺点：(1) 系统需要循环水泵，投资和运行费用较高。(2) 系统既可依靠自来水水压顶水供水，又可依靠水箱重力自流供水	适用于热水供应规模大，对热水质量要求严格，对建筑物外观要求不高，对水质要求严格，有防冻要求的场合
集中-分散系统1		优点：(1) 与集热系统连接的贮热水箱统一设置，带有辅助热源的供热水箱或电热水器分散到各个用热单元中，辅助热源直接由各用热单元提供，太阳能加热的贮热水箱中的水免费提供作为供热水箱或电热水器的补水，太阳能集热系统的成本计入房价，集热系统循环泵电费计入公摊物业费，仅需计算用水量，有效解决了热水的计量收费难题。(2) 用户用热水时太阳能的热量才会补充到用户，避免太阳得热的无谓损失。 缺点：室内需要设置带辅助热源的电热水器或供热水箱，要占据一定空间，费用较高。 对于公共建筑不能满足热水到达用水点的时间不大于10s的要求，为满足规范热水系统，应设置循环泵及循环管网	适用于计量收费较困难，入住率不能得到保证的商品住宅

续表

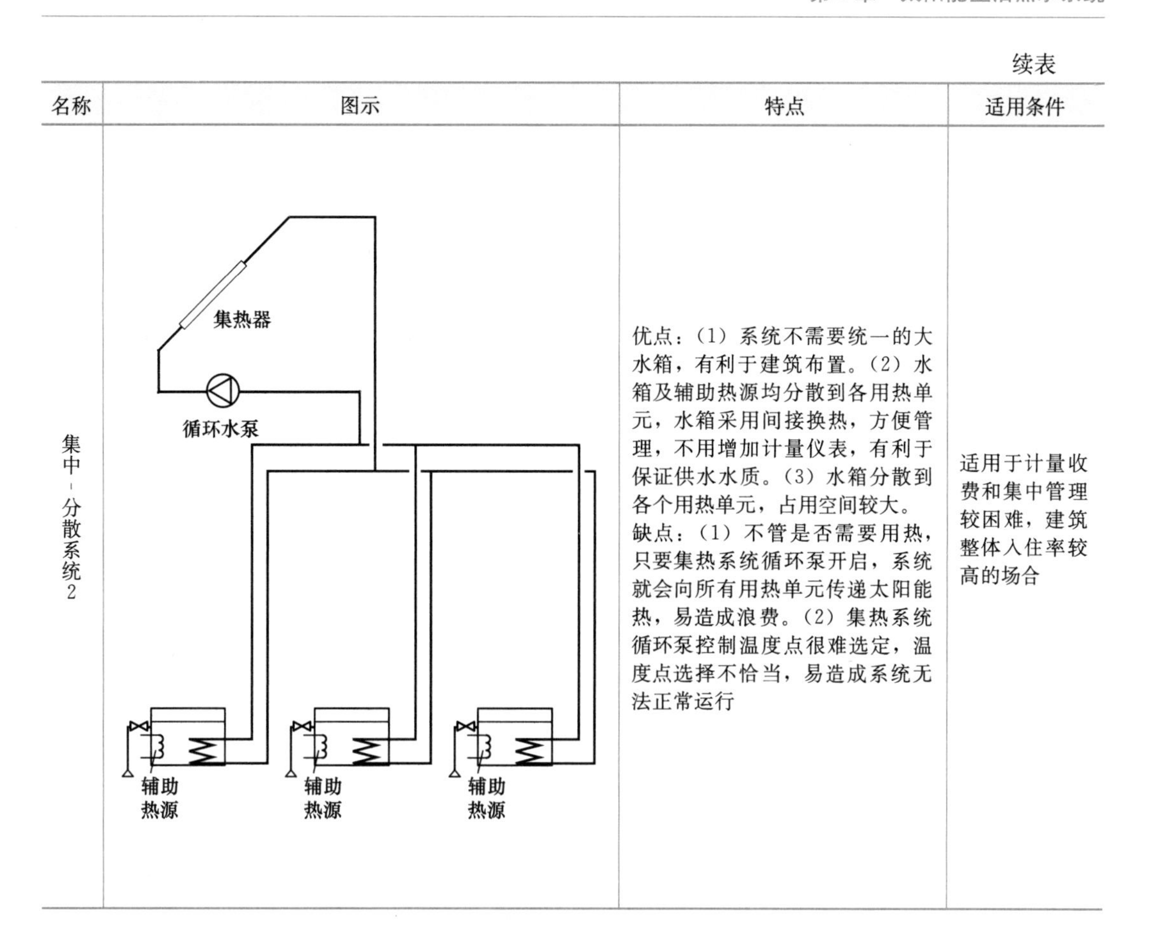

名称	图示	特点	适用条件
集中-分散系统2		优点：(1) 系统不需要统一的大水箱，有利于建筑布置。(2) 水箱及辅助热源均分散到各用热单元，水箱采用间接换热，方便管理，不用增加计量仪表，有利于保证供水水质。(3) 水箱分散到各个用热单元，占用空间较大。 缺点：(1) 不管是否需要用热，只要集热系统循环泵开启，系统就会向所有用热单元传递太阳能热，易造成浪费。(2) 集热系统循环泵控制温度点很难选定，温度点选择不恰当，易造成系统无法正常运行	适用于计量收费和集中管理较困难，建筑整体入住率较高的场合

常用分散供热太阳能热水系统汇总见表 2.2-2。

常用分散供热太阳能热水系统汇总　　表 2.2-2

名称	图示	特点	适用条件
自然循环单水箱系统	放气阀 太阳能 贮热水箱 辅助 热源 集热器 接自来水	优点：(1) 除辅助热源外，没有电力需求，系统不需要专门的维护管理。(2) 热水供应采用开式系统，不需要安全阀，运行安全可靠，但水箱底部须高于用水点至少 5m，否则应采用闭式系统，由自来水压顶水供水。 缺点：(1) 采用开式系统时，热水与外界空气接触，水质易受污染。(2) 贮热水箱位置必须高于集热器系统，建筑外立面较难处理。(3) 热水供应系统没有循环管路，不利于节水和提高热水供应质量	适用于对热水质量和建筑物外观要求不太高的场合

续表

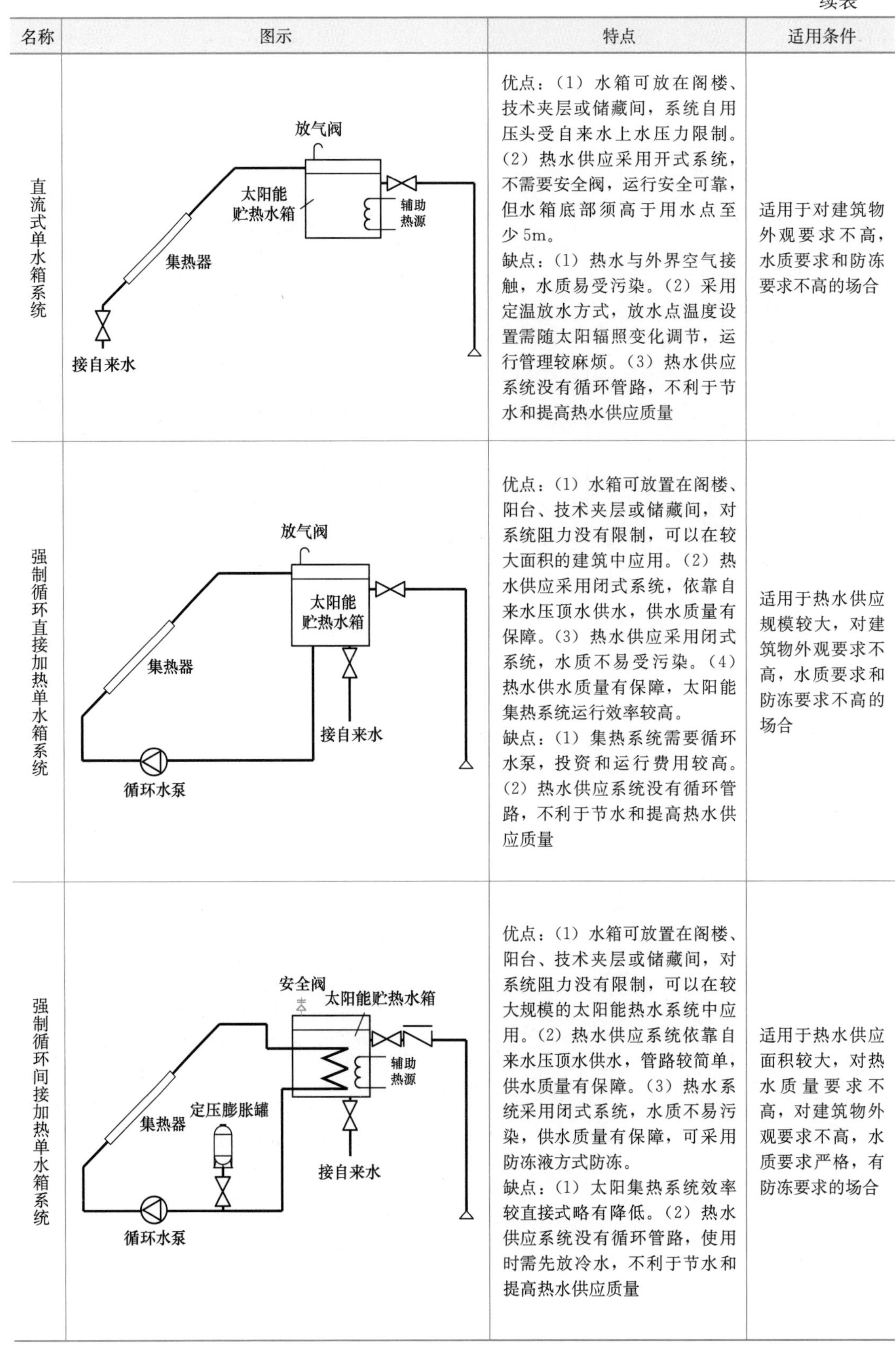

名称	图示	特点	适用条件
直流式单水箱系统		优点：(1) 水箱可放在阁楼、技术夹层或储藏间，系统自用压头受自来水上水压力限制。(2) 热水供应采用开式系统，不需要安全阀，运行安全可靠，但水箱底部须高于用水点至少5m。 缺点：(1) 热水与外界空气接触，水质易受污染。(2) 采用定温放水方式，放水点温度设置需随太阳辐照变化调节，运行管理较麻烦。(3) 热水供应系统没有循环管路，不利于节水和提高热水供应质量	适用于对建筑物外观要求不高，水质要求和防冻要求不高的场合
强制循环直接加热单水箱系统		优点：(1) 水箱可放置在阁楼、阳台、技术夹层或储藏间，对系统阻力没有限制，可以在较大面积的建筑中应用。(2) 热水供应采用闭式系统，依靠自来水压顶水供水，供水质量有保障。(3) 热水供应采用闭式系统，水质不易受污染。(4) 热水供水质量有保障，太阳能集热系统运行效率较高。 缺点：(1) 集热系统需要循环水泵，投资和运行费用较高。(2) 热水供应系统没有循环管路，不利于节水和提高热水供应质量	适用于热水供应规模较大，对建筑物外观要求不高，水质要求和防冻要求不高的场合
强制循环间接加热单水箱系统		优点：(1) 水箱可放置在阁楼、阳台、技术夹层或储藏间，对系统阻力没有限制，可以在较大规模的太阳能热水系统中应用。(2) 热水供应系统依靠自来水压顶水供水，管路较简单，供水质量有保障。(3) 热水系统采用闭式系统，水质不易污染，供水质量有保障，可采用防冻液方式防冻。 缺点：(1) 太阳集热系统效率较直接式略有降低。(2) 热水供应系统没有循环管路，使用时需先放冷水，不利于节水和提高热水供应质量	适用于热水供应面积较大，对热水质量要求不高，对建筑物外观要求不高，水质要求严格，有防冻要求的场合

2.3　太阳能热水系统设计

2.3.1　热水系统负荷计算

1. 系统日耗热量、热水量计算

全日制供应热水的住宅、别墅、招待所、培训中心、旅馆、宾馆、医院住院部、养老院、幼儿园、托儿所（有住宿）等建筑的集中热水供应系统的平均日耗热量、热水量计算如下。

（1）平均日耗热量可按下式计算：

$$Q_{md}=q_{mr}\cdot m\cdot b_1\cdot C\cdot \rho_r(t_r-t_L^m) \tag{2.3-1}$$

式中　Q_{md}——平均日耗热量，kJ/d；

m——用水计算单位数（人数或床位数）；

q_{mr}——平均日热水用水定额，L/(人·d) 或 L/(床·d)，查表 2.3-1；

b_1——同日使用率（住宅建筑为入住率）的平均值应按实际使用工况确定，当无条件时可按照《建筑给水排水设计标准》GB 50015—2019 表 6.6.3-1 取值；

C——水的比热，取 4.187kJ/(kg·℃)；

t_r——热水温度,℃；

t_L^m——年平均冷水温度,℃，可参照城市当地自来水厂年平均水温值计算；

ρ_r——热水密度，kg/L。

（2）系统的热水量可按下式计算：

$$q_{rd}=\frac{Q_{md}}{(t_r-t_L^m)C\cdot \rho_r} \tag{2.3-2}$$

式中　q_{rd}——设计日热水量，L/d；

Q_{md}——平均日耗热量，kJ/d；

t_r——热水温度,℃；

t_L^m——年平均冷水温度,℃，可参照城市当地自来水厂年平均水温值计算；

C——水的比热，取 4.187kJ/(kg·℃)。

（3）一般工程中，系统的热水量可以按照下式估计计算：

$$q_{rd}=q_{mr}\cdot m \tag{2.3-3}$$

式中　q_{rd}——设计日热水量，L/d；

q_{mr}——平均日热水用水定额，L/(人·d) 或 L/(床·d)，见表 2.3-1；

m——用水计算单位数（人数或床位数）。

热水用水定额 q_{mr}　　表 2.3-1

序号	建筑物类型			单位	用水定额（L）		使用时间(h)
					最高日	平均日	
1	住宅	Ⅱ	有自备热水供应和淋浴设备	每人每日	40～80	20～60	24
		Ⅲ	有集中热水供应和淋浴设备		60～100	25～70	24

续表

序号	建筑物类型		单位	用水定额（L）		使用时间（h）
				最高日	平均日	
2	别墅		每人每日	70～110	30～80	24
3	酒店式公寓		每人每日	80～100	65～80	24
4	宿舍	Ⅰ类、Ⅱ类	每人每日	70～100	40～55	24或定时供应
		Ⅲ类、Ⅳ类	每人每日	40～80	35～45	
5	招待所 培训中心 普通旅馆	设公用盥洗室	每人每日	25～40	20～30	24或定时供应
		设公用盥洗室、淋浴室	每人每日	40～60	35～45	
		设公用盥洗室、淋浴室、洗衣室	每人每日	50～80	45～55	
		设单独卫生间、公用洗衣室	每人每日	60～100	50～70	
6	宾馆客房	旅客	每床位每日	120～160	110～140	24
		员工	每人每日	40～50	35～40	8～12
7	医院住院部	设公用盥洗室	每床位每日	60～100	40～70	24
		设公用盥洗室、淋浴室	每床位每日	70～130	65～90	
		设单独卫生间	每床位每日	110～200	110～140	
		医务人员	每人每班	70～130	65～90	8
		门诊部、诊疗所	每床位每日	7～13	3～5	
		疗养院、休养所住房部	每床位每日	100～160	90～110	24
8	养老院、托老所	全托	每床位每日	50～70	45～55	24
		日托		25～40	15～20	10
9	幼儿园、托儿所	有住宿	每儿童每日	25～50	20～40	24
		无住宿	每儿童每日	20～30	15～20	10
10	公共浴室	淋浴	每顾客每次	40～60	35～40	12
		淋浴、浴盆	每顾客每次	60～80	55～70	
		桑拿浴（淋浴、按摩池）	每顾客每次	70～100	60～70	
11	理发室、美容院		每顾客每次	25～45	20～35	12
12	洗衣房		每公斤干衣	15～30	15～30	8
13	餐饮业	中餐酒楼	每顾客每次	15～20	8～12	10～12
		快餐店、职工及学生食堂	每顾客每次	10～12	7～10	12～16
		酒吧、咖啡厅、茶座、卡拉OK厅	每顾客每次	3～8	3～5	8～18
14	办公楼	坐班制办公	每人每班	5～10	4～8	8～10
		公寓式办公	每人每日	60～100	25～70	10～24
		酒店式办公	每人每日	120～160	55～140	24
15	健身中心		每人每次	15～25	10～20	12
16	体育场（馆）	运动员淋浴	每人每次	17～26	15～20	8～12
17	会议厅		每座次每次	2～3	2	4

注：1. 本表以60℃热水水温为计算温度；

2. 学生宿舍使用IC卡计费用热水时，可按每人每日用热水定额25～30L，平均日用水定额20～25L；

3. 表中平均日用水定额仅用于计算太阳能热水系统的集热器总面积。平均日用水定额应根据实际统计数据选用；当缺乏实测数据时，可采用本表中的低限值。

2. 设计小时耗热量、用水量计算

热水加热设备的计算，应根据耗热量、热水量和热媒耗量来确定，同时也是对热水供应系统进行设计和计算的主要依据。

（1）耗热量计算

1）全日供应热水的住宅、别墅、招待所、培训中心、旅馆、宾馆的客房（不含员工）、医院的住院部、养老院、幼儿园、托儿所（有住宿）等建筑的集中热水供应系统的设计小时耗热量应按下式计算：

$$Q_h = K_h \frac{mq_r C(t_r - t_l)\rho_r}{T} C_\gamma \tag{2.3-4}$$

式中　Q_h——设计小时耗热量，kJ/h；

C_γ——热水供应系统的热损失系数，C_γ=1.10～1.15；

T——每日使用时间，h；按表 2.3-1 取值；

m——用水计算单位数，人数或床位数；

t_r——热水温度，℃；

t_l——冷水温度，℃；

K_h——热水小时变化系数，全天供应热水系统可按表 2.3-2 中的数据选取。

热水小时变化系数 K_h 值　　表 2.3-2

类别	住宅	别墅	酒店式公寓	宿舍（居室内设卫生间）	招待所、培训中心、普通旅馆	宾馆	医院、疗养院	幼儿园、托儿所	养老院
热水用水定额[L/人(床)·d]	60～100	70～110	80～100	70～100	25～40 40～60 50～80 60～100	120～160	60～100 70～130 110～200 100～160	20～40	50～70
使用人（床）数	100～6000	100～6000	150～1200	150～1200	150～1200	150～1200	150～1000	150～1000	150～1000
K_h	4.80～2.75	4.21～2.47	4.00～2.58	4.80～3.20	3.84～3.00	3.33～2.60	3.63～2.56	4.80～3.20	3.20～2.74

注：非全日供应热水的小时变化系数，可参照当地同类型建筑用水变化情况具体确定。

2）定时供应热水的住宅、旅馆、医院及工业企业生活间、公共浴室、学校、剧院、体育场馆等建筑，其集中热水供应系统的设计小时耗热量应按下式计算：

$$Q_h = \sum q_h C(t_{r1} - t_l)\rho_r n_o b_g C_\gamma \tag{2.3-5}$$

式中　Q_h——设计小时耗热量，kJ/h；

q_h——卫生器具的热水小时用水定额，L/h，查表 2.3-1；

n_o——同类型卫生器具数；

t_{r1}——使用温度，℃；

b_g——同类型卫生器具同时使用的百分数。

住宅、旅馆、医院、疗养院病房、卫生间内浴盆或淋浴器可按 70%～100%计，其他器具不计，但定时连续供水时间应大于或等于 2h；工业企业生活间、公共浴室、宿舍（设公用盥洗卫生间）、影剧院、体育场（馆）等的浴室内的淋浴器和洗脸盆均按表 2.3-3 的上限取值；住宅一户设有多个卫生间时，可按一个卫生间计算。

宿舍（设公用盥洗卫生间）、工业企业生活间、公共浴室、影剧院、体育场馆等卫生器具同时给水百分数（%） 表 2.3-3

卫生器具名称	宿舍（设公用盥洗卫生间）	工业企业生活间	公共浴室	影剧院	体育场馆
洗涤盆（池）	—	33	15	15	15
洗手盆	—	50	50	50	70（50）
洗脸盆、盥洗槽水嘴	5～100	60～100	60～100	50	80
浴盆	—	—	50	—	—
无间隔淋浴器	20～100	100	100	—	100
有间隔淋浴器	5～80	80	60～80	（60～80）	（60～100）
大便器冲洗水箱	5～70	30	20	50（20）	70（20）
大便槽自动冲洗水箱	100	100	—	100	100
大便器自闭式冲洗阀	1～2	2	2	10（2）	5（2）
小便器自闭式冲洗阀	2～10	10	10	50（10）	70（10）
小便器（槽）自动冲洗水箱	—	100	100	100	100
净身盆	—	33	—	—	—
饮水器	—	30～60	30	30	30
小卖部洗涤盆	—	—	50	50	50

（2）热水量的计算

设计小时热水量可按下式计算：

$$q_{rh}=\frac{Q_h}{(t_{r2}-t_l)C\rho_r C_\gamma} \tag{2.3-6}$$

式中 q_{rh}——设计小时热水量，L/h；

t_{r2}——设计热水温度，℃；

Q_h——设计小时耗热量，kJ/h。

1）全日制供应热水的系统，设计小时用水量可按下式计算：

$$Q_h=K_h\frac{mq_r}{T} \tag{2.3-7}$$

式中 Q_h——最大小时热水用水量，L/h；

T——热水供应时间，h；

K_h——全日制供应热水时小时变化系数。

2）定时供应热水的系统，设计小时用水量可按下式计算：

$$Q_h=\sum\frac{q_h n_o b_g}{100} \tag{2.3-8}$$

式中 Q_h——最大小时热水用水量，L/h；

q_h——卫生器具 1h 的热水用水量，L/h，查表 2.3-4；

n_o——同类型卫生器具数；

b_g——在 1h 内卫生器具同时使用的百分数。

卫生器具的一次和小时热水用水定额及水温　　表 2.3-4

序号	卫生器具名称			一次用水量（L）	小时用水量（L）	水温（℃）
1	住宅、旅馆、别墅、宾馆、酒店式公寓	带有淋浴器的浴盆		150	300	40
		无淋浴器的浴盆		125	250	
		淋浴器		70～100	140～200	37～40
		洗脸盆、盥洗槽和水龙头		3	30	30
		洗涤盆（池）		—	50	50
2	宿舍、招待所、培训中心	淋浴器	有淋浴小间	70～100	210～300	37～40
			无淋浴小间	—	450	
		盥洗槽水嘴		3～5	50～80	30
3	餐饮业	洗涤盆（池）		—	250	50
		洗脸盆	工作人员用	3	60	30
			顾客用	—	120	
		淋浴器		40	400	37～40
4	幼儿园、托儿所	浴盆	幼儿园	100	400	35
			托儿所	30	120	
		淋浴器	幼儿园	30	180	
			托儿所	15	90	
		盥洗槽水嘴		15	25	30
		洗涤盆（池）		—	150	50
5	医院、养老院、休养所	洗手盆			15～25	35
		洗涤盆（池）			300	50
		淋浴器			200～300	37～40
		浴盆		125～150	250～300	40
6	公共浴室	浴盆		125	250	40
		淋浴器	有淋浴小间	100～150	200～300	37～40
			无淋浴小间	—	450～540	
		洗脸盆		5	5	35
7	办公楼	洗手盆		—	50～100	35
8	理发室、美容院	洗脸盆		—	35	35
9	实验室	洗脸盆		—	60	50
		洗手盆			15～25	30
10	剧场	淋浴器		60	200～400	37～40
		演员用洗脸盆		5	80	35
11	体育场馆	淋浴器		30	300	35
12	工业企业生活间	淋浴器	一般车间	40	360～540	37～40
			脏车间	60	180～480	40
		洗脸盆	一般车间	3	90～120	30
		盥洗槽水嘴	脏车间	5	100～150	35
13	净身器			10～15	120～180	30

2.3.2 太阳能热水系统集热器换热计算

1. 直接系统集热器总面积的计算

$$A_{jz}=\frac{Q_{md}\cdot f}{b_j\cdot J_t\cdot \eta_j\cdot(1-\eta_l)} \tag{2.3-9}$$

式中 A_{jz}——直接系统集热器总面积，m^2；

Q_{md}——平均日耗热量，kJ/d，按式（2.3-1）计算；

f——太阳能保证率，太阳能热水系统在不同太阳能资源区的太阳能保证率 f 可按表 2.3-6 的推荐范围选取；

b_j——集热器面积补偿系数，平均值应按实际使用工况确定，当无条件时，可按表 2.3-7 取值；

J_t——当地集热器采光面上的年平均日太阳辐射量，kJ/(m^2·d)，查表 2.3-5；

η_j——集热器总面积的年平均集热效率；应根据经过测定的基于集热器总面积的瞬时效率方程在归一化温差为 0.03 时的效率值确定。分散集热、分散供热系统的 η_j 经验值为 40%～70%；集中集热系统的 η_j 应考虑系统形式、集热器类型等因素的影响，经验值为 30%～45%；

η_l——集热系统的热损失，应根据集热器类型、集热管路长短、集热水箱（罐）大小及当地气候条件、集热系统保温性能等因素综合确定，当集热器或集热器组紧靠集热水箱（罐）时，η_l 取 15%～20%；当集热器或集热器组与集热水箱（罐）分别布置在两处时，η_l 取 20%～30%。

部分主要城市太阳能资源数据　　表 2.3-5

城市	纬度	年平均气温（℃）	水平面		斜面		斜面修正系数 K_{op}
			年平均总太阳辐照量 [MJ/(m^2·a)]	年平均日太阳辐照量 [kJ/(m^2·d)]	年平均总太阳辐照量 [MJ/(m^2·a)]	年平均日太阳辐照量 [kJ/(m^2·d)]	
北京	39°57′	12.3	5570.32	15261.14	6582.78	18035.01	1.0976
天津	39°08′	12.7	5239.94	14656.01	6103.55	16722.05	1.0692
石家庄	38°02′	13.4	5173.60	14174.24	6336.40	17360.00	1.0521
哈尔滨	45°45′	4.2	4636.58	12702.97	5780.88	15838.03	1.1400
沈阳	41°46′	8.4	5034.46	13793.03	6045.52	16563.06	1.0671
长春	43°53′	5.7	4953.78	13572.00	6251.36	17127.02	1.1548
呼和浩特	40°49′	6.7	6049.51	16571.01	7327.37	20074.98	1.1468
太原	37°51′	10.0	5497.27	15061.02	6348.82	17394.02	1.1005
乌鲁木齐	43°47′	7.0	5279.36	14464.01	6056.82	16594.03	1.0092
西宁	36°35′	6.1	6123.64	16777.08	7160.22	19617.04	1.1360
兰州	36°01′	9.8	5462.60	14966.04	5782.36	15842.07	0.9489
银川	38°25′	9.0	6041.84	16553.00	7159.46	19614.97	1.1559
西安	34°15′	13.7	4665.06	12780.99	4727.48	12952.01	0.9275
上海	31°12′	16.1	4657.39	12759.98	4997.23	13691.05	0.9900

续表

城市	纬度	年平均气温(℃)	水平面 年平均总太阳辐照量 [MJ/(m² · a)]	水平面 年平均日太阳辐照量 [kJ/(m² · d)]	斜面 年平均总太阳辐照量 [MJ/(m² · a)]	斜面 年平均日太阳辐照量 [kJ/(m² · d)]	斜面修正系数 K_{op}
南京	32°04′	15.5	4781.12	13098.97	5185.55	14206.98	1.0249
合肥	31°53′	15.8	4571.64	12525.04	4854.13	13298.99	0.9988
杭州	30°15′	16.5	4258.84	11668.04	4515.77	12371.97	0.9362
南昌	28°40′	17.6	4779.32	13094.04	5005.62	13714.03	0.8640
福州	26°05′	19.8	4380.37	12001.02	4544.60	12450.97	0.8978
济南	36°42′	14.7	5125.72	14043.06	5837.83	15994.06	1.0630
郑州	34°43′	14.3	4866.19	13332.03	5313.67	14558.01	1.0467
武汉	30°38′	16.6	4818.35	13200.95	5003.06	13707.02	0.9039
长沙	28°11′	17.0	4152.64	11377.08	4230.00	11589.04	0.8028
广州	23°00′	22.0	4420.15	12110.01	4636.22	12701.98	0.8850
海口	20°02′	24.1	5049.79	13835.05	4931.14	13509.96	0.8761
南宁	22°48′	21.8	4567.97	12514.98	4647.92	12734.04	0.8231
重庆	29°36′	17.7	3058.81	8684.08	3066.62	8401.71	0.8021
成都	30°40′	16.1	3793.07	10391.97	3760.96	10303.99	0.7553
贵阳	26°34′	15.3	3769.38	10327.07	3735.79	10235.05	0.8135
昆明	25°02′	14.9	5180.83	14194.06	5596.56	15333.04	0.9216
拉萨	29°43′	8.0	7774.85	21300.95	8815.10	24150.97	1.0964

不同资源区的太阳能保证率 f 推荐取值范围　　表 2.3-6

太阳能资源区划	水平面上年太阳辐照量 [MJ/(m² · a)]	太阳能保证率 f
Ⅰ资源极富区	>6700	60%～80%
Ⅱ资源丰富区	5400～6700	50%～60%
Ⅲ资源较富区	4200～5400	40%～50%
Ⅳ资源一般区	<4200	30%～40%

不同类型建筑物的 b_j 推荐取值范围　　表 2.3-7

建筑物类型	b_j
住宅	0.5～0.9
宾馆、旅馆	0.3～0.7
宿舍	0.7～1.0
医院、疗养院	0.8～1.0
幼儿园、托儿所、养老院	0.8～1.0

2. 间接系统集热器总面积的计算

$$A_{jj}=A_{jz}\left(1+\frac{U_L \cdot A_{jz}}{K \cdot F_{jr}}\right) \tag{2.3-10}$$

式中　A_{jj}——间接系统集热器总面积，m²；

A_{jz}——直接系统集热器总面积，m²；

U_L——集热器热损失系数，kJ/(m^2·℃·h)，应根据集热器产品的实测值确定，平板型可取14.4～21.6kJ/(m^2·℃·h)；真空管型可取3.6～7.2kJ/(m^2·℃·h)；

K——水加热器传热系数，kJ/(m^2·℃·h)；

F_{jr}——水加热器加热面积，m^2。

太阳能集热系统的流量与太阳能集热器的特性有关，一般由太阳能集热器生产厂家给出。在没有相关技术参数的情况下，真空管型太阳能集热器可以按照0.015～0.02L/(s·m^2)进行估算，平板型太阳能集热器可以按照0.02L/(s·m^2)进行估算。以上数据乘以太阳能集热器总面积就可以得到太阳能集热系统的流量q_s。

3. 集热水箱的计算

太阳能热水系统的集热水箱必须保温。太阳能热水系统集热水箱的容积既与太阳能集热器总面积有关，也与热水系统所服务的建筑物的要求有关。集热水箱的设计对太阳能集热系统的效率和整个热水系统的性能都有重要影响。我们将太阳能集热系统的集热水箱简称为贮热水箱，热水供应系统的贮水箱简称为供热水箱。

集中集热、集中供热太阳能热水系统的集热水箱宜与供热水箱分开设置、串联连接，集热水箱的有效容积可按下式计算：

$$V_{rx}=q_{rjd}\cdot A_j \tag{2.3-11}$$

式中 V_{rx}——集热水箱的有效容积，L；

A_j——集热器总面积，m^2，$A_j=A_{jz}$或$A_j=A_{jj}$，A_{jj}为间接太阳能热水系统集热器总面积，A_{jz}为直接太阳能热水系统集热器总面积；

q_{rjd}——单位面积集热器平均日产温升30℃热水量的容积，L/(m^2·d)，根据集热器产品参数确定，无条件时，可按表2.3-8选用。

单位集热器总面积日产热水量推荐取值范围[L/(m^2·d)] 表2.3-8

太阳能资源区划	直接系统	间接系统
Ⅰ资源极富区	70～80	50～55
Ⅱ资源丰富区	60～70	40～50
Ⅲ资源较富区	50～60	35～40
Ⅳ资源一般区	40～50	30～35

注：1. 当室外环境最低温度高于5℃时，可以根据实际工程情况采用日产热水量的高限值；
2. 本表是按照系统全年每天提供温升30℃热水，集热系统年平均效率为35%，系统总热损失率为20%的工况下估算的。

供热水箱容积计算根据相关给水排水设计规范，集中热水供应系统的集热水箱容积应根据日用热水小时变化曲线及太阳能集热系统的供热能力和运行规律，以及常规能源辅助加热装置的工作制度、加热特性和自动温度控制装置等因素按积分曲线计算确定。间接式系统太阳能集热器产生的热水用作容积式水加热器或加热水箱的一次热媒时，集热水箱的贮热量不得小于表2.3-9集热水箱的贮热量中所列的指标。

集热水箱的贮热量 表2.3-9

加热设备	太阳能集热系统出水温度小于等于95℃	
	工业企业淋浴室	其他建筑物
容积式水加热器或加热水箱	≥60min·Q_h	≥90min·Q_h

注：Q_h为设计小时耗热量，kJ/h。

太阳能热水系统集热水箱的确定：当供热水箱容积小于太阳能集热系统所选集热水箱容积的40%时，太阳能热水系统采用单水箱的方式。集热水箱容积可按最常用的每平方米太阳能集热器总面积对应75L贮热水箱容积选取。

当热水供应系统需要的供热水箱容积大于太阳能集热系统所选集热水箱容积的40%时，可以采用单水箱的方式，水箱容积按所需供热水箱容积的2.5倍确定；也可以采用双水箱的形式，集热水箱按每平方米太阳能集热器总面积对应75L集热水箱容积选取，第二个水箱按照供热水箱的要求选取。当采用单水箱方式时，辅助加热设备一般直接放在水箱中，一般采用电作为辅助能源，辅助加热装置放在水箱上部。由于燃气或燃油辅助加热装置一般从水箱底部加热，会影响水箱的分层和集热器效率，不建议直接作为单水箱系统辅助加热能源。

当采用双水箱系统时，集热水箱一般作为预热水箱，供热水箱作为辅助加热水箱，辅助热源设置在第二个水箱中。双水箱方式一般在大型系统中采用，双水箱方式虽然可以提高集热系统效率和太阳能保证率，但也会增加系统热损失。

太阳能热水系统的集热水箱容积与用户的用热规律紧密相关，在条件允许的情况下，太阳能热水系统的贮水箱应在上述计算的基础上适当增大。

4. 间接系统换热量 Q_z 的计算

$$Q_z = \frac{K_t f q_{rd} C \rho_r (t_r - t_l)}{S_y} \tag{2.3-12}$$

式中　Q_z——集热器集热时段内小时集热量，kJ/h；

K_t——太阳辐照度变化系数，一般取1.5～1.8；

f——太阳能保证率，按照太阳能资源区划指标取值；

q_{rd}——设计日用热水量，L/d；

C——水的比热，kJ/(kg·℃)，取4.187kJ/(kg·℃)；

ρ_r——对应热水温度 t_r 下的热水密度，kg/L；

t_r——集、贮热水箱内热水设计温度，℃；

t_l——冷水温度，℃；

S_y——年平均日照小时数，h/d，应按集热器布置是否有被遮挡时段确定，当无遮挡时，S_y=6～8h/d。

5. 间接系统换热器换热面积的计算

$$F_{jr} = \frac{Q_g}{\varepsilon K \cdot \Delta t_j} \tag{2.3-13}$$

式中　F_{jr}——换热面积，m^2；

Q_g——设计小时供热量，kJ/h；

K——传热系数，kJ/(m^2·h·℃)，根据换热器厂家技术参数确定；

ε——结垢影响系数，取0.6～0.8；

Δt_j——热媒与被加热水的计算温度差，℃，按《建筑给水排水设计标准》GB 50015—2019第6.8.5条的规定确定。

6. 强制循环的太阳能集热系统循环泵设计

(1) 循环泵的流量计算

$$q_x = q_{gz} \cdot A_j \tag{2.3-14}$$

式中 q_x——集热系统循环流量，m^3/h；

q_{gz}——单位面积集热器对应的工质流量，$m^3/(h \cdot m^2)$，应按集热器产品实测数据确定，无实测数据时，可取 $0.054 \sim 0.072m^3/(h \cdot m^2)$，相当于 $0.015 \sim 0.020L/(s \cdot m^2)$；

A_j——集热器总面积，m^2。

(2) 开式系统循环泵的扬程计算

$$H_x = h_{jx} + h_j + h_z + h_f \tag{2.3-15}$$

式中 H_x——循环泵扬程，kPa；

h_{jx}——集热系统循环管路的沿程与局部阻力损失，kPa；

h_j——循环流量经集热器的阻力损失，kPa；

h_z——集热器顶部与贮热水箱最低水位之间的几何高差造成的阻力损失，kPa；

h_f——附加压力，kPa，取 20～50kPa。

(3) 闭式系统循环泵的扬程计算

$$H_x = h_{jx} + h_j + h_e + h_f \tag{2.3-16}$$

式中 h_e——循环流量经换热器的阻力损失，kPa。

2.3.3 太阳能热水系统辅助热源选择

太阳能热水系统常用的辅助热源种类主要有蒸汽、热水、燃油或燃气、电、热泵等。由于太阳能的供应具有很大的不确定性，为了保证生活热水的供应质量，辅助热源的选型应该按照热水供应系统的负荷选取，暂不考虑太阳能的份额。

1. 辅助加热量的计算

辅助热源一般通过水加热设备的形式向系统提供热量，辅助热源提供的辅助加热量即为水加热器的供热量。常见的水加热器种类可以分为容积式水加热器、半容积式水加热器及半即热式、快速式水加热器。

集中热水供应系统中，水加热设备的设计小时供热量应根据日热水用水量小时变化曲线、加热方式及水加热设备的工作制度，经积分曲线计算确定。当无条件时，可按下列原则确定：

(1) 容积式水加热器或贮热容积与其相当的水加热器、热水机组的设计小时供热量按式 (2.3-17) 计算：

$$Q_g = Q_h - 1.163 \frac{\eta V_r}{T}(t_r - t_l)C\rho_r \tag{2.3-17}$$

式中 Q_g——容积式水加热器（含导流型容积式水加热器）的设计小时供热量，kJ/h；

Q_h——设计小时耗热量，kJ/h；

η——有效贮热容积系数，容积式水加热器 $\eta=0.7 \sim 0.8$，导流型容积式水加热器 $\eta=0.8 \sim 0.9$；第一循环系统为自然循环时，卧式贮热水罐 $\eta=0.8 \sim 0.85$，立式贮热水罐 $\eta=0.85 \sim 0.90$；第一循环系统为机械循环时，卧、立式贮热水罐 $\eta=1.0$；

V_r——总贮热容积，L；单水箱系统取水箱容积的 40%，双水箱系统取供热水箱容积；

T——设计小时耗热量持续时间，h；$T=2\sim4h$；

t_r——热水温度，℃；按设计水加热器出水温度或贮水温度计算；

t_l——冷水温度，℃；

C——水的比热，取 4.187kJ/(kg·℃)；

ρ_r——热水密度，kg/L。

当 Q_g 计算值小于平均小时耗热量时，Q_g 应取平均小时耗热量。

（2）半容积式水加热器或贮热容积与其相当的水加热器、燃油（气）热水机组的设计小时供热量应按设计小时耗热量计算。

（3）半即热式、快速式水加热器及其他无贮热容积的水加热设备的设计小时供热量按设计秒流量计算。

2. 容积式半容积式水加热器

容积式和半容积式水加热器使用的热媒主要为蒸汽或高温热水。

（1）以蒸汽为热媒的水加热器设备，蒸汽耗量按式（2.3-18）计算：

$$G=k\frac{Q_h}{i''-i'} \tag{2.3-18}$$

$$i'=4.187t_{mz} \tag{2.3-19}$$

式中　G——蒸汽耗量，kg/h；

Q_h——设计小时耗热量，kJ/h；

k——热媒管道热损失附加系数，$k=1.05\sim1.10$；

i''——饱和蒸汽的热焓，kJ/kg，见表 2.3-10；

i'——凝结水的热焓，kJ/kg；

t_{mz}——热媒的终温，℃；由经过热力性能测定的产品样本提供。

饱和蒸汽的热焓　　表 2.3-10

蒸汽压力（MPa）	0.1	0.2	0.3	0.4	0.5	0.6
温度（℃）	120.2	133.5	143.6	151.9	158.8	165.0
热焓（kJ/kg）	2706.9	2725.5	2738.5	2748.5	2756.4	2762.9

（2）以热水为热媒的水加热器设备，热媒耗量按式（2.3-20）计算：

$$G=\frac{kQ_h}{C(t_{mc}-t_{mz})} \tag{2.3-20}$$

式中　G——热媒耗量，kg/h；

Q_h——设计小时耗热量，kJ/h；

k——热媒管道热损失附加系数，$k=1.05\sim1.10$；

t_{mc}、t_{mz}——热媒的初温与终温，℃，由经过热力性能测定的产品样本提供；

C——水的比热，kJ/(kg·℃)，$C=4.187$kJ/(kg·℃)。

3. 常压燃油、燃气热水锅炉/热水器

常压燃油、燃气热水锅炉/热水器通过燃料的燃烧，直接加热通过其炉管内的水。燃油、燃气耗量按式（2.3-21）计算：

$$G=k\frac{Q_g}{Q\eta} \tag{2.3-21}$$

式中　G——热媒耗量，kg/h；

k——热媒管道热损失附加系数，k=1.05～1.10；

Q_g——水加热器设计小时供热量，kJ/h；

Q——热源发热量，kJ/kg、kJ/m³ 标准，按表 2.3-11 采用；

η——水加热设备的热效率，按表 2.3-11 采用。

不同热源发热量及加热设备热效率选用表　　表 2.3-11

热源种类	消耗量单位	热源发热量 Q	加热设备热效率 η（%）	备注
轻柴油	kg/h	41800～44000kJ/kg	约 85	η 为热水机组的设备热效率，η 栏中括号内为热水机组，括号外为局部加热的 η
重油	kg/h	38520～46050kJ/kg		
天然气	m³ 标准/h	34400～35600kJ/m³ 标准	65～75（85）	
城市煤气	m³ 标准/h	14653kJ/m³ 标准	65～75（85）	
液化石油气	m³ 标准/h	46055kJ/m³ 标准	65～75（85）	

注：表中热源发热量及加热设备热效率均系参考值，计算中应根据当地热源与选用加热设备的实际参数为准。

4. 电热水锅炉/电加热器

电热水器耗电量按式（2.3-22）计算：

$$W=\frac{Q_h}{3600\eta} \tag{2.3-22}$$

式中　W——耗电量，kW；

Q_h——设计小时耗热量，按式（2.3-4）计算，kJ/h；

3600——单位换算系数；

η——水加热设备的热效率，取值为 95%～97%。

电作为辅助能源时，虽然电加热设备的效率很高，但由于电是二次能源，要通过煤等常规一次能源转换提供，而一次能源转换成电的效率较低。所以，电作为辅助能源，其一次能源的利用率同直接利用其他形式的能源相比较低，但对于区域或城市绿电占比高的项目除外。

5. 热泵

热泵是以冷凝器放出的热量来供热的设备。热泵利用高位能使热量从低位热源流向高位热源，把不能直接利用的低位热能（如空气、土壤、水中所含的热能、太阳能、工业废热等）转换为可以利用的高位热能。采用热泵装置可以节约高位能。

热泵类型的划分按流经热泵蒸发器的低位热源的介质可以分为空气源热泵和水源热泵。

空气源热泵以室外大气作为低位热源，能效比与水源热泵相比较低，一般 COP 值为 3 左右，温度较低时供热效率下降，结霜严重，主要用于长江流域及长江以南地区。由于受压缩机压缩比和冷凝压力的限制，应用空气源热泵供应生活热水时，最好采用二氧化碳等高温工质且出水温度较高。要求保证绝对供热时，需采用其他高位热源作为辅助能源。在需要绝对保证供热水质量的条件下，若选用空气源热泵机组作为辅助热源，需从系统设计中合理匹配，才能保证热水供应的相对稳定和可靠。

水源热泵是以水或防冻液等液态工质作为低位热源的热泵，一般 COP 值为 5 左右，出水温度受蒸发器侧水温的影响，但受室外气候条件的影响较小，在水温要求不高的情况下可以作为太阳能热水系统的辅助热源。

第3章 热　　泵

3.1 热泵技术

3.1.1 热泵的概念

自然界中有很多低品位的能源，这些能源虽然数量巨大，但都是温度很低的热源，一般只有十几摄氏度或者二三十摄氏度，无法直接使用。如果能够通过某种装置将这些热能的品位加以提升，使之可以应用，就能大大扩展能源的来源，缓解目前能源供应紧张的局面。热泵就是这样一种热能品位的提升装置，它可以把温度较低的热能提升为温度较高的热能，使之变成可以利用的能源。它的作用与水泵有着相似之处，水泵通过消耗机械能把水由低处送到高处，提高水的势能；同样，热泵也必须消耗一定的高品位能量，如机械能、电能或高温热能等，才能将低温热能提升为较高温度的热能，用于建筑供热以及生产工艺加热等。

热泵的诞生让人类利用数量巨大、分布广泛的低品位热能成为可能，特别是在利用接近环境温度的废热方面，热泵甚至成为唯一可行的技术手段。热泵的发展和推广使用对于缓解能源紧张、降低污染排放，有着重大的现实意义。

根据热力学第二定律，热量可以自发地从高温物体传递到低温物体中去，但不能自发地沿相反方向进行。而热泵的工作原理就是以逆循环方式使热量从低温物体流向高温物体；它仅消耗少量的逆循环净功，就能得到较大的供热量，可以有效地把难以应用的低品位热能利用起来，达到节能目的。

热泵能够从自然界中的土壤、水、空气、余热等可再生资源中获取能量，并转化为能量来源，通过热量转移的方式实现供热、制冷，且不会产生污染。与传统锅炉等方式相比，热泵技术可以显著降低煤、石油和天然气等一次能源消耗，进而显著降低碳排放，因此将成功实现碳达峰、碳中和目标的有效技术路线。

通常来说，如果热泵在运行过程中消耗的高品位能量为 Q_1，回收的低品位能量为 Q_2，那么热泵输出的可以利用的较高品位的能量 Q 为 Q_1 和 Q_2 之和，即 $Q=Q_1+Q_2$。热泵输出的能量 Q 与其所消耗的能量 Q_1 之比，即热泵的输出功率与输入功率之比，称为热泵的性能系数，即 COP（Coefficient of Performance）。

$$COP=(Q_1+Q_2)/Q_1 \tag{3.1-1}$$

式中　COP——热泵的性能系数；

Q_1——热泵运行过程消耗的高品位热能，kJ/h；

Q_2——热泵回收的低品位热能，kJ/h。

与锅炉、电加热器等传统制热装置相比，热泵的突出特点是消耗少量的高品位的电能或燃料的化学能，即可获得大量的高温热源。也就是说，热泵的性能（制热）系数总是大于1，用户获得的所需热能总是大于所消耗的电能或燃料的化学能；而锅炉等普通制热装置的制热性能系数永远小于1，即用户获得的热能总是小于所消耗的电能或燃料的化学能。

3.1.2 热泵的发展

法国科学家萨迪·卡诺在1824年首次提出“卡诺循环”理论，这成为热泵技术的起源（图3.1-1）。在满足热力学第二定律的热循环中，卡诺循环的效率是最高的。它是一个理想化模型，包括四个步骤：等温吸热、绝热膨胀、等温放热、绝热压缩。即理想气体从状态1（P_1，V_1，T_1）等温吸热到状态2（P_2，V_2，T_2），再从状态2绝热膨胀到状态3（P_3，V_3，T_3），此后，从状态3等温放热到状态4（P_4，V_4，T_4），最后从状态4绝热压缩回到状态1。这种由两个等温过程和两个绝热过程所构成的循环称为卡诺循环。

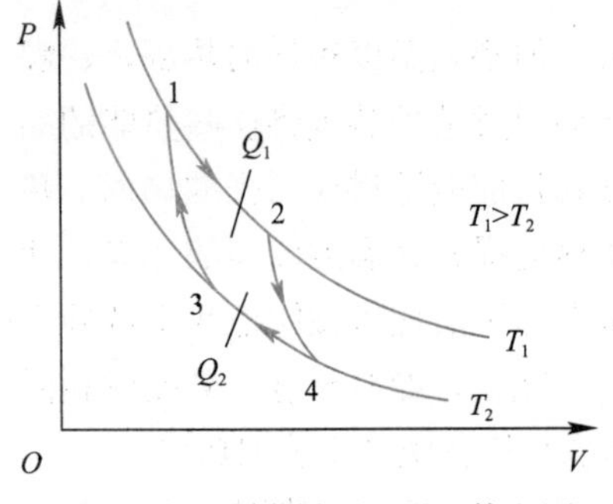

图3.1-1 卡诺循环压强—体积图

1852年英国科学家开尔文提出冷冻装置可以用于加热，将逆卡诺循环用于加热的热泵设想。他第一个提出了一个正式的热泵系统，当时称为“热量倍增器”。之后许多科学家和工程师对热泵进行了大量研究，研究持续80年之久。

1912年瑞士苏黎世成功安装了一套以河水作为低位热源的热泵设备用于供暖，这是早期的水源热泵系统，也是世界上第一套热泵系统。

热泵工业在20世纪40年代至50年代早期得到迅速发展，家用热泵和工业建筑用热泵开始进入市场，热泵进入了早期发展阶段。

20世纪70年代以来，热泵工业进入了黄金时期，世界各国对热泵的研究工作都十分重视，诸如国际能源机构和欧洲共同体都制订了大型热泵发展计划，热泵新技术层出不穷，热泵的用途也在不断地开拓，广泛应用于空调和工业领域，在能源的节约和环境保护方面起着重大的作用。

21世纪，随着“能源危机”出现，石油价格飙升，经过改进发展成熟的热泵以其高效回收低温环境热能、节能环保的特点，重新登上历史舞台，成为当前最有价值的新能源科技。前国际热能署专门成立国际热泵中心，设立热泵推广工程，向世界上各国推广热泵技术。美、加、瑞典、德、日、韩等国政府均发出专门官方指引，促进热泵技术的社会应用。

相对世界热泵的发展，中国热泵的研究工作起步晚20～30年。中华人民共和国成立后，随着工业化建设不断升级，热泵技术才开始引入中国。进入21世纪后，由于中国沿海地区的快速城市化、人均GDP的增长、2008年北京奥运会和2010年上海世博会等因素拉动了中国空调市场的发展，促进了热泵在中国的应用，热泵的发展十分迅速，热泵技术的研究也在不断创新。从2001年热泵起步开始，经过5年的培育，中国热泵行业开始从导入期转入成长期。热泵行业快速发展，一方面得益于能源紧张使得热泵节能优势越来越明显，另一方面与多方力量的加入推动行业技术创新有很大关系。

3.1.3 热泵的种类

热泵装置虽然千差万别，但任何一个热泵系统都必须由低温热源、高温热源、驱动能源和装置本身四个部分组成。

1. 按照本身运行原理分类

热泵装置按照本身运行原理，可分为压缩式热泵、吸收式热泵、吸附式热泵、引射式热泵、热电热泵等。

（1）压缩式热泵

压缩式热泵也称为蒸汽压缩式热泵或机械压缩式热泵，其原理与传统的电制冷机组基本相同。它由电能或蒸汽等高品位能源驱动压缩机做功，使工质的压力在冷凝器中升高，在蒸发器中降低。由于工质的蒸发温度和冷凝温度都随压力的升高而升高，随压力的降低而降低，因此它可以在蒸发器中较低的温度下蒸发，并吸收低温热源的热量；在冷凝器中较高的温度下冷凝，将热量释放给高温热源。通过工质的两次相变，使热量不断从低温热源转移给高温热源。

压缩式热泵一般以电能作为驱动压缩机的能源，也称为电驱动压缩式热泵。这种热泵方便灵活，效率很高，适用于利用浅层地热能和生活余热能等分布比较分散、品位比较低的热能。在具备条件的情况下，也可以用蒸汽驱动蒸汽轮机带动压缩机做功，这种热泵称为蒸汽驱动压缩式热泵。

压缩式热泵以氟利昂等工质为循环介质，通过消耗电能或机械能，实现热量由低温热源向高温热源的转移，制热性能系数（*COP*）可达 3.0～7.0；吸收式热泵按用途分为增热型和升温型。增热型指利用少量高温热源热能，产生大量中温有用热能，制热 *COP* 可达 1.6～2.4；升温型指利用大量中温热源热量产生少量高温有用热能，制热 *COP* 为 0.4～0.6。

（2）吸收式热泵

吸收式热泵的原理与传统的吸收式制冷机十分相似，一般以溴化锂和水组成的二元溶液作为工质，也称为溴化锂吸收式热泵。它以蒸汽、高温热水、燃油、燃气等高温热源作为驱动能源，溴化锂溶液为吸收剂，水为制冷剂，利用溴化锂的沸点远高于水的特点，加热发生器中的溴化锂水溶液，使其中的水分热蒸发为气态水；然后进入冷凝器中冷凝，向高温热源放热变成液态水，再经过节流阀节流调节后进入蒸发器中蒸发，从低温热源吸热，又变成气态水进入吸收器被溴化锂溶液吸收；最后由溶液泵送往发生器进入新一轮循环，通过这种方式使热量从低温热源转移给高温热源。此类热泵一般由发生器、冷凝器、蒸发器、吸收器和热交换器等主要部件及抽气装置、屏蔽泵（溶液泵和冷剂泵）等辅助部分组成。抽气装置抽除了热泵内的不凝性气体，并保持热泵内一直处于高真空状态。

吸收式热泵根据驱动热源不同，可分为热水型、蒸汽型和直燃型三种。它的性能系数（*COP*）没有压缩式热泵高，但它以运行成本（直燃型除外）远低于电能的热能作为驱动能源，并且输出功率也比压缩式热泵大很多，因此在数量比较集中、品位相对较高的工业余热能回收利用中应用广泛。

（3）吸附式热泵

吸附式热泵利用固体吸附剂对工质的吸附作用，通过对固体吸附剂加热或冷却调节工质在蒸发器和冷凝器中的压力；与压缩式热泵和吸收式热泵一样，工质在蒸发器中蒸发吸热，在冷凝器中冷凝放热，使热量从低温热源转移给高温热源。

吸附式热泵可充分利用低品位的工业余热能及太阳能作为驱动能源，其工质对环境没有污染，具有节能和环保两大优势，已成为国内外重点关注的新节能技术。但这项技术还不是很成熟，尚未进入大规模应用阶段。

（4）引射式热泵

引射式热泵是利用一股高压、高能量流体的引射作用吸入另一股低压流体，以回收低压流体能量的一种热泵。

（5）热电热泵

热电热泵以珀尔帖效应为原理，又称温差热泵。1834 年法国科学家珀尔帖（Pelti-er）发现，在两个不同导体组成的回路中通电时，一个接头吸热，另一个接头放热，这就是珀尔帖效应。20 世纪 50 年代，由于半导体材料制造技术的突破，热电制热和制冷技术取得了较快发展。

2. 按照低温热源的来源进行分类

热泵按热源的来源进行分类，主要有地源热泵、空气源热泵以及工业余热源热泵等。地源热泵利用的热源都是以浅层地热能为主，主要包括水源热泵、土壤源热泵。水源热泵根据水源不同，可分为地下水源热泵、地表（江、河、湖、海）水源热泵、污水源热泵等（图 3.1-2）。

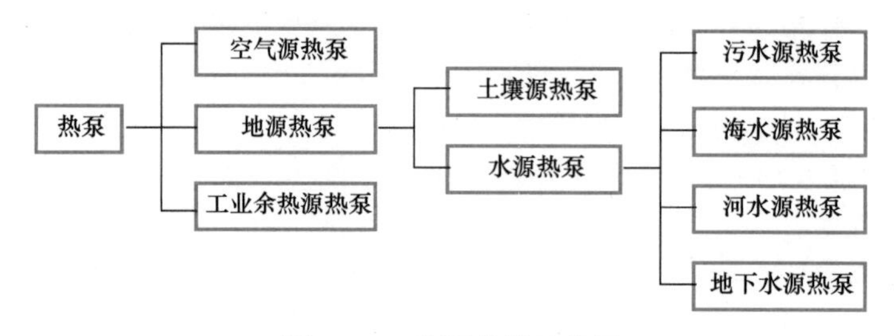

图 3.1-2　热泵分类示意图

（1）土壤源热泵

土壤源热泵主要利用土壤的蓄热特性，以地下岩土中的热量作为热泵系统的冷热源。它将地下浅层土壤中的低品位热源，通过热泵系统的提升，完成向高品位热源的转移并向用户进行输送。在冬季，从土壤中提取热量，经热泵系统提升供给用户使用；在夏季，则将系统多余的热量输送到土壤中进行储存，实现热量利用的循环性，并保证土壤温度的均衡。土壤源热泵系统具有如下的特点：

1）资源可再生利用

储存于地表的浅层地热资源源于太阳能，既是清洁能源，也是可再生资源。四季的变换导致系统对热量的需求产生差异，冬季取热，夏季蓄热，使得土壤温度得以恢复。

2）运行的高效稳定性

与其他热泵系统不同，土壤温度较为恒定，受室外气温影响较小。冬季运行时，土壤温度较高，夏季土壤温度则比空气温度低，能为系统提供很好的蒸发温度或冷凝温度，保证系统运行的高效性与稳定性。

3）机房布置的灵活性

因埋管布置在地下，主机的设置就显得较为灵活，可根据建筑的特性设置在任意位置。而一般系统则需考虑冷却塔及其他室外设备的安放，对主机设置有一定要求。

4）能源的清洁环保性

土壤源热泵系统利用浅层地热资源，没有燃烧及污染物排放，系统的吸热放热过程都在地下进行，减少了对室外空气的排热及运行噪声。

5）控制系统自动化

一般北方地区的空气源热泵系统在冬季运行时需考虑除霜问题，而土壤源热泵系统则不存在此类问题。系统可直接根据室内外气温进行机组自动化管理，机组及系统均可实现自动化控制。且系统一机多用，既能实现供热，也能制冷。

6）土壤源热泵系统存在的问题

系统受土壤热物理性影响较大；长期运行，土壤热稳定性受到影响；地埋管占地面积大；系统初投资较高。这些都对土壤源热泵的推广产生了一定影响。

（2）地下水源热泵

抽取地下水，以地下水作为低温热源，利用热泵装置从中提取热量或冷量用于建筑供热或制冷，然后再将地下水回灌到地下。这种方式可以在确保水量没有损失、水质没有污染的前提下，取得较好的节能效果。我国近年来大规模推广这一技术，也随之带动了一批研究工作。开展水文地质方面的研究和相应的勘测方法的探索，以确保获得足够的地下水流量并确保全部回灌，有效地避免了工程及应用的风险；对地下水回灌状况的大范围检测技术进行研究，用于及时查处非法从地表排水的现象。目前地下水源热泵系统的国家标准也已经颁布实施，使这一技术的推广应用进一步规范化。

（3）地表水源热泵

地表水源包括江、河、湖、海水及污水处理后的再生水，以地表水为冷热源的热泵技术近年来在我国得到了快速发展。我国在地表水热能回收利用的水质指标体系和水源资源调查研究、污垢生长规律与换热器换热热阻变化规律的研究、污垢成分与化学除垢技术等方面进行了大量卓有成效的研究工作。

（4）污水源热泵

我国率先提出能够直接从污水中采集热量而不对污浊物进行任何处理的装置和工艺流程，在理论研究和实验室实验基础上开发出的转筒式污水热量采集装置已大范围用于实际工程项目，为城市污水中热能直接利用开辟出一条全新的途径。

（5）工业余热源热泵

工业余热主要是指工业企业的工艺设备在生产过程中排放的废热、废水、废气等低品位能源。利用热泵将这些低品位能源加以回收利用，可以提供工艺热水或者为建筑供热、提供生活热水。该技术的应用不仅减少了工业企业的污染排放，还大幅度降低了工业企业原有的能源消耗。

余热利用的特点及途径：随着全球经济的发展，能源需求量越来越大，环境污染也越来越严重，为此国内外对节能减排非常重视。热泵作为一种高效节能技术，对经济效益和社会效益的提升有着很大的帮助。工厂、学校、酒店、宾馆等领域往往需要大量的生产、生活热水，并且使用后一般都还具有较高温度。将废热余热作为生活热水系统的热源，不仅有利于节省能源，也使得废热、余热得以利用。

余热是指受历史、技术、理念等因素的局限性，在已投运的工业企业耗能装置中，原始设计未被合理利用的显热和潜热。它包括高温废气余热、冷却介质余热、废气废水余热、高温产品和炉渣余热、化学反应余热、可燃废气废液和废料余热等。根据调查，各行业的余热总资源占其燃料消耗总量的17%～67%，可回收利用的余热资源约为余热总资源的60%。

余热的回收利用途径很多，一般来说综合利用余热最好，其次是直接利用，再次是间接利用（如余热发电）。综合利用就是根据余热的品质，按照温度高低顺序不同按阶梯利用，品质高的可以用于生产工艺或余热发电；中等的（120～160℃）可以采用氨水吸收制冷设备来制取－30～5℃的冷量，用于空调或工业制冷；低温的可以用来制热或利用吸收式热泵来提高热量的数量或温度，供生产和生活使用。

1）余热蒸汽的合理利用顺序是：①动力供热联合使用；②发电供热联合使用；③生产工艺使用；④利用汽轮机发电或直接替代电机驱动机泵；⑤生活用；⑥利用余热吸收制冷设备，实现热、电、冷联产。

2）余热热水的合理利用顺序是：①供生产工艺常年使用；②返回锅炉及发电使用；③生活用；④生产用；⑤暖通空调用；⑥动力用；⑦发电用。

（6）空气源热泵

以上各种热泵所利用的低温热源资源并不是到处都有，多少都要受到环境条件的限制。在无法获得这些热源的情况下，就只能利用空气作为低温热源。空气中蕴含的热能是最方便获得的一种能源，但也是品位最低的一种能源。由于空气温度变化幅度很大，因此对热泵设备的技术要求也很高。针对冬夏季压缩机在不同压缩比下运行的要求，我国率先提出在涡旋压缩机压缩过程中间补气以改变等效压缩比的方法，并得到广泛应用；针对冬季蒸发器的结霜问题，提出多种化霜方式以减少化霜能耗，并避免化霜造成系统不稳定性的方法；提出智能判断化霜的算法和化霜策略，以避免无效化霜；提出空气源热泵与水环热泵的串联结构，使得系统在夏季可以单级运行而冬季可以双级串联运行。这些研究成果有力地推动了空气源热泵的技术进步和广泛推广。

3.2 空气源热泵

3.2.1 空气源热泵概况

1. 空气源热泵

空气源热泵就是利用空气中的热量来产生热能，能全天24h不间断生产大水量、高水压、有恒温要求的热水，可满足不同生活用热水、冷暖需求，同时又消耗较少能源的热泵形式。

空气源热泵实质上是一种热量提升装置，其作用是从周围环境中吸取热量，并把它传递给被加热的对象（温度较高的物体），它的工作原理与制冷机相同，都是按照逆卡诺循环工作的，只是工作温度范围不一样。通常的热泵产品是用制冷剂（如4R17A或R134a）作为媒介，由于制冷剂汽化温度低，在－40℃即可汽化，它与外界温度就存在着温差，冷媒在吸收了外界的温度后汽化，通过压缩机压缩制热，变成高温高压气体，再经热交换器与水交换热量后，经膨胀阀释放压力，回到低温低压的液化状态，通过制冷剂的不断循环并与水交换热量，将水罐中的水加热，从而达到加热冷水的目的。

空气源热泵技术在 1924 年被发明和开始利用，但并未被人们充分认识和真正应用。直到 20 世纪 60 年代，世界范围内大量爆发能源危机，热泵以其可以利用低温废热、节约大量能源等优点，经过改造重新进入人们的视野，受到人们的重视。

2. 空气源热泵分类

不同依据下，空气源热泵热水器分类也不同。按照热源分类，可分为普通空气源热泵热水器和低温空气源热泵热水器；按适用场所分类，可分为大中型商业机组和小型家用机组；按结构分类，可分为分体式和整体式；按热水加热方法分类，可分为静态加热式、循环加热式、直热加热式和即升即热式；按照热水系统是否有水箱分类，可分为无水箱和有水箱两类。

3. 空气源热泵在我国的应用

室外空气的热量来源于太阳对地球表面的直接或间接的辐射，空气对太阳能起到贮存器作用。不同地区的气候特点差异很大，这将直接对空气源热泵的结构、性能、运行特性产生明显的影响。因此只有充分地了解我国的气候特点，才能开发出适合我国气候特征的高效空气源热泵，才能在我国各地区正确且合理地使用好空气源热泵。

我国疆域辽阔，其气候涵盖了寒、温、热带。根据我国《建筑气候区划标准》GB 50178—1993，各地区气候特点及地区位置见表 3.2-1。与此相应，空气源热泵的设计与应用方式等，各地区都应有不同。

我国建筑气候一级区区划指标　　表 3.2-1

区名	分区名称	主要指标	辅助指标	各区辖行政区范围
Ⅰ	严寒地区	1 月平均气温≤－10℃； 7 月平均气温≤25℃； 7 月平均相对湿度≥50％	年降水量 200～800mm； 年日平均气温≤5℃的日数≥145d	黑龙江、吉林全境；辽宁大部；内蒙古中、北部及陕西、山西、河北、北京北部的部分地区
Ⅱ	寒冷地区	1 月平均气温－10～0℃； 7 月平均气温 18～28℃	年日平均气温≥25℃的日数＜80d； 年日平均气温≤5℃的日数 90～145d	天津、山东、宁夏全境；北京、河北、山西、陕西大部；辽宁南部；甘肃中东部以及河南、安徽、江苏北部的部分地区
Ⅲ	夏热冬冷地区	1 月平均气温 0～10℃； 7 月平均气温 25～30℃	年日平均气温≥25℃的日数 40～110d； 年日平均气温≤5℃的日数 0～90d	上海、浙江、江西、湖北、湖南全境；江苏、安徽、四川大部；陕西、河南南部；贵州东部；福建、广东、广西北部和甘肃南部的部分地区
Ⅳ	夏热冬暖地区	1 月平均气温＞10℃； 7 月平均气温 25～29℃	年日平均气温≥25℃的日数 100～200d	海南、台湾全境；福建南部；广东、广西大部以及云南西部和元江河谷地区
Ⅴ	温和地区	1 月平均气温 0～13℃； 7 月平均气温 18～25℃	年日平均气温≤5℃的日数 0～90d	云南大部；贵州、四川西南部；西藏南部一小部分地区

续表

区名	分区名称	主要指标	辅助指标	各区辖行政区范围
Ⅵ	严寒地区	1月平均气温－22～0℃； 7月平均气温＜18℃	年日平均气温≤5℃的日数90～285d	青海全境；西藏大部；四川西部、甘肃西南部；新疆南部部分地区
Ⅶ	寒冷地区	1月平均气温－20～－5℃； 7月平均气温≥18℃； 7月平均相对湿度＜50％	年降水量10～600mm； 年日平均气温≥25℃的日数＜120d； 年日平均气温≤5℃的日数110～180d	新疆大部；甘肃北部；内蒙古西部

Ⅲ区属于我国夏热冬冷地区。夏热冬冷地区的范围大致在秦岭淮河以南、四川盆地以东，大体上可以说是长江中下游地区。该地区包括上海、重庆两个直辖市，湖北、湖南、江西、安徽、浙江五省全部，四川、贵州两省东半部，江苏、河南两省南半部，福建省北半部，陕西、甘肃两省南端，广东、广西两省区北端。夏热冬冷地区的气候特征是夏季闷热，7月平均地区气温25～30℃，年日平均气温大于25℃的日数为40～110d，1月平均气温0～10℃，年日平均气温小于5℃的日数为0～90d。气温的日温差较小，年降雨量大，日照偏少，这些地区的气候特点非常适合于应用空气源热泵。《民用建筑供暖通风与空气调节设计规范》GB 50736—2012中也指出，夏热冬冷地区的中、小型建筑可用空气源热泵供冷、供暖。在这些地区的民用建筑中常要求夏季供冷，冬季供暖。因此，在这些地区选用空气源热泵（如热泵家用空调器、空气源热泵冷热水机组等）解决空调供冷、供暖、供生活热水问题是较为合适的选择，并且已成为项目首选方案之一。

Ⅳ、Ⅴ区属于夏热冬暖、温和地区。主要包括海南、台湾全境，福建南部，广东、广西大部、云南大部、元江河谷地区和贵州、四川西南部、西藏南部一小部分地区。这些地区1月平均气温均在0℃以上，年日平均气温大于25℃的日数为100～200d。在这样的气候条件下，一般情况下建筑物不设置供暖，但随着时代的发展，人们对生活环境要求越来越高，因此，这些地区的高档建筑也开始设置供暖，即使不设置供暖的建筑物，也有对生活热水的需求。因此，在这种气候条件下，选用空气源热泵系统是非常合适的。

我国气候的Ⅰ、Ⅱ、Ⅵ、Ⅶ区属于严寒地区和寒冷地区，随着近几年空气源热泵技术发展和实际运行经验，传统的空气源热泵机组在室外空气温度大于－3℃的情况下，均能安全可靠地运行。空气源热泵机组的应用范围已从长江流域北扩至黄河流域，并进入气候区划标准的Ⅰ、Ⅱ、Ⅵ、Ⅶ区的部分地区，如济南、西安、京津地区、郑州、石家庄、延安等地区。这些地区的气候特点是冬季气温较低，大部分区域1月平均气温为－10～0℃，并在冬季气温高于－3℃的时数占很大的比例，据统计，在冬季室外气温大于－3℃的小时数占50％以上。而气温小于－5℃的时间通常在夜间出现。因此，在这些地区大部分区域可选用空气源热泵，其运行也是可行的，并且这些地区冬季气候干燥，最冷月室外相对湿度在45％～65％，结霜现象又不太严重，使用时优先选用低温型空气源热泵。当然对于这些区域，也可根据建筑物使用特点采用空气源热泵作为预热，再加其他辅助热源来满足使用要求。

3.2.2　空气源热泵热水系统

1. 空气源热泵热水系统原理

在中国传统的集中生活热水系统中，由于受国家经济发展状况和政策的影响，在相当长的时期中，一般以燃煤、燃气锅炉作为热水的热源使用。在 20 世纪 90 年代以后，对于集中生活热水系统也开始有新的尝试和探讨，特别是随着可持续发展和公众环保意识的提高，国外和我国能源利用的结构都发生了变化，从原有的煤、石油取暖过渡到以天然气及电等清洁能源。治理大气污染的政策中包括能源结构的调整，从以煤为主改为天然气和电力等替代能源。但是，替代能源虽然可以部分解决大气污染问题，可是天然气和石油等都属于不可再生能源，从可持续发展的角度看，必须提高能源利用效率或者寻找可以再生的能源，而新型非传统能源选用空气源热泵就是比较理想的一种可利用能源。

空气源热泵热水系统一般由空气源热泵热水机组、集热水箱、水泵及管道阀门等部分组成。而空气源热泵热水机组主要由压缩机、水侧换热器（冷凝器）、节流装置、空气侧换热器（蒸发器）等部分组成（图 3.2-1）。

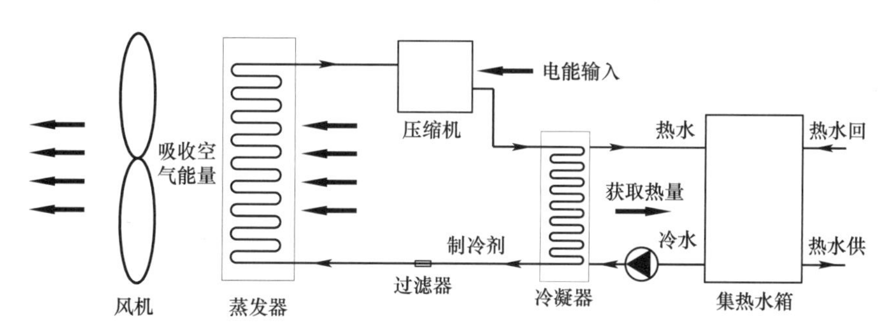

图 3.2-1　空气源热泵热水系统

空气源热泵热水系统和空调供暖的工作原理相同，都是利用压缩机从空气中吸取低品位热量将水加热，而不是直接将电能转化为热能，它充分利用了空气储存的低品位热量。除此之外，空气源热泵具有和太阳能相同的节能、环保、安全、方便等优点，同时又避免了太阳能仅依靠阳光看天气供暖和安装的不便之处。加之空气源热泵是通过制冷介质和水进行热量交换从而对水进行加热的，所以没有电加热元件，也就没有因电加热元件与水接触而引起的热水器漏电的危险。

2. 空气源热泵热水系统特点

空气源热泵热水机组是一种可以替代锅炉的节能环保热水供应装置，它具有很多与空气源热泵空调机组相同的特点，同时作为热水机组与其他水加热器相比，具有如下特点：

（1）适用性广

由于作为低品位热源的空气随处可得，它具有很强的适用性。空气源热泵不会受到气候、天气、昼夜等因素的影响，正常工作的温度阈值在－10～50℃之间，根据我国气候特点，可以说在我国大部分地区的大部分时间里，都可以正常使用。相比之下，太阳能则具有很强的局限性，例如阴天、雨天或冬季、夜晚等造成太阳能的不连续性和不稳定性，两者相比，空气源热泵能够带来更多的便利性。

(2) 经济性好

空气源热泵采用绿色、无污染的冷媒，吸取空气中的热量，通过压缩机的做功，生产出50℃以上的生活热水。机组利用热泵原理，系统的*COP*值一般在3.0以上，相对于电热水器和电锅炉可节省70%的电能。即使常规的电力来源于火力发电，其一次能源利用系数也在1以上，较燃油（气）锅炉高15%以上，充分显示出热水供应的用能经济性。

空气源热泵若配合利用蓄热措施，可以使机组在夜间用电低谷时运行，蓄存热量，在白天用电高峰时，通过蓄存的热量进行热水供应，从而达到电力移峰填谷的目的，在实现峰谷电价的地区可以降低运行费用。

(3) 安全性高

由于空气源热泵机组无需使用电热元件直接对水进行加热，所以相对于电热水器而言，杜绝了漏电的隐患；相对于燃气热水器来讲，没有燃气泄漏或CO中毒之类的隐患，因此具有更好的安全性。

与太阳能相比，在日照充足的条件下，太阳能集热系统的运行成本极低，这是太阳能被广泛使用的原因，但太阳能也有一定局限性。首先，太阳能不稳定。由于受到昼夜、季节、地理纬度和海拔高度等自然条件的限制，以及晴、阴、云、雨等随机因素的影响，到达地面的太阳辐照强度常常是间断的、不稳定的，导致了太阳能使用的不稳定性；其次要达到太阳能的使用效果，太阳能系统往往需要大量的集热器才能满足使用要求，在实际使用中要有集热器的设置空间，并需要满足安全性要求。

(4) 环保

空气源热泵系统由于无需锅炉，无需相应的燃料供应系统、除尘系统和烟气排放系统，系统安全可靠、对环境几乎无污染。

3. 机组制热量的确定

在确定空气源热泵热水机组的制热量时，应按最不利工况考虑，即机组应能够满足冬季低温条件下的热水供应，且当其作为太阳能热水系统的辅助热源时，应具备独立满足用户用热需求的能力。

空气源热泵的设计小时供热量应按式（3.2-2）计算，无辅助热源时应按当地最冷月平均气温和冷水供水温度计算。在我国北方一些地区冬季气温较低，机组的制热系数和制热水能力可能下降比较严重，若仅靠增大机组制热量来满足用水需求是不经济的，此时可考虑设置辅助热源。空气源热泵热水供应系统设置辅助热源应按下列原则确定：

(1) 最冷月平均气温不小于10℃的地区，可不设辅助热源；

(2) 最冷月平均气温小于10℃且不小于0℃时，宜设置辅助热源。

4. 空气源热泵热水系统设计要点

热水供应系统应根据使用对象、建筑物的特点、热水用水量、用水规律、用水点分布、热源类型、水加热设备及操作管理条件等因素，经技术经济比较后选择合适的系统形式。其设计要点如下：

(1) 集中热水供应系统一般用于使用要求高、耗热量大（超过293100kJ/h）、用水点分布较密集或较连续、热源条件充分的场合；局部热水供应系统一般用于使用要求不高、用水范围小、用水点数量少且分散、热源条件不够理想的场合。

(2) 集中热水供应系统应设热水回水管道，保证干管和立管中的热水循环。要求随时取得不低于规定温度热水的建筑，应保证支管中的热水循环或有保证支管中热水温度的措施，如采用自控调温电伴热来保持支管中热水温度。居住建筑等需分户计量的集中热水供应系统一般不宜设支管循环。

（3）建筑物内的热水循环管道宜采用同程式布置的方式，当采用同程式布置困难时，应有保证干管和立管循环效果的措施。循环系统应设循环泵，采取机械循环。自然循环只适用于系统小、管路简单、干管水平方向很短、竖向高的系统及对水温要求不严格的个别场合。

（4）冷、热水系统均宜采用上行下给的供水方式。配水立管自上而下管径由大到小的变化与水压由小到大的变化相对应，有利于减少上下层配水的压差，有利于保证同区最高层的供水压力。同时，不需专设回水立管，既节省投资，又节省管井的空间。

（5）工业企业生活间、公共浴室、学校、剧院、体育馆（场）等设集中供应热水系统时，宜采用定时供应热水。普通旅馆、住宅、医院等设置的集中热水供应系统，也可采用定时供应热水。对于定时供应系统，个别用水点对热水供应有特殊要求者（如供水时间、水温等），宜对个别用水点设局部热水供水。

（6）在设有集中热水供应系统的建筑内，对用水量大的公共浴室、洗衣房、厨房等用户，宜设单独的热水管网，以避免对其他用水点造成大的水量、水压波动。

（7）高层、多层高级旅馆建筑的顶层如为高标准套间客房、总统套房，为保证其供水水压的稳定，宜设置单独的热水供水管，即不与其下层共用热水供水立管。

（8）热水供水系统最不利点的供水压力应考虑卫生器具水龙头的水压要求，如缺乏资料，一般可按不小于0.1MPa设计。

（9）给水管道水压变化较大而用水点要求水压稳定（如公共浴室的淋浴器等），宜采用开式热水供应系统。

（10）卫生器具带有冷、热水混合器或冷、热水混合龙头时，应考虑冷、热水供水系统在配水点处有相同水压的措施，或设置恒温调节以保证安全、舒适供水。

3.2.3 空气源热泵的影响因素

根据热泵的热力学原理，热泵的性能系数 COP 在理想状态下为：

$$COP=\frac{1}{1-\frac{T_{K1}}{T_{K2}}} \tag{3.2-1}$$

式中 T_{K1}——低品位热源，室外空气温度；

T_{K2}——高品位热源，热泵机组的热水出水温度。

式（3.2-1）表明：①在恒温热源和热汇之间工作的机组，其性能系数只与热源和热汇温度有关，与热泵机组使用的制冷剂性质无关；②COP 值与热源和热汇温度有关，当低热源不变时，机组出水温度越高，其 COP 值越小。

文献资料显示，当设置环境温度分别为－12℃、－6℃，初始水温为20℃时，开启热泵进行加热，研究了不同供水温度对空气源热泵制热量、系统功耗、能效、排气温度、压缩比的影响。结果表明：在相同初始水温下，随着加热的进行，压缩机的制热量先增加后降低，供水温度为40℃时制热量最大；当环境温度为－12℃，供水温度从25℃升高至

55℃时，系统功耗从 11905W 增至 24417W，增加了 105%，系统能效从 4.03 降至 2.11，下降了 47.6%。

1. 供水温度对热泵系统制热量的影响

图 3.2-2 所示为系统制热量随供水温度的变化。由图 3.2-2 可以看出，当外界环境温度相同时，低温空气源热泵将水从 25℃加热至 55℃，制热量呈先升高后降低的趋势，即制热量存在某个最大值。这是因为随着加热过程的进行，热泵系统内流过的制冷剂流量不断增加，压缩机的吸排气温度和压缩比逐渐升高，制热量增加；当加热至约 40℃时，制热量达到最大值（环境温度－12℃时，约为额定制热量的 0.8 倍），且能满足用户供热需求。继续加热，在蒸发温度不变的情况下，冷凝温度不断增加，冷凝压力增加，压缩机的吸排气温度和压缩比增加，超过正常范围值，压缩机容积效率降低，制热过程开始恶化，导致热泵系统的制热量减小，系统制热量将不能满足用户需求。

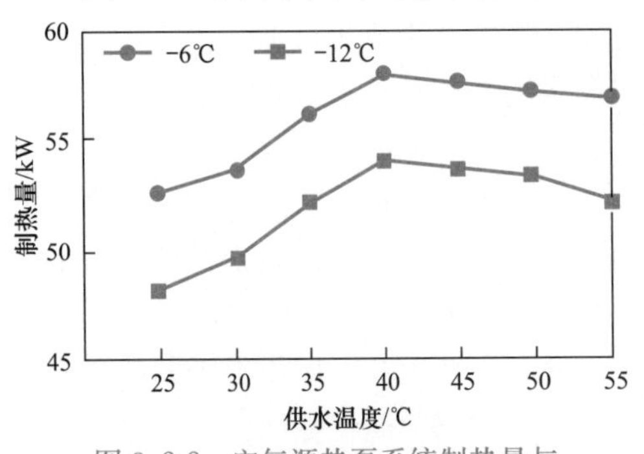

图 3.2-2　空气源热泵系统制热量与供水温度关系

此外，对于环境温度－12℃和－6℃两种工况，当供水温度接近 40℃时，制热量均存在一个最大值。这是因为同一环境温度下，热泵在加热水的过程中，系统的质量流量有先增加后减小的趋势，在供水温度接近 40℃时，系统质量流量达到最大值，即系统的制热量也达到一个最大值；但不同的环境温度所对应的最佳供水温度也不同，在工程实际应用中，应根据不同环境温度确定对应的最佳供水温度，以确定最佳运行工况点。由图 3.2-2 还可以看出，在相同的供水温度下，提高环境温度，热泵系统的制热量增加。这是因为提高环境温度，系统的蒸发温度上升，压缩比下降，热泵制热性能改善。当供水温度为 40℃时，将环境温度从－12℃升至－6℃，制热量从 53469W 升至 57816W，增幅为 8.1%。

2. 供水温度对热泵系统功耗的影响

图 3.2-3 所示为系统功耗随供水温度的变化。由图 3.2-3 可知，当外界环境温度相同时，在低温空气源热泵加热水的过程中，热泵系统的总功耗呈上升趋势。这是因为环境温度不变时，蒸发压力不变，而冷凝压力受供水温度变化的影响；当供水温度增加时，冷凝温度、冷凝压力、压缩比、压缩机的输入功率均增加，最终导致系统的总功耗 W（包括压缩机输入功率和风机的功率等）也随之增加。

热泵在环境温度－12℃工况下运行，供水温度从 25℃增至 55℃，系统总功耗从 11905W 增至 24417W，增加 105%；因此，在热水被加热的过程中，总功耗增加十分迅速。由图 3.2-3 还可以看出，在相同的供水温度情况下，提高环境温度，热泵系统功耗增加。这是因为在冷凝温度不变的情况下，环境温度、蒸发温度、蒸发压力均增加，压缩比下降，吸气比体积减小，制冷剂的质量流量增加，引起压缩机的输

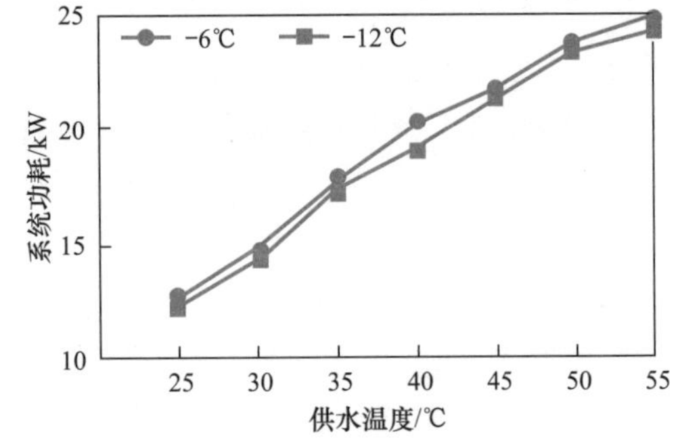

图 3.2-3　空气源热泵系统功耗与供水温度关系

入功率增加，而风机等设备的功率基本不变。当供水温度为 40℃时，将环境温度从－12℃提高至－6℃，热泵系统功耗从 18887W 升至 19495W，增幅为 3.2%。

3. 供水温度对热泵系统 *COP* 的影响

图 3.2-4 所示为系统 *COP* 随供水温度的变化。可以看出，当外界环境温度相同时，在低温空气源热泵加热水的过程中，*COP* 不断下降。这是因为当蒸发温度不变时，随着供水温度的升高，冷凝压力不断增加，压缩比也增加，制热量的增加速度小于输入功率的增加速度，制热效率下降。当环境温度为－12℃时，将水从 25℃加热至 55℃，系统能效从 4.03 降至 2.11，整个系统能效下降 47.6%。因为水被加热到 40℃时，制热量最大，且能满足人们的供热需求；若继续加热，能效下降，制热恶化，供热不足。所以，环境温度－12℃时，供水温度 40℃为最佳供水温度点。

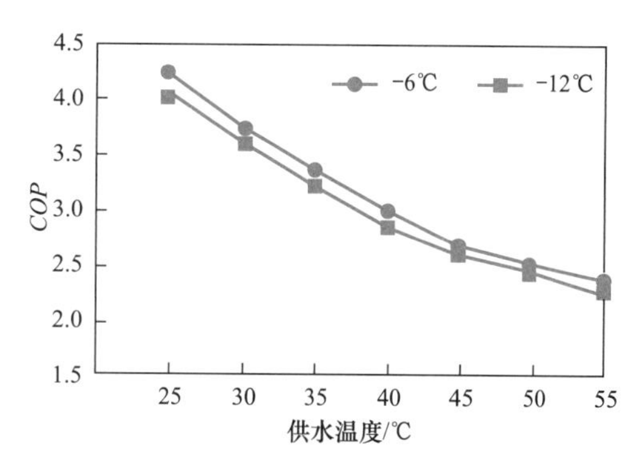

图 3.2-4　空气源热泵系统 *COP* 与供水温度关系

由图 3.2-4 可知，在相同的供水温度下，提高环境温度，热泵系统 *COP* 增加。这是因为当冷凝温度不变时，提高环境温度，蒸发温度和蒸发压力增加，压缩比下降，吸气比体积减小，制冷机的质量流量增加，制热效果改善，系统的制热能效增加。当供水温度为 40℃时，将环境温度从－12℃提高至－6℃，系统能效从 2.83 升至 2.97，增幅为 4.9%。

4. 供水温度对热泵系统排气温度的影响

图 3.2-5 所示为系统排气温度随供水温度的变化。由图 3.2-5 可知，当外界环境温度相同时，低温空气源热泵将水从 25℃加热至 55℃，压缩机的排气温度不断增加，这是因为在蒸发温度不变时，水温增加，冷凝温度、冷凝压力、压缩比均增加，引起压缩机的吸气比体积增加，流经整个回路的制冷剂流量减少，单位质量的制冷剂需要带走的热量增加，最终导致系统的排气温度上升。

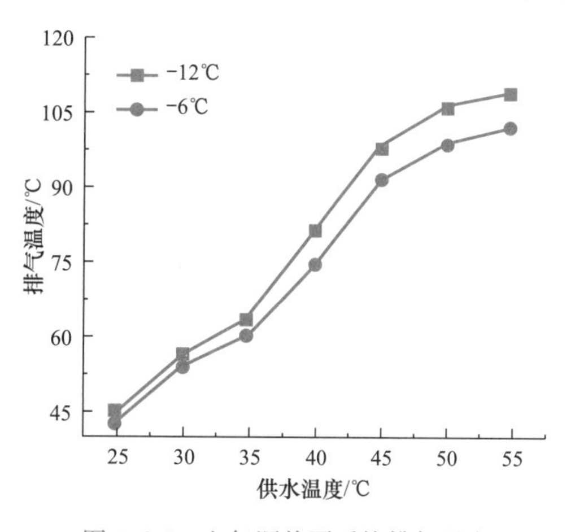

图 3.2-5　空气源热泵系统排气温度随供水温度的变化

由图 3.2-5 可以看出，当供水温度不变时，提高环境温度，压缩机的排气温度下降，这是因为当冷凝温度不变时，提高环境温度，蒸发温度和蒸发压力上升，引起压缩比下降，流经整个回路的制冷剂流量增加，单位质量的制冷剂需要带走的热量减少，最终排气温度下降。当供水温度为 40℃时，环境温度从－12℃升至－6℃，排气温度从 83℃降至 78℃，降幅为 6.0%。

5. 供水温度对热泵系统压缩比的影响

图 3.2-6 所示为系统压缩比随供水温度的变化。由图 3.2-6 可知，当外界环境温度相同时，低温空气源热泵将水从 25℃加热至 55℃，压缩机的压缩比不断增加。这是因为当环境温度不变时，蒸发压力不变，随着供水温度的升高，对应的冷凝温度升高，压缩机的

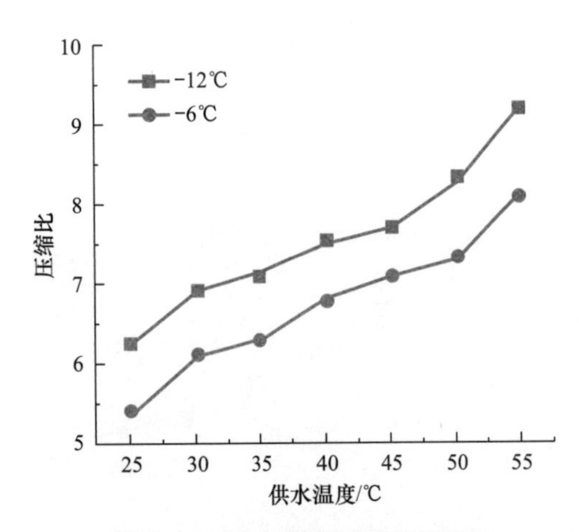

图 3.2-6 空气源热泵系统压缩比随供水温度的变化

排气温度和冷凝压力升高，引起系统的压缩比增加。

由图 3.2-6 可知，当供水温度不变时，提高环境温度，压缩机的压缩比下降。这是因为供水温度不变时，冷凝压力不变，提高环境温度，蒸发温度和蒸发压力上升，引起压缩比下降。当供水温度为 40℃时，将环境温度从－12℃升至－6℃，压缩比从 7.66 降至 6.91，降幅为 9.8%。

3.2.4 空气源热泵热水系统设计

（1）系统日耗热量、热水量、设计小时耗热量、用水量计算参考太阳能章节计算。

（2）空气源热泵主机的供热量计算

空气源热泵的设计小时供热量应按式（3.2-2）计算确定。

$$Q_g=\frac{m\cdot q_r\cdot C(t_r-t_1)\rho_r\cdot C_\gamma}{T_2} \tag{3.2-2}$$

式中 Q_g——空气源热泵设计小时供热量，kJ/h；

m——用水计算单位数（人数或床位数）；

q_r——热水用水定额，L/(人·d) 或 L/(床·d)，按《建筑给水排水设计标准》GB 50015—2019 表 6.2.1-1 中最高日用水定额或表 6.2.1-2 中用水定额中下限取值；

T_2——空气源热泵机组每日设计运行时间，h（取 8～16h）；

t_r——热水温度，℃，t_r=60℃；

t_1——冷水温度，℃，按现行《建筑给水排水设计标准》GB 50015 附录 C 选用；

ρ_r——热水密度，kg/L；

C_γ——热水供应系统的热损失系数，C_γ=1.10～1.15；

C——水的比热，kJ/(kg·℃)，C=4.187kJ/(kg·℃)。

（3）空气源热泵主机运行工况修正

当工程设计工况偏离空气源热泵主机名义工况时，制热量应进行变工况修正。

$$Q_m=\frac{Q_g}{K_2K_3} \tag{3.2-3}$$

式中 Q_m——空气源热泵机组产品样本中的名义小时制热量，kJ/h；

Q_g——空气源热泵机组设计小时供热量，kJ/h；

K_2——项目所在地室外计算温度的修正系数，按产品样本选取；

K_3——空气源热泵机组化霜修正系数，不同地区应根据其气候特点选用。

（4）成组布置的空气源热泵热水机组应采用并联方式，机组应采用同程管路设计，以保证各台机组工作的均衡性。

（5）多台空气源热泵集中摆放时，摆放间距应满足维护要求，且应有足够空间保证进风通道内无明显负压，否则宜增设防进排风短路措施。最小进风通道截面积可按式（3.2-4）进行计算：

$$A=\frac{L_e}{3600\times v_{max}} \tag{3.2-4}$$

式中 A——进风通道与风速垂直方向上最小进风通道截面积，m^2；

L_e——单台设备额定进风量，m^3/h；

v_{max}——空气源热泵进风通道上最大风速，m/s，宜取1.5～3m/s。

（6）贮热水箱（罐）的有效容积设计应符合下列规定：

全日制集中热水供应系统的贮热水箱（罐）的有效容积应按式（3.2-5）计算：

$$V_r=k_1\frac{(Q_h-Q_g)\cdot T_1}{(t_r-t_1)C\cdot\rho_r} \tag{3.2-5}$$

式中 V_r——贮热水箱（罐）总容积，L；

k_1——用水均匀性的安全系数，按用水均匀性选值，$k_1=1.25\sim1.50$；

Q_h——设计小时耗热量，kJ/h；

T_1——设计小时耗热量持续时间，h；全日集中热水供应系统 T_1 取2～4h。

（7）热水供应系统辅助热源的设计热负荷宜按式（3.2-6）、式（3.2-7）进行计算：

$$Q_f=Q_g-Q_g' \tag{3.2-6}$$

$$Q_g'=\frac{m\cdot q_r\cdot C(t_r-t_1)\rho_r\cdot C_\gamma}{T_2'} \tag{3.2-7}$$

式中 Q_f——辅助热源的设计小时供热量，kW；

t_1——当地最冷月的冷水供水温度,℃；

Q_g'——空气源热泵在当地最冷月平均气温下的实际供热量，kW，按厂家产品供热量修正曲线查取或计算；

T_2'——辅助热源在当地最冷月平均气温下的工作时间，h。

（8）辅助热源可直接加热，也可通过热交换器间接加热。

（9）集中式空气源热泵热水供应系统在空气源热泵机组与贮热水箱（罐）之间均应设置第一循环水泵；根据需要在贮热水箱（罐）与用水点之间增设第二循环（加压）水泵。

（10）第一循环水泵的流量和扬程计算：

1）流量按公式（3.2-8）计算：

$$q_{xh}=\frac{k_4\cdot Q_g}{3600C\cdot\rho_r\cdot\Delta t} \tag{3.2-8}$$

式中 q_{xh}——第一循环水泵流量，L/s；

Q_g——空气源热泵机组的供热量，kJ/h；

k_4——考虑水温差因素的附加系数，$k_4=1.2\sim1.5$；

Δt——空气源热泵机组的进出水温差，可按 $\Delta t=5$℃取值。

2）扬程按公式（3.2-9）计算：

$$H_b=h_{xh}+h_{e1}+h_f \tag{3.2-9}$$

式中 H_b——第一循环水泵扬程，kPa；

h_{xh}——循环流量通过循环管道的沿程与局部阻力损失，kPa；

h_{e1}——循环流量通过空气源热泵的阻力损失，kPa；阻力由产品提供，一般为 40～60kPa；

h_f——附加阻力，kPa，一般为 20～50kPa。

3.3 地源热泵

3.3.1 地源热泵概况

1. 地源热泵概况

地源热泵是指以地球表层的浅层地能为冷热源，实现建筑物供热空调及热水供应的热泵系统。地源热泵一般由 3 个子系统组成：室外地能换热系统、水源热泵机组和室内末端系统，如图 3.3-1 所示。

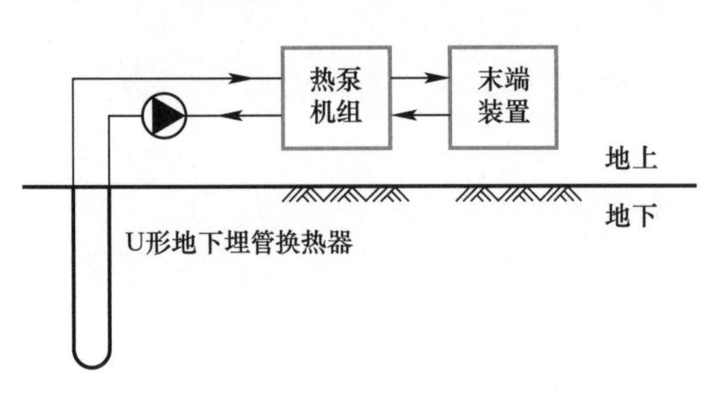

图 3.3-1 地源热泵系统示意图

2. 地源热泵的发展

(1) 国外发展概况

20 世纪初，地源热泵技术于欧洲问世，到 20 世纪 80 年代后期才趋于成熟，20 世纪末，地源热泵以其特有的节能和环保优势，确立了它的发展地位。20 世纪 50 年代，欧洲大陆掀起了地源热泵研究的第一次高潮，但由于当时的能源价格低，这种系统并不经济，因而未能得到推广。1973 年石油危机以后，欧洲又出现了地源热泵利用的第二次高潮。但当时在技术、设计经验以及安装等方面还不成熟，导致热泵设备运转不良、损坏率高，致使热泵名声很差，几乎毁灭了整个热泵行业。在专家们对热泵技术和产品不断进行改进、完善的努力下，热泵重新进入了快速发展期。

近 20 年来，地源热泵技术在美国得到了较大的发展。美国早期的地源热泵主要应用地下水和地表水系统。20 世纪 70 年代末，地埋管地源热泵系统得到发展。通过改进，水源热泵机组扩大了进水温度范围，使地埋管交换器能够取代以前的热交换系统。在美国政府介入地源热泵产业之前，就有实业家建立了小规模的公司。到了 20 世纪 90 年代，美国政府开始关注地源热泵，投入大量资金支持研究开发，各州的电力公司也纷纷建立奖励措施，促进了美国地源热泵产业的快速增长。现在美国所安装的地源热泵主要是地埋管系统。

欧美等国家地区是地源热泵发展和应用的主要国家，但是他们的技术路线却不尽相同。欧洲国家致力于大型热泵装置的研发，偏重于供热应用，采用集中热泵站方式供热供冷，末端通常为水系统；美国主要发展单元式热泵空调机组，偏重于全年冷热联供应用，采用分散式系统，末端通常为空气系统。国外发达国家地源热泵的发展历程及其经验教训对我国是很好的借鉴。

(2) 国内发展概况

20 世纪 80 年代初，我国部分高等院校开始了地源热泵的研究工作。但是，由于我国能源价格的特殊性，以及其他一些因素的影响，地源热泵的应用推广非常缓慢。20 世纪

90年代以后，受国际大环境的影响以及地源热泵自身所具备的节能和环保优势，这项技术日益受到人们的重视。

国内地源热泵的发展与国外的两条技术路线密切相关。20世纪90年代中后期，欧洲技术由制造企业以生产机组形式引入国内，而美国技术则以政府合作项目形式引入国内。1997年，我国科技部与美国能源部签署中美能源效率及可再生能源合作议定书，成为中国地源热泵发展的一个里程碑。根据议定书的安排，中国建立了一系列地源热泵示范工程，开创了政府扶持与引导地源热泵发展的先河。

进入21世纪后，热泵在国内的应用越来越广泛。以地源热泵的设计、制造和施工为主要业务方向的企业不断涌现，并于2001年和2005年出现了2次发展高潮。第一次以机组生产商为主，第二次以系统集成商和安装公司为主。国内的发展状态与美国有些类似，初期以地下水地源热泵的应用居多。近年来，地埋管地源热泵得到了越来越多的关注和应用。当然，地源热泵在应用过程中也出现了很多技术或非技术问题。

随着《中华人民共和国可再生能源法》的颁布，地源热泵技术引起国家及地方政府的高度重视。有关政府部门纷纷制定相关政策，各省市相继出台一些地方规定，有力推进了地源热泵技术的普及。例如，北京市对利用地源热泵的项目给予财政补贴；沈阳市要求具备条件的建筑都要使用地源热泵系统；一些城市设立专项资金和政策，支持地源热泵技术产业化发展。

目前，在政府积极支持与倡导下，地源热泵应用日益广泛。地源热泵技术为我国建立节约型社会、解决能源问题提供了新思路。最近几年，地源热泵技术已成为国内建筑节能及暖通空调界热门的研究课题。地源热泵技术在我国具有良好的应用前景。

3. 水源热泵概况

水源热泵是利用地球表面或浅层水源，以及人工再生水源的低位热能，采用热泵原理，通过消耗少量的电能，实现低位热能向高位热能转移的一种技术。冬季，把存储在水体中的热量“取”出来，转换后供给室内供暖、供应生活热水；夏季，把室内的热量释放到水体中并封存起来，既达到室内制冷的目的，又可在冬季“取”出利用。

水源热泵系统是以水为热源的可制冷（热）循环的热泵型整体式空调装置，该系统以水作为冷热源。优点是：水的质量热容大，传热性能好，传递一定热量，需水量少，换热器尺寸较小，该系统制冷制热系数可达3.5～4.4。与传统的空气源热泵相比，水源热泵高出40%左右，水源热泵系统要比电锅炉加热节省66%以上的电能，比燃料锅炉节约50%以上的能量，其运行费用比普通中央空调节省40%左右。

水源热泵系统可分为开式循环和闭式循环两种方式。开式系统指水源与热泵机组之间直接连接，水资源直接送入热泵机组内的水源热泵系统。闭式系统指水源与热泵机组之间间接连接，通过换热器将水源和热泵机组隔绝开来的水源热泵系统。开式系统与闭式系统相比，具有形式简单、管道及设备少、初投资低的优点，但水质难以保证、水质成分复杂、易造成管路及设备的堵塞和腐蚀，因此系统在开始使用时必须采用必要的水处理措施。

4. 水源热泵的发展

(1) 国外水源热泵的发展

水源热泵出现于20世纪20年代初。在过去的近一个世纪里，一直是工程师和科学家竞相研究的热点课题。其中美、日、西欧等地处于研究和应用的领先地位，占据了几乎全部的水源热泵市场。据统计，在家庭供热系统装置中，水源热泵所占的市场份额，瑞士约为96%，奥地利约为38%，丹麦约为27%。截止到2001年，美国已安装了水源热泵约40万台，加拿大各种热泵系统则以每年20%的递增量处于全球首位。

1948年，第一台地下水源热泵系统在美国俄勒冈州波特兰市的联邦大厦投入运行。在其后的几十年中，地下水源热泵得到了更为广泛的应用，掀起了地下水源热泵应用的第一次高潮。但由于在此阶段多采用直接式系统，使得系统在建成的5～15年全部腐蚀失效，水源热泵的应用进入低潮期。直至20世纪70年代，石油危机的出现使得人们将注意力集中到能源的高效应用上来，水源热泵作为一种清洁高效的能源利用技术重新引起了设计人员和业主的关注。

20世纪80年代 Hatemn. J 总结了地下水源热泵的运行经验，提出井水与建筑物内其他水系统分开运行的建议。换热器的引入使得水源热泵的使用寿命得到保障，闭式水源热泵被广泛应用。

20世纪90年代，偏重于地下水源热泵的理论研究。20世纪90年代初，美国学者制定了地下水源行业标准，对井水进口温度为10℃和21℃时系统处于稳定运行状态下的各项参数进行了规定。20世纪90年代中期，加拿大学者针对地下水源热泵设计细则、系统设计以及与传统供暖、空调系统的结合等问题，制定了兼顾业主利益的ASHRAE RP-8G3标准，从此，地下水源热泵变得有据可依。

近年来，美国地下水源热泵系统的应用一直在增加。模拟仿真技术在地下水源热泵系统研究中占据越来越大的比重。美国水源热泵的研究和应用更偏重用于住宅和商业小型系统（20RT以下），多采用水—空气系统。与美国的水源热泵发展不同，在欧洲的中部和北部，由于天气寒冷，水源热泵主要用于供暖模式，技术应用要相对落后一些。到1979年底，比利时共安装了家用热泵1000多台，而水源热泵仅占17%。

（2）国内水源热泵的发展

中国最早在20世纪50年代，在上海、天津等地尝试夏取冬灌的方式抽取地下水制冷。天津大学是我国热泵行业的领军者，我国第一台水冷式热泵空调机就是由其在1965年研制出来的。目前，从事水源热泵研究的机构和大学还有中国科学院广州能源研究所、天津商学院、重庆大学、清华大学等。其中，清华大学的成果最为显著，已经形成了多工况水源热泵的产业化并建成了多个示范项目。我国的水源热泵行业方兴未艾，其研究和应用都刚刚起步，在热泵机组的结构优化设计和工程应用推广上与国外品牌相差甚远。目前，中国的水源热泵市场被世界普遍看好。

3.3.2 水源热泵原理

水源热泵系统是采用循环流动于共用管路中的水，从水井、湖泊或河流中抽取的水或在埋入地下的盘管中循环流动的水为冷（热）源，实现制冷、制热的系统。水源热泵系统一般由水源热泵机组、热交换系统、建筑物内系统、循环水泵及水管路等组成。

水源热泵系统是以水为载体进行冷热交换，通过水源热泵机组，冬季将水体中的热量“取”出来，供给室内供暖；夏季把室内热量“释放”到水体中。

根据热交换系统形式不同，水源热泵可分为水环式水源热泵系统、地表水式水源热泵系统、地下水式水源热泵系统和地下环路式水源热泵系统。

1. 水环式水源热泵系统

该系统夏季通过冷却塔将水系统的热量散发出去，冬季通过锅炉加热循环水，提供辅助热量。该系统投资较低，但冬季制热时系统能耗较高。

2. 地表水式水源热泵系统

该系统将换热管路安装于靠近建筑物的湖水、池塘、河流等地表水中，通过地表水提供建筑物热量或散热。湖水的深度及面积非常重要，必须核定是否满足建筑物负荷的需求。根据换热的形式该系统分为取水式系统和抛管式系统。取水式系统是从地表（如湖水、池塘、河流等）中抽取水后经过换热器进行热交换的系统；抛管式系统是以水为介质通过闭式循环的换热盘管与地表水（如湖水、池塘、河流等）换热来实现能量转移。

3. 地下水式水源热泵系统

该系统直接用地下水提供水系统的负荷，最大的优点是环路水温恒定，通常在12～15℃，适用于土壤可以回灌的地区。

4. 地下环路式水源热泵系统

该系统在地下打孔并埋入换热管，与土壤进行热量交换，为空调系统提供冷/热源。通常具有立式或水平式两种，立式适用于可利用面积小的场合，水平式适用于具有较大利用面积的场合。空调系统负荷通过地埋管和土壤交换，初投资大，运行费用低。

水源热泵根据对水源的利用方式的不同，可以分为闭式系统和开式系统两种。闭式系统是指在水源侧为一组闭式循环的换热套管，该组套管一般水平或垂直埋于地下或湖水海水中，通过与土壤或海水换热来实现能量转移。其中埋于土壤中的系统又称土壤源热泵，埋于海水中的系统又称海水源热泵。开式系统是指从地下抽水或地表抽水后经过换热器直接排放的系统。与锅炉（电、燃料）和空气源热泵的供热系统相比，水源热泵具有明显的优势。

锅炉供热只能将100％的电能或70％～90％的燃料化学能转化为热量供用户使用。由于水源热泵的热源温度全年较为稳定，一般为10～25℃，其制冷、供热系数可达3.5～4.4，其运行费用仅为普通中央空调的50％～60％。因此，近年来，水源热泵空调系统在北美如美国、加拿大及中、北欧如瑞士、瑞典等地取得了较快的发展，中国的水源热泵市场也日趋活跃，可以预计，该项技术将会成为21世纪最有效的供热和供冷空调技术。

3.4 热泵生活热水系统辅助热源

3.4.1 辅助热源种类

辅助热源应就地获取，经过经济技术比较，选用投资省、低能耗热源。热泵生活热水系统中采用的辅助热源主要有市政热媒、燃气、燃煤、太阳能、电加热辅助等。

1. 电加热辅助

电加热作为常用的辅助热源手段，具有可控性强、随时随地和能源稳定等诸多优点。

其原理也很简单，就是利用电能产生热能加热热水，补充热水系统的装置。但由于电是二次能源，要通过煤等一次能源的转换来提供，而一次能源转换成电能的效率很低，所以总的来说，电作为辅助热源，其一次能源利用率同直接利用其他能源相比较是比较低的，特别是在有电费分时计费的城市，电加热往往无法享受到分时计费。因此电加热作为辅助热源只适合小型热泵生活热水系统。

2. 燃气

燃气可在满足用水舒适度的前提下，减少化石能源对环境的碳排放，而且作为一次能源，较为环保和高效。燃气锅炉和燃气热水器能提供稳定的辅助热源，热效率高。

3. 燃煤

燃煤成本虽低，但是国家现在严令禁煤，不管是从环保还是节能方面，燃煤都不适合做辅助热源。

4. 太阳能

在我国的北方，由于冬季热负荷很大，如果系统以热负荷为目的的话，这个时候完全使用地源热泵供暖就会导致成本非常高，而产生的效率却比较低下，长期运行这种系统的话还会导致大地温度的下降。相反的，当我们使用太阳能作为辅助热源的时候，可以使热泵系统按夏季工况设计，这就使得太阳能集热器可以承担一部分热负担，在很大程度上可降低地源部分的投资。

在以太阳能作为辅助热源的地源热泵设计中，目前使用这种系统供应生活热水可在最大程度上节约电能，而且效率非常高，这可以帮助我们在最短的时间内收回成本。由于这种联合使用的系统相对于单独地源热泵更加灵活，这就提高了整体设备的利用率。此外，由于太阳能利用本身存在缺点而不能被广泛利用，所以通过这种配合的方式可以弥补太阳能在利用时不稳定、不规律的缺点。关于太阳能辅助热源的地源热泵设计研究的理论尚不是很成熟，不能够很好地确保其可靠性以及它们之间最合适的耦合方式。

5. 市政热媒

作为区域能源站，在很多城市都有市政热网系统，尤其是在北方地区，但往往北方地区的市政热网仅在冬季供暖时段供应，因此选择市政热网作为辅助热源，要考虑其非连续供热的实际情况。有些开放区或工业园区设置的集中热网，考虑工业用热，一般为全年供应，因此不同地域、不同气候条件可选择的市政热媒或区域热媒差异比较大。

3.4.2 辅助热源选择

（1）考虑水质、水压和加热效益等因素，辅助能源可直接加热，也可通过热交换器间接加热贮热水箱中的水。

（2）当采用燃油、燃气锅炉等作为辅助加热的手段时，应按相关的专业规范采取防火、防油、防尾气污染的技术措施。

（3）热泵热水系统辅助热源的加热能力应按平均日用水量在冬季最冷月平均冷水温度下的需热量确定，且应扣除相应气温条件下的已选热泵在该时段的加热能力。

（4）热泵与太阳能组合的热水系统，机组的加热能力应按不计太阳能系统加热能力计算。

3.5 热泵热水系统存在的问题及对策

3.5.1 空气能热泵存在的问题及对策

传统的空气能热泵应用有区域限制，在温度较高的夏热冬暖和夏热冬冷地区，使用空气源热泵能效比较高。在寒冷地区空气源热泵应用就有其局限性，环境温度较低的情况下，压缩机压力比增加，排气温度升高，制热量和能效比都大幅衰减。国内外提出了一些解决方案，包括油冷却、二级压缩中使用中间冷却器来解决排气温度过高的问题，二级压缩、复叠式压缩等解决压力比过高的问题，变频技术、辅助加热、经济器等多种方案提高机组能效。目前，已有超低温空气源热泵热水机组应用于北方寒冷地区。综合太阳能和空气源热泵的节能环保优势，可以考虑太阳能与空气源热泵复合系统，能使系统运行费用更低。但要根据应用场合不同，合理配置太阳能承担负荷的比例，使系统达到最优化。在选用时要根据热水使用特点，合理选择机型和台数，以达到系统的最优运行。空气源热泵热水机组还可作为地板辐射供暖的热水供应。

空气能热泵机组表面结霜。空调在冬季制热的时候，室外机温度比较低，会出现结霜的现象，空气能热泵机组也是同样的情况，室外机的表面会结霜，不过正常的空气能热泵机组有预除霜技术，机组的底部始终保持中温，确保热泵机组不受结霜的影响，能够正常运行。当热泵机组处于正常工作条件时，热泵机组机身出现大面积结霜，可能的原因有三个：①零部件故障，可能是热泵机组使用年限太长，维护不及时，导致零部件老化损坏，也可能是零部件由于振动而出现了接口松动以及脱落；②油压过低，油压是保证机组正常运行的基本条件；③制冷剂不足或者缺失，制冷剂承担着从空气中置换冷热量的功能。解决的方案为对热泵机组进行检查和保养。检查感温包的运行情况；调整、清洗、更换热力膨胀阀；查漏、补漏，充注制冷剂。

在我国除了个别地区因为湿度太大或温度太低不适合使用空气源热泵系统外，其他大部分地区都可以使用空气源热泵系统进行供暖、制冷和供应生活热水等。正因为如此，空气源热泵在我国是应用最广的一种热泵形式。其主要优点是空气能易获取、系统安装受场地影响较小、安装简便、投资费用低、系统结构简单、便于管理和维护。其缺点是机组效率较低，且机组的效率受室外温度影响较大，在较冷天运行效率低，甚至不能正常使用。空气源热泵应用时需要解决化霜问题。尤其在湿度大、温度低的环境中运行时，化霜会更加频繁，使室温出现较大波动，且产生噪声。为此，有学者提出燃料驱动型空气源热泵系统，使一次能源效率明显提高，或提出太阳能辅助空气源系统，实现了高效利用不同辐射强度的太阳能和不同温度品位的空气热能。

空气源热泵存在的问题：热量分散、加热速度慢。秋冬季节，室外温度比较低时，比较容易结霜，对热泵的 *COP* 值影响比较大。最冷月平均气温小于 10℃且不小于 0℃的地区，空气源热泵热水供应系统宜设置辅助热源，或延长空气源热泵工作时间等，以满足使用要求；最冷月平均气温小于 0℃的地区，不宜采用空气源热泵热水供应系统。

对策：

(1) 冬季北方城市大部分都有供暖，可以充分利用市政热源进行换热；

（2）利用供热锅炉；

（3）利用太阳能辅热，热泵和太阳能互相辅助供热；

（4）利用电热水器。

3.5.2 水源热泵存在的问题及对策

水源热泵系统是指以特定水体为储存和提取能量的基本介质，通过热泵实现水体和建筑物换热。不像空气源热泵机组那般易受环境影响，水源热泵所用水体温度波动较小，机组效率高、运行稳定性好。其缺点也比较明显：水体因热泵的抽取与回流易导致水质、水温变化，影响水体周边的生态环境。地下水源热泵易受限于地下水的水质和水量，地下水回灌效果将影响整个系统的性能和使用寿命。地表水源热泵系统在使用时需处理好结垢、腐蚀、生物污泥等问题。海水源热泵系统所用海水具有腐蚀性，故机组与海水连接侧所用管道、设备、水泵等应具有一定耐腐性。污水源热泵技术应用需要解决的关键难题是堵塞和污垢。现如今太阳能与水源热泵系统的耦合也受到人们的关注。

水源热泵作为一种新型的供热、供冷方式，从热泵机组本身来看应当是成熟的。但作为一个整体系统来推广应用时，还是存在一些问题。

（1）水源的使用政策和条件

理论上，水源热泵可以利用一切水资源。但是，在实际工程中，不同水资源利用的投资成本差异是相当大的，所以，在不同地区能否找到合适的水源，成为水源热泵能否应用的一个关键。在利用地下水时，应特别注意水量和水质。若水量不足，系统的良好有效运行就成了空中楼阁；其水质应适宜系统机组与管道等的材质，不至于产生严重的腐蚀损坏，一般情况下，要求水源的 pH 值为 6.5～8.5，水源的含砂量小于 1/20 万。同时，水的硬度和矿化度也应在合理的控制范围内。

我国为了保护有限的水资源，制定了《中华人民共和国水法》，各个城市也纷纷制定了自己的《城市用水管理条例》，明确了用水审批、用水收费等相关政策，所以水源热泵的推广还需要综合考虑能源环保和资源各个方面，以及政府部门的支持。

（2）水源的探测开采和地下水的回灌

水源热泵的应用，首先必须了解当地的水源情况，对水源的状况进行充分调查，确定用水方案。

水源热泵若利用地下水，必须考虑当地的地质情况，确保可以在经济条件允许下打井找到合适的水源，同时还应考虑当地的地质和土壤条件，确保水源全部回灌的实现。比如，在抽水管和回灌管上加装计量装置，动态监测抽水量和回灌水量，从而既保证系统的正常有效运行，也避免浪费宝贵的地下水资源。

（3）整体系统的设计

水源热泵系统的节能必须从政策、主机设计制造、系统的设计和运行管理统筹各个方面考虑。如果水源热泵与地热开发结合起来，将使建筑供暖取得更加显著的节能效果。

水源热泵系统作为一个节能系统，必须要考虑多方面的因素。首先要有一个设计合理、能保证系统经济节能与稳定运行的系统设计方案，最基本的是尽可能保证冬季、夏季的制热、制冷负荷量和时间的均衡。如果水源热泵机组提供了较高的水温，但设计的空调系统末端未加以相应的考虑，则可能会降低整个系统的节能效果，甚至增加系统的初投资。同样，如果热泵机组能够利用较小的水流量提供更多的能量，而系统设计对水泵等耗能设备选型不当或控制不当，也会导致系统的节能效果变差。所以，一个高效、节能、环保的水源热泵系统，必须要有一个合理的整体系统设计。

（4）投资的经济性

由于可利用水源的基本条件不同，加之受到不同地区、不同用户及国家能源政策的影响，一次性投资及运行费用随着用户的不同而有所不同。总体来说，水源热泵系统的运行效率较高、费用较低。与传统的空调制冷制热方式相比，在不同地区不同需求的条件下，水源热泵系统的投资经济性会有所不同。由于水中掺杂有砂石等成分，需清洗水井；长期抽取地下水之后，若未及时完全回灌，容易在水井周围形成漏斗性缺水，进而致使地壳下陷；地下水经过系统取热交换、补充地表其他水后回灌，是否会对地下水产生污染有待观察，目前尚未形成定论等，这些问题可能最终都会影响整个热泵系统的经济性和安全性。

对策：利用再生水为水源，再生水可以为人工利用后排放但经过处理的城市生活污水、工业废水、矿山废水、油田废水和热电厂冷却水等水源。

3.5.3　地源热泵存在的问题及对策

地源热泵系统所需热量由地下岩土层提供。该系统既不像空气源热泵那般易受环境温度影响，也不像地下水源热泵那般易受限于地下水量和水质，且对生态环境影响较小。但土壤源热泵系统安装成本较高，且地下土壤热失衡也是土壤源热泵系统面临的重要问题。为解决热失衡问题，有学者提出用太阳能、化石燃料、空气源、工业余热等热源补偿方式和改变热泵运行策略的方式对土壤进行热补偿。

存在的问题：地源热泵技术的最大不足是“冷热失衡”的问题。南方地区以供冷为主，常年向地下转移热量；而北方地区冬季供暖需求大，从土壤中大量吸收热量。一般运行5～7年后，设施浅层地表由于冷热使用失衡，导致地下蓄能偏冷或偏热。常年制冷量大的区域，地下蓄能温度偏高；供暖利用率大的区域，蓄能温度偏低，从而导致系统温差小，换热效率降低，从而降低了设备使用效率，同时影响周围生态结构。

因此，地源热泵应用受到不同地区、不同用户及国家能源政策、燃料价格的影响；一次性投资及运行费用会随着用户的不同而有所不同；地下水的利用方式会受到当地地下水资源的制约；打井埋管受场地限制比较大，必须有足够的面积用于打井和埋管；设计及运行中对全年冷热平衡有较大要求，要做到夏季往地下排放的热量与冬季从地下取用的热量大体平衡。

对策：利用热平衡进行综合比较，北方的场地可重点利用工业废热排放较多的区域；南方可利用地热提供热水的热源或者用来发电。

3.6　常用热泵热水系统特点及适用条件

常用热泵热水系统特点及适用条件见表3.6-1。

常用热泵热水系统特点及适用条件 **表 3.6-1**

名称		图示	系统特点	适用范围	优缺点
水源热泵	(一)	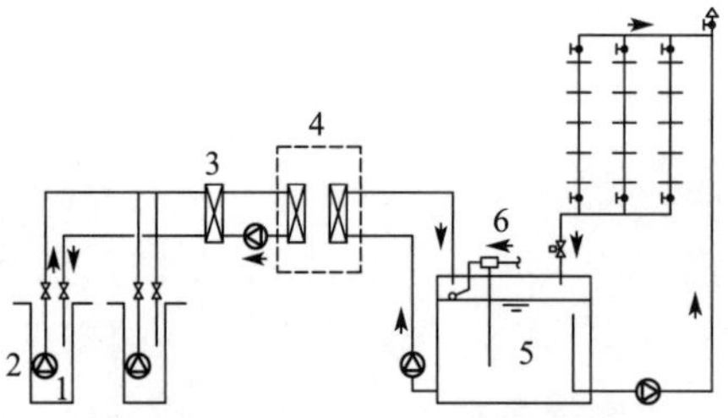 1—水源井；2—水源泵；3—板式换热器；4—热泵机组；5—集热水箱；6—冷水	1. 采用贮热、供热水箱作为集热、贮热及供热的主要设备； 2. 热泵机组直接制备热水	1. 冷水硬度≤150mg/L； 2. 系统冷热水压力平衡要求不高； 3. 供水系统集中、管路短的单体建筑	1. 系统较简单，设备造价较低； 2. 热水另加泵，不利于系统冷热水压力平衡； 3. 冷水进热泵机组，加大机组维修量
	(二)	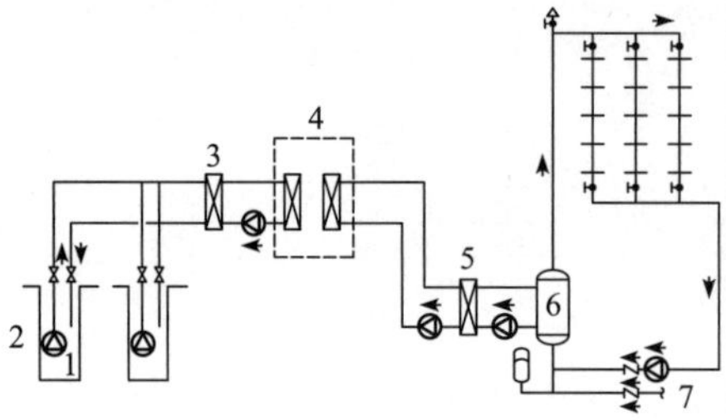 1—水源井；2—水源泵；3—板式换热器；4—热泵机组；5—板式换热器；6—集热水罐；7—冷水	1. 采用板式换热器加贮热水罐作为换热、贮热、供热的主要设备； 2. 热泵机组间接换热制备热水	1. 冷水硬度≥150mg/L； 2. 系统冷热水压力平衡要求较高； 3. 供水系统集中、管路短的单体建筑	与（一）图示比较： 1. 热泵机组不直接接触冷水； 2. 利于系统冷热水压力平衡，且利用冷水压力，节能； 3. 造价稍高
	(三)	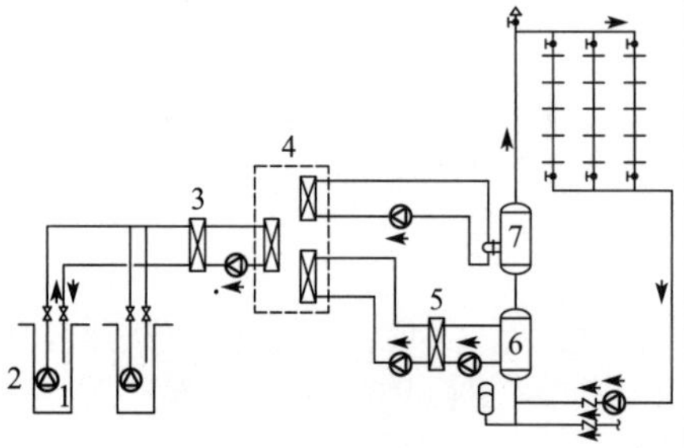 1—水源井；2—水源泵；3—板式换热器；4—热泵机组；5—板式换热器；6—集热水罐；7—水加热器	1. 采用Ⅰ级（快速换热器）、Ⅱ级（导流型容积式、半容积式换热器）串联换热、贮热、供热； 2. 热泵机组间接换热制备热水	1. 日用热水量较大； 2. 系统冷热水压力平衡要求较高	1. 两级换热可提供较高的水温（t_r≈55℃）； 2. 利于系统冷热水压力平衡，且利用冷水压力，节能； 3. 热泵机组二级换热 *COP* 值较低； 4. 换热系统较复杂，造价较高
	(四)	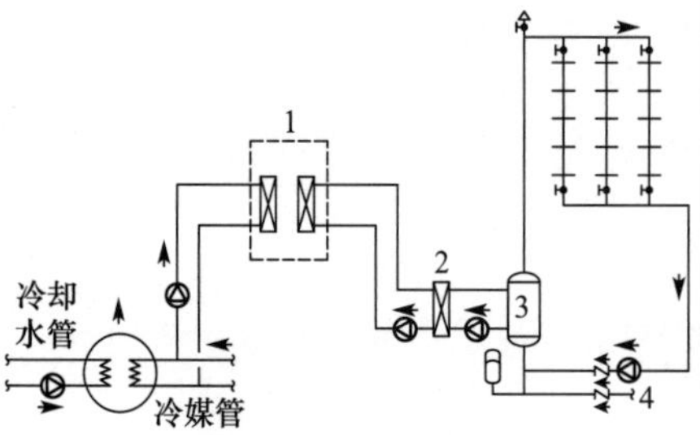 冷却水管；冷媒管 1—热泵机组；2—板式换热器；3—集热水罐；4—冷水	1. 利用冷冻机组冷凝器的工质冷凝液的余热经热泵机组换热后供热水； 2. 换热、贮热、供热设备的形式同（二）图示	空调机组全年运行时间长的场所	1. 利用空调机组余热，节能； 2. 当空调机组不全年运行时，需设辅助热源

续表

名称		图示	系统特点	适用范围	优缺点
水源热泵	（五）	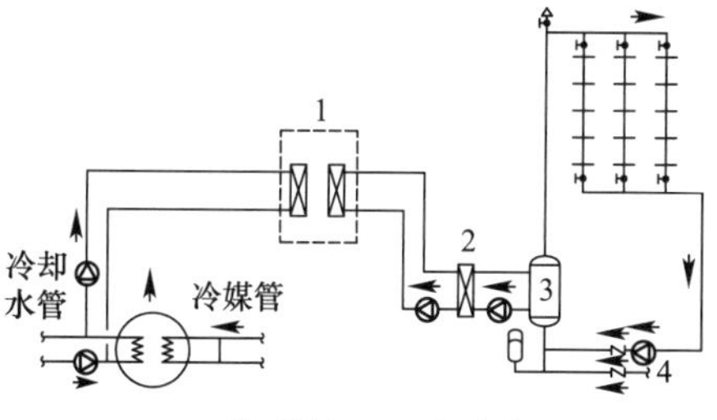 冷却水管；冷媒管 1—热泵机组；2—板式换热器； 3—集热水罐；4—冷水	1. 利用冷冻机组冷却水余热作热源； 2. 换热、贮热、供热设备的形式同（二）图示	空调机组全年运行时间长的场所	1. 利用空调机组余热，节能； 2. 当空调机组不全年运行时，需设辅助热源
	泳池湿热气为热源	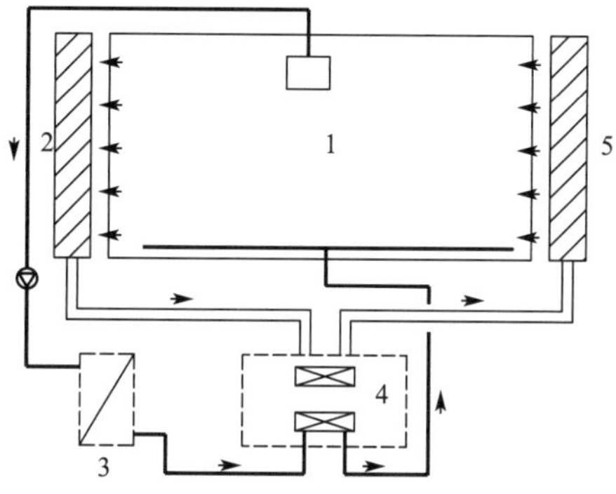 1—游泳池；2—回风；3—泳池水处理； 4—热泵机组；5—送风	收集游泳馆室内热空气中的余热，经热泵机组换热后供泳池循环水加热并供降温除湿的新风	游泳馆、室内水上游乐设施	池水加热、空气降温一举两得，但增加一次投资
空气源热泵	室外空气源直接式	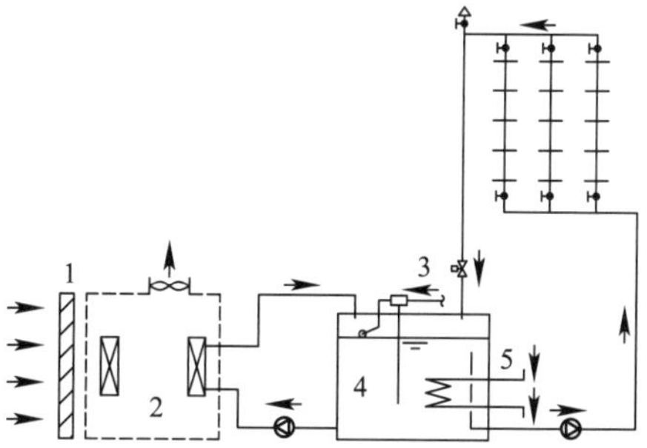 1—进风；2—热泵机组；3—冷水； 4—集热水泵；5—辅助热源	以热水箱作为贮热、供热设备	适用于最冷日平均气温大于等于10℃的地区	1. 空气源热泵一般比水源热泵价高，耗电较大，技术更复杂些； 2. 需另设热水加压泵，不能利用冷水压力，且不利于冷热水压力平衡
	室外空气源间接式	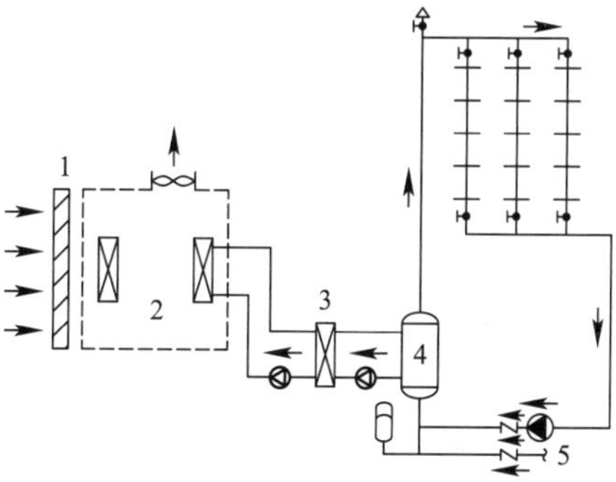 1—进风；2—热泵机组；3—板式换热器； 4—集热水罐；5—冷水	1. 收集热空气中的余热经热泵机组换热后供热水； 2. 换热、贮热、供热设备的形式同水源热泵（二）、（三）图示	适用于最冷日平均气温大于等于10℃的地区	空气源热泵一般比水源热泵价高，耗电较大，技术更复杂些

第4章 温泉水系统

4.1 温泉水

温泉水的成因：温泉水的形成，一般而言可分为两种：一种是地壳内部的岩浆作用所形成，或为火山喷发所伴随产生，火山活动过的死火山地形区，因地壳板块运动隆起的地表，其地底下还有未冷却的岩浆，均会不断地释放出大量的热能。由于此类热源的热量集中，因此只要附近有孔隙的含水岩层，不仅会受热成为高温的热水，而且大部分会沸腾变为蒸汽，多为硫酸盐泉水。二是受地表水渗透循环作用形成。也就是说，当雨水降到地表向下渗透，深入地壳深处的含水层形成地下水（砂岩、砾岩、火山岩这些良好的含水层）。地下水受下方的地热加热成为热水，深部热水多数含有气体，这些气体以 CO_2 为主，当热水温度升高，上面若有致密、不透水的岩层阻挡去路，会使压力越来越高，以致热水、蒸汽处于高压状态，一有裂缝即窜涌而上。热水上升后越接近地表，压力则越小，由于压力渐减而使所含气体逐渐膨胀，减轻热水的密度，这些膨胀的蒸汽更有利于热水上升。上升的热水再与下沉较迟受热的冷水因密度不同所产生的压力（静水压力差）反复循环产生对流，在开放性裂隙阻力较小的情况下，循裂隙上升涌出地表，热水即可源源不断涌升，终至流出地面，形成温泉。在高山深谷地形配合下，谷底地面水位可能较高，山中地下水位低，因此深谷谷底可能为静水压力差最大之处，而热水上涌也应以自谷底涌出的可能性最大，温泉大多发生在山谷河床处。

1. 温泉水的分类

温泉水的分类方法较多，可按照温度、酸碱性、化学成分的差异等进行分类。一般按照温度高低的不同可分为三类：高于 75℃者为高温温泉，介于 40～75℃者为中温温泉，低于 40℃者为低温温泉；对于泉水温度低于 25℃者，一般称之为冷泉。

若按温泉水的酸碱性不同可以分为三类：pH 值低于 6 者为酸性温泉，pH 值大于 8 者为碱性温泉，pH 值在 6 与 8 之间者为中性温泉。

依据化学成分的差异进行分类，主要基于温泉水中主要成分包含的氯离子、碳酸根离子、硫酸根离子的差异，按这三种阴离子所占的比例可分为氯化物泉、碳酸氢盐泉、硫酸盐泉。除了这三种阴离子之外，也有以其他成分为主的温泉，例如重曹泉（以重碳酸钠为主），重碳酸土类泉，食盐泉（以氯化钠为主），氯化土盐泉，芒硝泉（以硫酸钠为主），石膏泉（以硫酸钙为主），正苦味泉（以硫酸镁为主），含铁泉（白磺泉），含铜、铁泉（又称青铜泉）。

2. 温泉水的特性

我国地热资源储量极为丰富，就目前的情况来讲，地热主要有四个方面的作用，即供暖、发电、花草的种植和栽培、育植秧苗。经过长时间的开发和利用，地热已经在人们的日常生活中起到了比较大的作用，对其开发的技术也越来越完善。我国的西藏、云南、河北、广东、福建、天津、北京等地是地热温泉储量比较多的地区，丰富的储备量也为这些地区带来了丰厚的旅游效益。

随着常年的开发和人民物质生活水平的日益提高，地热温泉水的污染问题越来越严重，其供需水的矛盾逐渐突出，盲目地开采和利用，而不重视其保护，已经对大自然造成了较大的危害。现今，如何更好地开发和利用地热温泉，如何在开发的同时对其进行有效的保护，维护生态环境和自然资源的可持续性发展，是需要进行重点解决的问题。正是基于这样的前提，人们针对目前地热温泉开发利用中的种种问题和出现的一系列矛盾，进行深入的分析和探究，力求找出问题的根源所在，提出一系列有建设性的改革方案，进一步加强地热温泉水的开发与利用，对其中的供水技术和存在的问题进行较为详细的分析，旨在维护生态环境的可持续性发展，为我国的自然资源保护做出微薄的贡献。

地热温泉水的特点及现状分析：所谓的地热温泉水，其实是地热矿泉水的通俗说法，是地热资源的表现形式之一。现今，随着人们长久的开发和利用，已经对地热温泉有了一个细致的了解。地热资源主要储存于地下的深部底层之中，一般来讲，其温度要大于25℃，其中还富含对人体有益的微量元素。在我国地热温泉分布较广的地区，往往因为其多方面的作用和效益，温泉开发利用为当地的旅游业做出极大的贡献。根据自然条件以及当地环境的区别，地热温泉水的开采方式主要分为两种，即直接取用和人工钻井。直接取用是由于地热资源溢出地表，可以达到直接取用的效果；人工钻井是经过人工打井的方式，采用水泵对地热温泉进行抽取和利用。现今，温泉水的主要开采方式是人工钻取，主要利用地热资源进行沐浴、医疗、栽培、发电和供暖等。通过合理的开采方式，对地热资源进行科学利用，可以对当地的生活和生产起到非常大的帮助。我国地热温泉的分布较广，储量较大，在许多地区，如天津、北京、河北、福建、广东、山西、西藏等地都有较为丰富的地热资源，为这些地区带来了丰厚的经济效益。虽然地热能源属于可再生能源，但是由于近年来其开发利用速度太快，导致其无法很好再生，再加上发电供热的巨大需求，所以也就不难理解其现今的状况。对地热温泉水进行开发和利用的同时，要注意合理性和科学性，做好对资源的合理保护。对地热温泉的开发和利用要进行详细、科学的论证，分析主要的供水技术、地热现状、地热再生、地热产能等各种因素，力求通过加强其开发的合理性，做好对资源的有效保护。

3. 温泉水的作用

大多数温泉水中都含有丰富的化学物质，对人体有一定的治疗和保健功能。比如，温泉水中的碳酸钙对改善体质、恢复体力有相当大的作用；而温泉所含丰富的钙、钾、氡等成分对调整心脑血管疾病，治疗糖尿病、痛风、神经痛、关节炎等均有一定效果；硫磺泉则可软化角质，含钠元素的碳酸水有漂白软化肌肤的效果。温泉水对以下疾病还有医疗作用：肥胖症、运动系统疾病（如创伤、慢性风湿性关节炎等）、神经系统疾病（神经损伤、神经炎等）、早期轻度心血管系统疾病、痛风、皮肤病等。低温泉（38～40℃）对人体有镇静作用，对神经衰弱、失眠、高血压、心脏病、风湿、腰膝痛等有一定的好处。泉水温度在43℃以上，对人体有兴奋刺激的作用，同时对心血管病有显著疗效，能改善体质、增强抵抗力和预防疾病。温泉水的主要作用可归纳为以下几点：

（1）促进新陈代谢：浸泡温泉可以促进新陈代谢，具有加速氧化、还原作用，对碳水化合物代谢也有良好的促进功效，可使胰岛素增生、尿和氮气的排出量增多，对防治糖尿病、痛风、肥胖症等也颇有疗效。

（2）治疗皮肤杂症：采用温泉水浸泡，皮肤血管扩张，可以改善皮肤血液循环和组织营养，增强皮肤的抵抗力；此外尚可杀菌、去角质，所以经常浸泡温泉，对疥疮、脂溢性皮肤炎、青春痘、痒疹等皮肤病都有一定的疗效。

（3）改善心血管疾病：浸泡温泉时，由于皮肤血管扩张，内脏血液向体表转移，因此改善血液循环，使静脉瘀血消除，脉搏变慢，心脏每次的血液每搏排量增加。实验证实，高血压患者由于体表血管扩张，可使血压下降，而低血压患者则可使血压上升。因此对于轻度血液循环机能不全、心瓣膜疾病或早期高血压、动脉硬化者皆有防治作用。

（4）刺激神经组织：浸泡温泉会刺激神经组织，消除神经机能障碍，并且促进神经再生，对于神经炎、肌肉瘫痪者颇有疗效。

（5）防治慢性关节炎：浸泡温泉可缓解关节韧带的紧绷，改善关节软骨中的代谢，消除疼痛，恢复关节的活动能力，对防治慢性风湿性关节炎有一定疗效。

有资料表明，温泉热浴不仅可使肌肉、关节松弛，消除疲劳，还可扩张血管，促进血液循环，加速人体新陈代谢。广东省大部分温泉水属于低温泉水，所含矿物质丰富，同时，善于养生的广东人更在温泉中加了诸如红酒、中药材、花草植物等各种物质，使得温泉的医疗和美容效果更佳。

4.2 温泉水开发利用

4.2.1 地热温泉水在民用建筑中的应用

地热温泉水在民用建筑方面使用也非常普遍，但很多案例在使用中多少都存在这样那样的问题，过去传统的温泉利用中，对使用后余热利用几乎没有考虑。另外，在系统供水中，对规范的执行以及对系统的保护也不够充分，造成很多项目存在安全隐患，很多项目因为设备、系统设置得不合理，造成使用寿命大打折扣。因此无论从设计还是施工的角度，都需要严格执行规范，按照相关的建设施工规程进行详细的操作，这一点不仅可以对建设工程质量进行严格的保障，更是对地热温泉资源开发利用的一种合理化操作。

一般来讲，地热温泉水应用于民用建筑工程中，需要遵循以下几个方面的原则。第一，设计要符合相关的要求，合理、科学、综合、可持续利用，要结合温泉水的水质报告，剔除对人体或工程有害的物质；第二，在热利用方面不能局限于单一的功能需求，而造成富含热量的温泉尾水白白排放，要尽可能地考虑阶梯综合利用，使得温泉热能的利用最大化；第三，在设计中要考虑所选设备、材料的寿命及安全性，在满足使用功能的前提下还要考虑系统的安全、可靠，不能选择质量不符合规范要求的材料和设备；第四，在施工过程中需要对其进行严格把控，尤其要注意凡和温泉水直接接触的设备、器材、阀门、管件等都应选用耐腐蚀材质的产品，对于隐蔽工程要做好提前验收和打压试验。地热温泉水工程的水温综合利用，对于节能降碳具有十分重要的作用，所以在这一方面需要引起较高程度的重视。

温泉水的利用方式主要有如下3种：

（1）直接利用

温泉水作为医疗保健用水，在民用建筑中的应用一般受限较多，对于洗脸盆、淋浴等的用热，不可以直接使用温泉水；要采用温泉水作为洗浴用水，只能供给建筑物内的浴缸或汤池等用热设施（图4.2-1）。

对于地热温泉水丰富以及地热温泉水品位较高的地区，也可采取综合利用的方式加以解决，同时要考虑温泉余水排放可能带来的二次污染等问题。

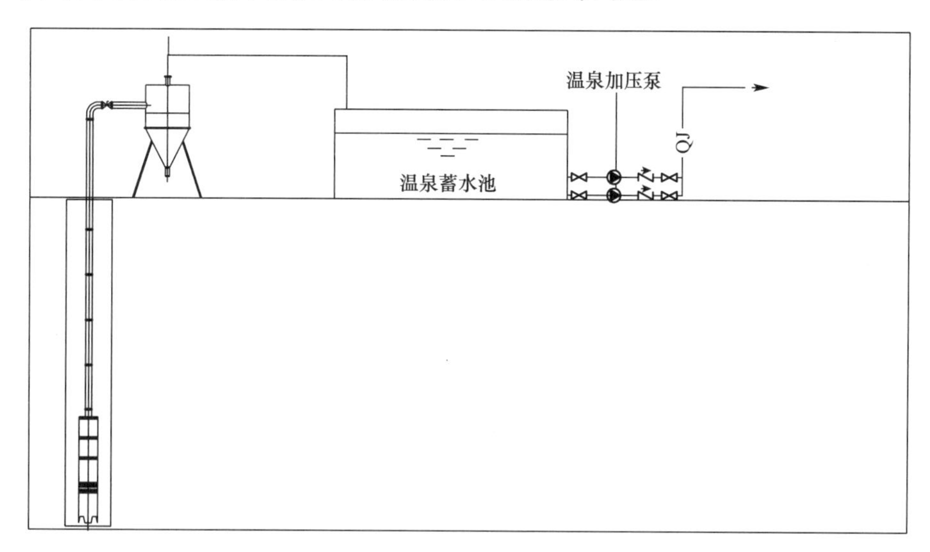

图4.2-1 温泉水直接使用

温泉水直接使用面临着水温是否满足洗浴用水的要求，对于高温温泉水可通过加冷水混合的办法，调整供水温度。但将温泉水作为洗浴用水，往往讲究温泉水的原有水质，因此有些项目为保证温泉水的水质原有特性，通过温度综合利用的方式来保证洗浴用水的温度，见图4.2-2、图4.2-3。

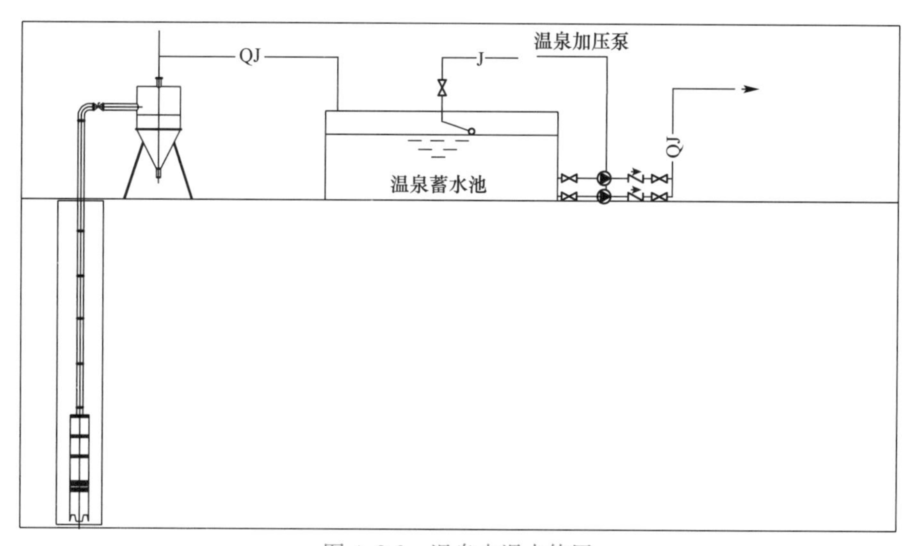

图4.2-2 温泉水混水使用

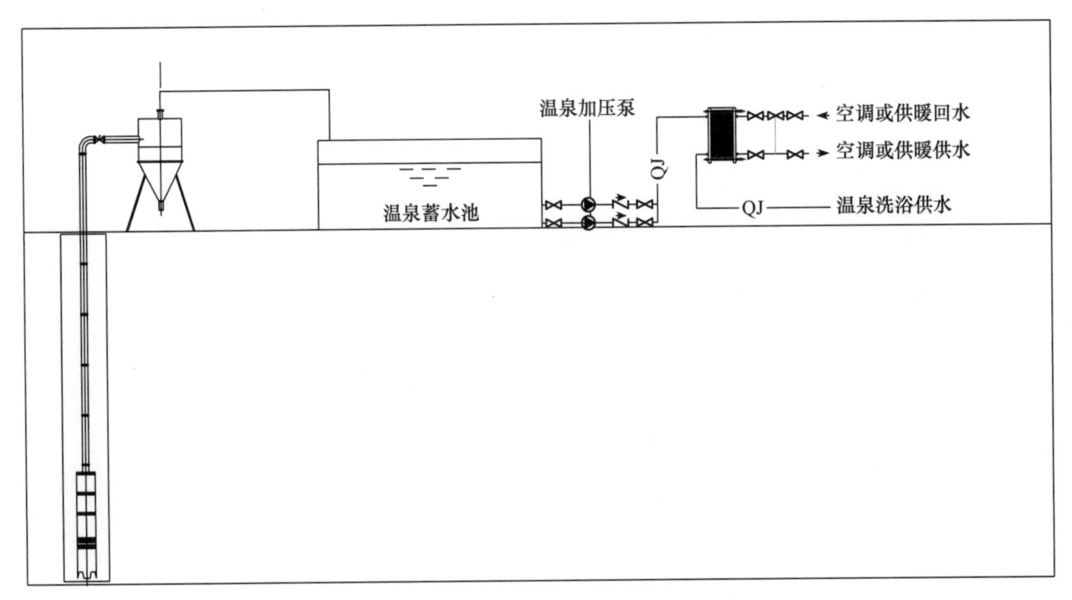

图 4.2-3　温泉水和空调用热耦合利用

（2）间接利用

对于温泉水的间接利用，尤其是对于洗浴而言，让温泉水失去了其原有的医用保健价值，但有些特殊项目考虑高温温泉水潜热的价值，采用热交换器对自来水进行交换，交换的生活热水用于淋浴及脸盆用热水，高温温泉水经交换后再用于具有保健作用的泡澡或其他用途（图 4.2-4）。

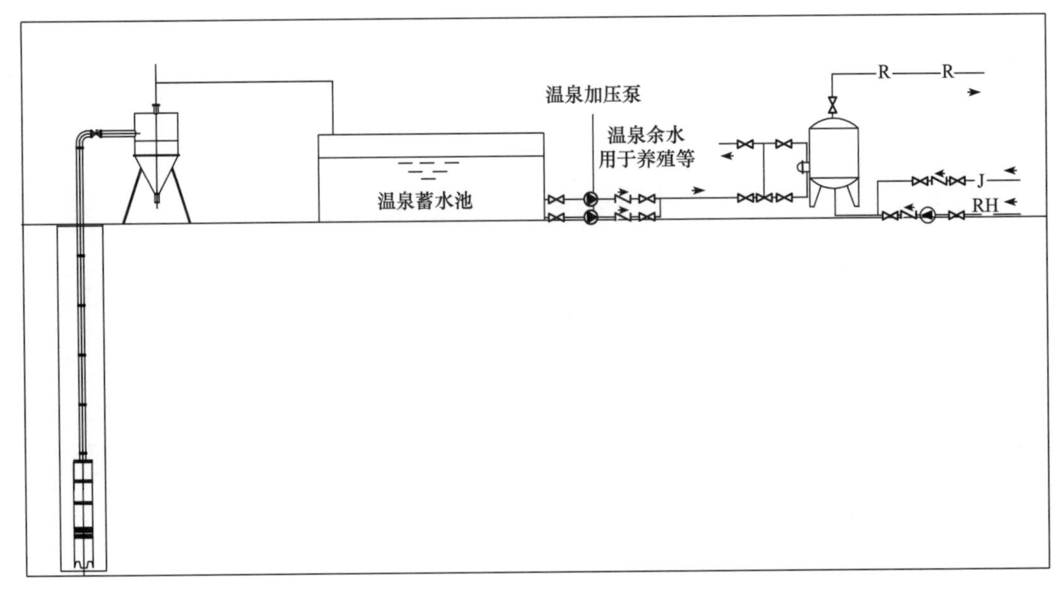

图 4.2-4　温泉水间接综合利用

间接利用还包括低温温泉水的利用。低温温泉水的一种常见利用方式就是采用增加辅助热源的方式给低温温泉水升温，直至其满足医用或洗浴用温度的要求（图 4.2-5）。

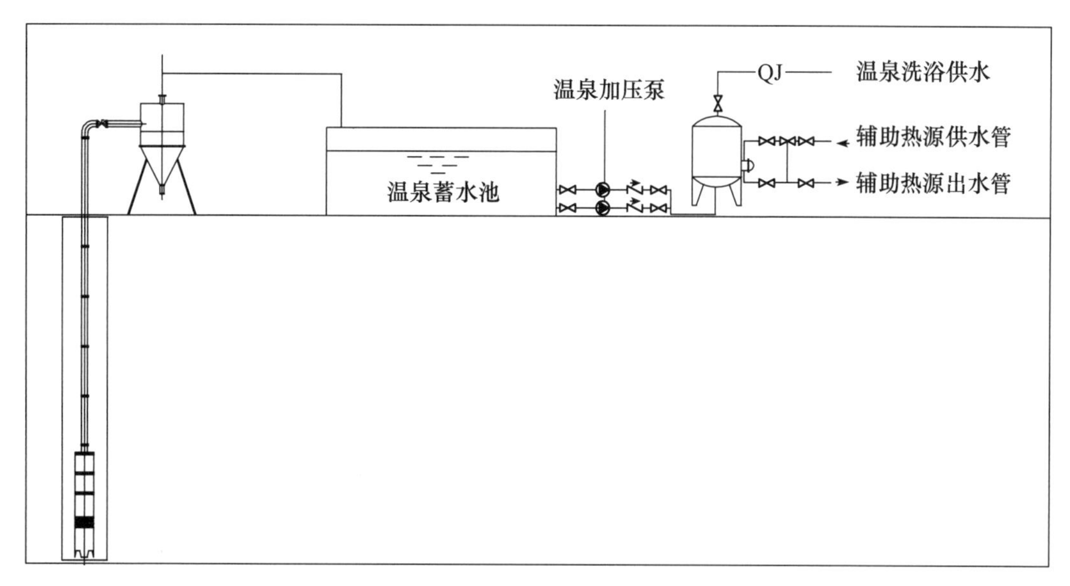

图 4.2-5 低温温泉水+辅助热源

(3) 梯度利用

低温温泉水并非不能用于民用建筑，可以通过热泵技术阶梯利用，主要是通过换热、水源热泵的升温，尽可能地将温泉水所包含的潜热提取，对节能降碳有十分重要的作用(图 4.2-6)。但这种方法失去了低温温泉水的医用效果，同时采用几级阶梯利用要根据低温温泉水的水温状况综合考虑，同时因为直接利用，对换热器、水源热泵机组的材质提出了更高的要求，增加了换热器、热泵机组的运行维护成本，减少了使用寿命，投资费用高。

4.2.2 温泉水的其他应用

依据我国地热温泉水的现状，需要及时地对其开发利用提出一套切实可行的综合方案，制定合理的、有效的改进措施和管理制度，这对于维护自然环境的可持续性发展有着重要的意义和作用。一般来讲，实施对地热温泉水的开发和综合利用研究，达到从更深层次了解地热温泉水为目的，旨在多维度、多渠道加强对其进行开发利用。对地热资源的利用主要体现在建设发电站、发展旅游业、发展种植业等多个方面，对地热温泉的开发及利用进行合理的分析，一方面可加强其在实际中的应用范围，另一方面可更好地对地热温泉水资源进行保护。

1. 建立地热发电站

根据我国地热分布的情况来分析，利用地热资源进行发电站的建设有着广阔的发展前途。以江西省为例，江西省的汤湖温泉群，最高温度可达到 80℃以上，同时温泉出水流量极大，总流量可达 70L/s，其温泉处于地质断裂带的复合位置，有着非常稳定的热量以及水量，所以很适合用来进行地热温泉的开发与利用，在发电等方面有着极为广泛的用途。在我国其他省市如北京、天津、河北等地，也都有利用地热温泉水资源进行发电的案例，实际的使用和操作方面有着很大的潜能，综合效果较为理想，所以发展前景广阔。但是就目前的情况来看，其总的利用率不是非常高，这个问题需要引起足够的重视。

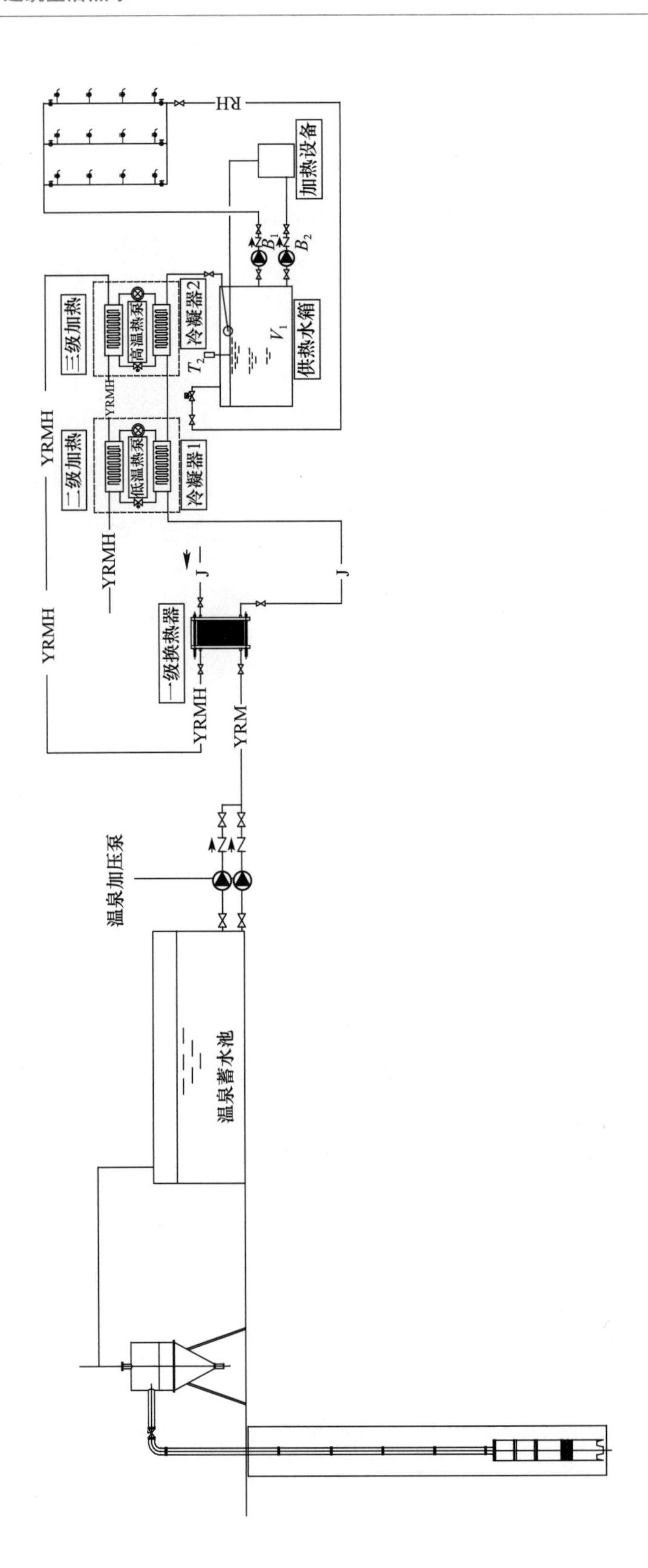

图 4.2-6 低温温泉水的阶梯热回收

2. 发展旅游业

我国很多地区有着丰厚的地热温泉水储量，为当地的旅游业带来了迅猛的发展，也为当地经济做出了极大的贡献。地热温泉用于旅游业，是一项比较热门和相对成熟的产业，在有着丰富温泉储量的地区，应大力建设温泉旅馆以及度假村、温泉洗浴中心等，可综合带动当地经济建设，推动旅游业的快速发展。以北京为例，就有着众多的地热温泉旅游地。凤山、裕龙等温泉度假中心，九华山等温泉度假会所，都是利用地热资源发展旅游业的典型案例。通过对温泉资源的合理开发和利用，大力建设当地的旅游业，不仅可以有效地推动经济发展，还能让人们享受到温泉的好处与作用，如西藏等地的温泉，有着治疗疾病的功效。但是，在开发和利用的同时，还需要注意对环境资源的保护，维护社会的可持续性发展，这一点需要引起高度重视。这也需要相关部门积极地配合，才能达到对温泉进行合理开发和保护。

3. 发展种植业

利用地热温泉资源发展种植业，种植各种花卉、培育秧苗等，也是现今的一个发展趋势。以江西省为例，从全省范围来看，温度低于 37℃的温泉有 47 处，占到了温泉总数的一半，基本上遍布了江西省全省。低于 37℃的温泉水，比较适合用来进行种植业的发展，为养殖池水增温、为种植土壤增温等，在实际中的应用也比较广泛，使用的效果也比较理想。尤其是在一些较为偏远的地区，如果有地热温泉资源，则应当大力鼓励其发展，将对当地的种植业起到极为积极的促进作用。利用地热温泉资源，发展水植产业、种植花卉以及秧苗等，对当地的经济效益也将起到推动作用。江西省马鞍坪利用温泉资源发展甲鱼养殖业，取得较好的成效，同时在种植大棚蔬菜等方面，也取得了非常好的经济效益。

4.2.3　温泉水开发利用中应注意的问题

冬季泡温泉成为许多人休闲放松的好方式，泡温泉不仅可以缓解疲劳，还具有保健作用。温泉属于泉水的一种，是从地下自然涌出的，温泉水质成分复杂，各种化学成分都可能存在，这就需要一套完整的温泉水处理系统。

国家对温泉水的卫生指标是有要求的，如不得检出放射性物质，不允许有除硫黄气味以外的其他气味，允许有天然矿物质沉淀，但不得有其他异物等。如温泉水中的矿物质较多、水的硬度高、有危害人身健康的细菌存在及与水处理化学药剂发生化学反应的元素等，导致无法添加水处理药剂。

所以，为了确保游客的健康安全和设备的正常使用，我们需要通过温泉水质检验报告中的各种化学成分含量，确认温泉原水是否满足游客的健康要求。同时，结合不同的水质有针对性地设计水处理方案，并正确选用水处理系统。

温泉水处理系统需要的设备有除砂器、过滤器、贮水箱、曝气塔、深井泵、反洗泵、水处理设备控制柜等，选择时需要根据温泉水质检验报告，查看温泉水的成分，选用耐腐蚀性的设备。比如，温泉水质中含铁量超过标准值，那么我们对温泉原水处理的关键是除铁，水处理工艺的流程是温泉水首先经过除砂器，然后进入地热水专用曝气设备——强制热风曝气塔，使地热水与空气充分接触，然后加压进入压滤式除铁装置，经过滤除铁，其出水进入热水保温水箱。然后再根据需要处理的水量来选择处理设备，同时需要综合考虑各种不确定因素。

洗浴后的温泉废水，如果未经处理或仅经过简单处理直接排入自然水体中，将会对水体中的生物产生一定的不利影响；水体中的各种指标受温度影响较大，当温度升高时，氧气在水中溶解度会降低；水体中物理、化学和生物反应速度会加快，导致有毒物质毒性加强，需氧有机物氧化分解速度加快，耗氧量增加，水体缺氧加剧，引起部分生物缺氧窒息，抵抗力降低，易产生病变乃至死亡；温泉废水中还含有大量的钙镁离子及其他离子盐等物质，以及有机污染物、氮、磷等污染物，这些都会对生态环境造成不利影响。对于现有的一些温泉度假村的污水处理项目，寻求一种运行成本低、投资省和处理效果好的温泉废水处理系统是十分必要的。

第5章 其他非传统能源

5.1 氢能

5.1.1 氢能的基本特性

1. 氢能简介

化学元素氢（H-Hydrogen）在元素周期表中位于第一位，是所有原子中最小的。氢通常的单质形态是氢气（H_2），它是无色无味、极易燃烧的双原子气体，氢气是密度最小的气体。在标准状况（0℃和一个大气压）下，每升氢气只有0.0899g重，仅相当于同体积空气质量的二十九分之二。氢是宇宙中最常见的元素，氢及其同位素占到了太阳总质量的84%，宇宙质量的75%都是氢。

氢具有高挥发性、高能量的特点，可作为能源载体和燃料，同时氢在工业生产中也有广泛应用。现在工业每年用氢量为5500亿m^3，氢气与其他物质一起用来制造氨水和化肥，同时也被应用到汽油精炼工艺、玻璃磨光、黄金焊接、气象气球探测及食品工业中。而液态氢可以作为火箭燃料。

氢能的主要优点是燃烧热值高，燃烧同等质量的氢产生的热量，约为汽油的3倍，酒精的3.9倍，焦炭的4.5倍。氢能燃烧的产物是水，是世界上最干净的能源。氢气可以由水制取，而水是地球上最为丰富的资源，演绎了自然物质循环利用、持续发展的经典过程。

氢能是氢的化学能，氢在地球上主要以化合态的形式出现，是宇宙中分布最广泛的物质，它构成了宇宙质量的75%。由于氢气必须从水、化石燃料等含氢物质中制得，因此是二次能源。但氢能是最清洁的二次能源，是目前已知的最理想的能量载体。二次能源是联系一次能源和能源用户的中间纽带。氢能是一种在常规能源危机出现、开发新的二次能源时人们期待的新的二次能源。

2. 氢能特点

(1) 所有元素中，氢质量最轻。在标准状态下，它的密度为0.0899g/L；在−252.7℃时，可成为液体，若将压力增大到数百个大气压，液氢就可变为固体氢。

(2) 所有气体中，氢气的导热性最好，比大多数气体的导热系数高出10倍，因此在能源工业中氢是极好的传热载体。

(3) 氢是自然界存在最普遍的元素，据估计它构成了宇宙质量的75%，除空气中含有氢气外，它主要以化合物的形态贮存于水中，而水是地球上分布最广泛的物质。据推算，如把海水中的氢全部提取出来，它所产生的总热量比地球上所有化石燃料放出的热量还大 9000 倍。

(4) 除核燃料外氢的发热值是所有化石燃料、化工燃料和生物燃料中最高的，为 142351kJ/kg，是汽油发热值的 3 倍。

(5) 氢燃烧性能好，点燃快，与空气混合时有广泛的可燃范围，而且燃点高，燃烧速度快。

(6) 氢本身无毒，与其他燃料相比氢燃烧时最清洁，除生成水和少量氨气外不会产生诸如一氧化碳、二氧化碳、碳氢化合物、铅化物和粉尘颗粒等对环境有害的污染物质，少量的氨气经过适当处理也不会污染环境，而且燃烧生成的水还可继续制氢，反复循环使用。

(7) 氢能利用形式多，既可以通过燃烧产生热能，在热力发动机中产生机械功，又可以作为能源材料用于燃料电池，或转换成固态氢用作结构材料。用氢代替煤和石油，不需对现有的技术装备作重大的改造，现在的内燃机稍加改装即可继续使用。

(8) 氢可以气态、液态或固态的氢化物出现，能适应贮运及各种应用环境的不同要求。

5.1.2 氢能制备技术

1. 化石燃料制氢

采用化石燃料制氢是目前主要的制氢方式。煤、石油和天然气等化石燃料的制氢工艺相对简单和成熟，但是该方法仍存在碳排放、资源消耗和污染环境等问题。

(1) 甲烷制氢

常用的甲烷制氢技术有：甲烷水蒸气重整（典型工艺见图 5.1-1）、催化部分氧化法、自热重整、绝热转化等。甲烷水蒸气重整制氢工艺生产技术虽然较为成熟，但能耗高、生产成本高、设备投资大；甲烷催化部分氧化法过程能耗低，可采用大空速操作，无需外界供热而可避免使用耐高温的合金钢管反应器，可采用极其廉价的耐火材料堆砌反应器，使装置的固定投资明显降低，但尚未见到该技术工业化的相关报道；甲烷自热重整工艺是一种新型制氢方法，其基本原理是在反应器中耦合了放热的甲烷部分氧化反应和强吸热的甲烷水蒸气重整反应，反应体系本身可实现自供热；甲烷绝热转化制氢的原理是将甲烷经高温催化后分解为氢和碳，这是连接化石燃料和可再生能源之间的过渡工艺过程。

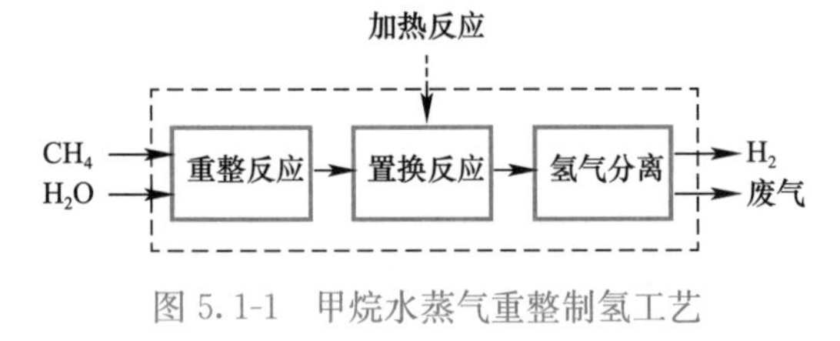

图 5.1-1 甲烷水蒸气重整制氢工艺

(2) 煤制氢

常用的煤制氢技术有：以煤为主要能源的高温蒸汽电解法制氢、利用煤气化产物的电导膜过程制氢、煤的液化残渣气化制氢、煤的超临界水气化制氢。煤气化是煤制氢技术的基础，而煤的超临界水气化是对煤气化的重要改进。煤气化制氢工艺流程如图 5.1-2 所示。目前，煤制氢造成的污染仍十分严重，反应生成大量 CO_2，碳排放量大。

(3) 重油制氢

通常不直接用石油制氢，而是利用石油初步裂解后的产品制氢，主要包括重油、石脑油、石油焦以及炼油厂干气制氢。重油与水蒸气及氧气反应制得含氢气体产物。石脑油制氢主要工艺过程有石脑油脱硫转化、CO 变换。石焦油制氢与煤制氢非常相似，是在煤制氢的基础上发展起来的。炼油厂干气制氢主要是轻烃水蒸气重整加上变压吸附分离法。重油由于其价值低，作为制氢原料相比其他原料更具价格优势。一般采用重油部分氧化方法制取氢气（典型工艺流程见图 5.1-3）。

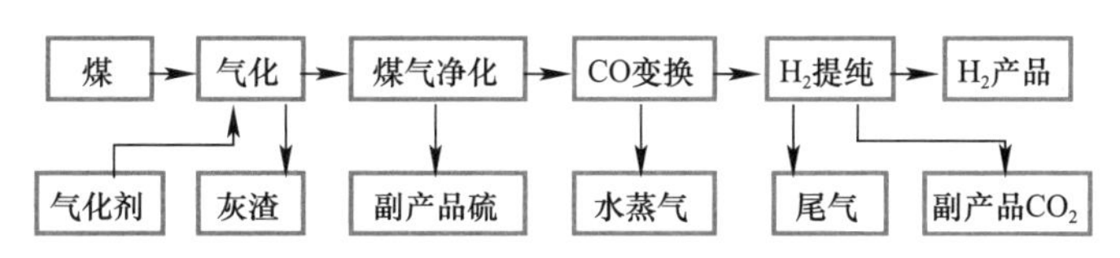

图 5.1-2　煤气化制氢工艺流程

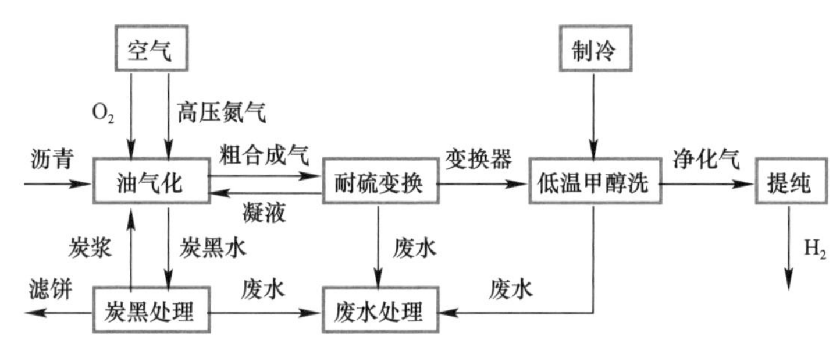

图 5.1-3　重油制氢工艺流程

2. 电解水制氢

电解水制氢是利用电化学反应将水分解成 H_2 和 O_2 的技术，包括发生在带负电荷阴极的还原反应与发生在带正电荷阳极的氧化反应。利用清洁能源电解水制氢是清洁的产氢过程，无 CO_2 排放。根据电解液的不同，当前较为典型的电解水制氢技术主要分为 4 种：碱性电解水制氢（AWE）、质子交换膜电解水制氢（PEMWE）、高温固态氧化物制氢（SOEC）、碱性阴离子交换膜制氢（AEMWE）。前两种已逐步产业化，后两种还在试验产品阶段（表 5.1-1）。

各种水电解技术对比　　表 5.1-1

项目	碱性电解水（AWE）	质子交换膜电解水（PEMWE）	高温固态氧化物（SOEC）	碱性阴离子交换膜（AEMWE）
电解质隔膜	石棉布	质子交换膜	固体氧化物	阴离子交换膜
电流密度	$<1A/cm^2$	$1\sim4A/cm^2$	$0.2\sim0.4A/cm^2$	$1\sim2A/cm^2$
工作温度	≤90℃	≤80℃	≥80℃	≤60℃
产氢纯度	≥99.8%	≥99.99%	—	≥99.99%
操作特性	需控制压差	快速启停	启停不便	快速启停
	产气需脱碱	仅水蒸气	仅水蒸气	仅水蒸气
环保性	石棉膜有危害	无污染	—	—
产业化程度	充分产业化	产业化初期	实验室阶段	实验室阶段

（1）碱性电解水制氢

碱性电解水制氢技术（AWE）是目前最成熟、商业化程度最高的电解制氢技术。隔膜是碱性电解池的管件部件之一，将产品气体隔开，避免氢氧混合。其局限性为：隔膜为多孔材料，气体容易渗透，比较厚，电能损失较多；由于快速变载会造成两侧压力失衡，进而氢过多渗透造成爆炸风险，因此响应性很慢，难与风光供电紧密配合；电流密度低，电解槽体积大，热容大，冷启动等温度响应受到限制（图 5.1-4）。

（2）质子交换膜电解水制氢

质子交换膜电解水制氢中的单电池结构非常紧凑，主要由阴阳极端板、阴阳极扩散层、阴阳极催化层、质子交换膜等构成，图 5.1-5 所示为一个质子交换膜电解水制氢原理示意图。质子交换膜电解水制氢的电解催化剂应具备高电子传导率、小气泡效应、高比表面积与孔隙率、电化学稳定性好和无毒无腐蚀等条件。PEMWE 电解制氢技术是目前电解水制氢技术发展应用的热点。其优点为：质子交换膜绝缘、无孔隔绝气体，具有更好的安全性，产氢纯度高（99.99%），电流密度大，体积小，能耗稍低，压力调节幅度大，响应性好。

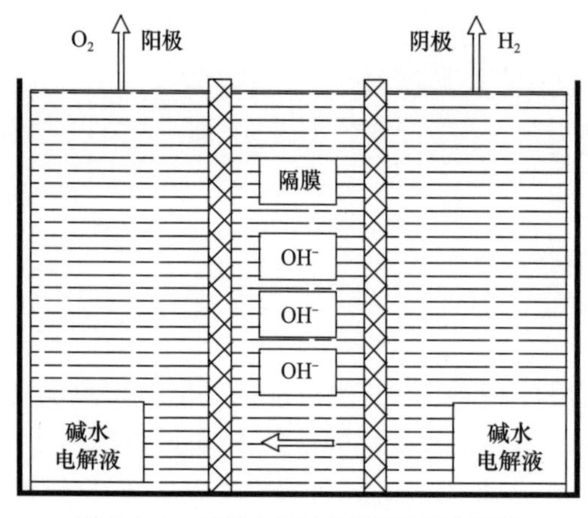

图 5.1-4　碱性电解水制氢原理示意图

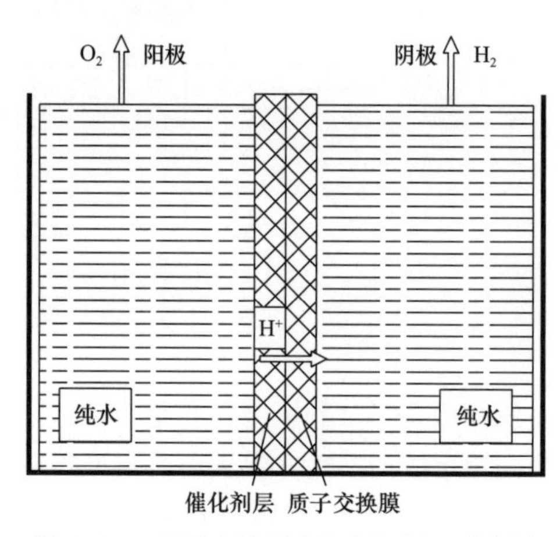

图 5.1-5　质子交换膜电解制氢原理示意图

（3）高温固态氧化物制氢

SOEC 技术与 AWE 和 PEMWE 技术相比，SOEC 技术成熟度较低，尚处于实验室研发阶段，还未实现商业化。SOEC 技术具有效率高的显著优点，但也有一系列限制市场应用的缺点，需要解决关键材料在高温和长期运行下的耐久性问题。在电解反应过程中，高温水蒸气进入管状电解槽后，在阴极和阳极分别反应生成氢气 H_2 和氧气 O_2。SOEC 制氢结构原理图如图 5.1-6 所示。

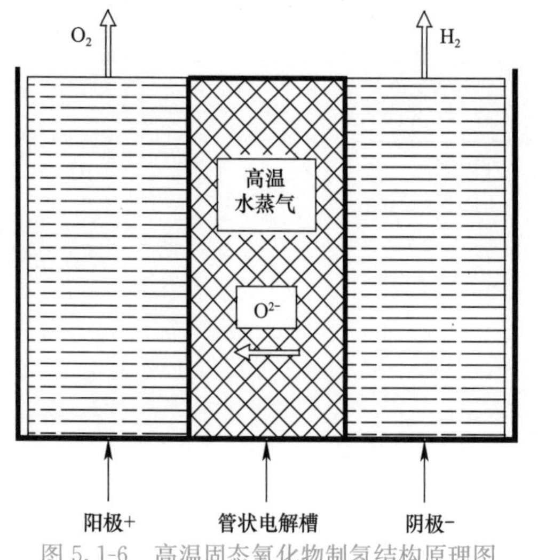

图 5.1-6　高温固态氧化物制氢结构原理图

（4）碱性阴离子交换膜电解水制氢

AEMWE 水电解技术结合了传统碱性液体电解质水电解与 PEMWE 水电解的优点，在碱性介质中可以使用 Ni、Co、Fe 等非贵金属催化剂，阴离子交换膜与质子交换膜优点类似，同时可以避免使用碱性液体，导致产生气体污染。碱性体系避免了贵金属的大量使用，设备成本相比 PEMWE 水电解池大幅降低。目前制约 AEMWE 水电解技术发展的主要障碍为阴离子交换膜的性能问题，阴离子交换膜热稳定性与化学稳定性较差，阴离子传导能力有限，制约 AEMWE 电解池的寿命与电解性能。

3. 生物质制氢

生物质是一种富含 C、H 元素的分布广泛的可再生能源，相比生化燃料，生物质中硫、氮含量低，灰分少，对环境污染小。因此，利用生物质可实现分散且较环保的制氢。目前，生物质制氢方法主要分为生物质催化气化制氢、生物质热裂解制氢、生物质超临界转化制氢、生物质生物法制氢。

（1）生物质催化气化制氢

生物质催化气化制氢是加入水蒸气的部分氧化反应，类似于煤炭气化的水煤气反应，得到含氢和较多一氧化碳的水煤气，然后进行变换反应，使一氧化碳转变，最后分离成氢气。

（2）生物质热裂解制氢

生物质热裂解制氢是对生物质进行间接加热，使其分解为可燃气体和烃类，然后对热裂解产物进行二次催化裂解，使烃类物质继续裂解以增加气体中的含氢量，再经过变换反应将一氧化碳也转变为氢气，然后进行气体分离。通过控制裂解温度、物料停留时间及热解来达到制氢目的。由于热解反应不加空气，得到的是中热值燃气，燃气体积小，有利于气体分离。

（3）生物质超临界转化制氢

该技术对含水质量分数在35%以上的生物质、泥煤制氢适用。超临界转换是将生物质原料与一定比例的水混合后，置于超临界条件下进行反应，完成后产生氢含量较高的气体和残碳，再进行气体分离。超临界水气化制氢的反应压力和温度都较高，设备和材料的工艺条件比较苛刻。

（4）生物质生物法制氢

在常温、常压下可利用微生物代谢得到氢气，利用该特性发展起来了生物制氢技术。与传统的化学制氢相比，生物质生物法制氢条件温和，不需要消耗大量能量、不消耗矿物资源，同时资源还可再生。因此，生物质生物法制氢既可以充分利用生物资源，又可以达到防止污染、减少碳排放的目的，因而受到世界各国的重视。根据微生物产氢机理不同，生物质生物法制氢可分为光解水、光发酵、暗发酵与光暗耦合发酵制氢。光发酵制氢可以在较宽泛的光谱范围内进行，制氢过程中不产生氧气，这类方法转换效率高，被看作是一种很有前景的制氢方法。

5.1.3 氢能储运技术

在氢能源发展方面，我国面临的最主要挑战在于氢能的储运。找到安全、经济、高效、可行的储运模式，是氢能全生命周期应用的关键。目前，储氢方法主要分为低温液化储氢、高压气态储氢、固体材料储氢及有机液态储氢四种（表 5.1-2）。

四种主要储氢方式的优缺点对比　表 5.1-2

储氢方式	优点	缺点
高压气态储氢	技术成熟，结构简单，充放氢速度快，成本及能耗低	体积储氢密度小，安全性较差
低温液化储氢	单位体积储氢密度大，安全性相对较好	液氢化能耗大，储氢容器要求高
有机液态储氢	液氢纯度高，单位体积储氢密度大	成本高，能耗大，操作条件苛刻
固体材料储氢	单位体积储氢密度大，能耗低，安全性好	技术不成熟，单位质量储氢密度小，充放氢效率低

1. 高压气态储氢

在常温下利用高压压缩氢气体积以提高氢气密度的储氢技术称为高压气态储氢，存储的是高密度气态形式的氢气。高压气态储氢是目前应用最广泛的储氢技术，也是氢燃料电池车上氢气存储的主要技术。高压气态储氢容器是储氢的关键设备，主要分为纯钢制金属瓶（Ⅰ型）、钢制内胆纤维环向缠绕瓶（Ⅱ型）、铝内胆纤维全缠绕瓶（Ⅲ型）和塑料内胆纤维缠绕瓶（Ⅳ型）4个类型。其中Ⅲ型和Ⅳ型瓶具有重容比小、单位质量储氢密度大等优点，已广泛应用于氢燃料电池汽车。

高压氢气运输方面，长管拖车运氢仍然是目前我国氢气运输的主要方式。氢气长管拖车运输成本对运输距离较为敏感，仅适用于少量短距离运输，运输半径一般不超过150km。管道技术适用于大规模、长距离输送氢气，是成本最低的输氢方式。管道输送方式安全可靠、自动化程度高、稳定性好，距离越长经济效益越突出，将是未来氢气输送的重要选择。

2. 低温液化储氢

液体密度和气体密度相差极大，将氢气在低温、高压条件下液化后存储的技术称为低温液化储氢。该方法能够极大地提高氢的体积密度，实现高密度储氢，其输送效率也远高于气态氢。然而，液氢的沸点极低（−252.78℃），与环境温差极大，对储氢容器的绝热要求很高，为了保证液化储氢的低温高压条件，不仅对储罐材质提出了极苛刻的耐压耐低温要求，还要考虑为保持低温而配套的复杂绝热与冷却技术。因此，低温液化储氢的规模较小，储罐容积也较小，该技术多用于航空航天领域。

3. 有机液态储氢

有机液态储氢技术是利用有机化合物在一定条件下加氢反应生成稳定的液体化合物作为载体，进行氢气存储技术。当需要氢时，在使用地点经催化剂作用通过脱氢反应提取出所需的氢气。液态有机物储氢使得氢可在常温常压下以液态输运，储运过程安全、高效，但还存在脱氢技术复杂、脱氢能耗大等缺点。对于大规模、远距离的氢能储运，低温液态储氢才有较大优势。储氢常用的液态载体有不饱和液体有机物、液氨、甲醇等。

4. 固体材料储氢

固体材料储氢是利用一些具有氢气吸附能力或者跟氢气形成化合物的固体材料，将氢气存储在固态物质中的储氢技术。该技术主要包括金属合金、碳质材料、金属框架物等吸附储氢，还包括利用配位氢化物或者基于碳酸氢盐与甲酸盐的固体化合物储氢。金属氢化物储氢是目前最有希望且发展较快的固态储氢方式，利用金属氢化物储氢材料来储存和释放氢气。在一定温度下加压，过渡金属或合金与氢反应，以金属氢化物形式吸附氢，然后加热氢化物释放氢。金属氢化物贮氢罐供氢方式具有以下特点：储氢体积密度大、操作容易、运输方便、成本低、安全性好、可逆循环性好等，但是质量效率低。

5.1.4　氢能利用存在问题及开发前景

1. 氢能的大规模的商业应用存在的问题

(1) 探寻廉价的制氢技术。因为氢是一种二次能源，它的制取不但需要消耗大量的能量，而且目前制氢效率很低，因此寻求大规模的廉价的制氢技术是大家共同关心的问题。

(2) 安全可靠的贮氢和输氢方法。由于氢易气化、着火、爆炸，所以如何妥善解决氢能的贮存和运输问题也就成为开发氢能的关键。

2. 氢能的开发前景

氢能是一种二次能源，因为它是通过一定的方法利用其他能源制取的，而不像煤、石油和天然气等可以直接从地下开采。在自然界中，氢易和氧结合形成水，必须用电分解的方法把氢从水中分离出来。如果用煤、石油和天然气等燃烧所产生的热转换成的电分解水制氢，那显然是不经济的。现在看来，高效率地制氢的基本途径是利用太阳能。如果能用太阳能来制氢，那就等于把无穷无尽的、分散的太阳能转变成了高度集中的干净能源，其意义十分重大。目前利用太阳能分解水制氢的方法有太阳能热分解水制氢、太阳能发电电解水制氢、阳光催化光解水制氢、太阳能生物制氢等。利用太阳能制氢有重大的现实意义，因此今后，以太阳能制得的氢能将成为人类普遍使用的一种优质、干净的燃料。

2022 年 3 月，国家发展改革委、国家能源局联合印发《氢能产业发展中长期规划(2021—2035 年)》。该规划提出了氢能产业发展各阶段目标：到 2025 年，基本掌握核心技术和制造工艺，燃料电池车辆保有量约 5 万辆，部署建设一批加氢站，可再生能源制氢量达到 10 万～20 万 t/年，实现二氧化碳减排 100 万～200 万 t/年。到 2030 年，形成较为完备的氢能产业技术创新体系、清洁能源制氢及供应体系，有力支撑碳达峰目标实现。到 2035 年，形成氢能多元应用生态，可再生能源制氢在终端能源消费中的比例明显提升。

5.2　生物质能

5.2.1　生物质能的基本特性

1. 生物质能简介

生物质是指利用大气、水、土地等通过光合作用而产生的各种有机体，即一切有生命的可以生长的有机物质通称为生物质。它包括植物、动物和微生物。广义而言，生物质包括所有的植物、微生物以及以植物、微生物为食物的动物及其生产的废弃物。生物质能就是太阳能以化学能形式贮存在生物质中的能量形式，即以生物质为载体的能量。它直接或间接地来源于绿色植物的光合作用，可转化为常规的固态、液态和气态燃料，取之不尽、用之不竭，是一种可再生能源，同时也是唯一一种可再生的碳源。生物质能的原始能量来源于太阳，所以从广义上讲，生物质能是太阳能的一种表现形式。生物质能蕴藏在植物、动物和微生物等可以生长的有机物中。有机物中除矿物燃料以外的所有来源于动植物的能源物质均属于生物质能，通常包括木材、森林废弃物、农业废弃物、水生植物、油料植物、城市和工业有机废弃物、动物粪便等。地球上的生物质能资源较为丰富，而且是一种无害的能源。

2. 生物质能特点

（1）可再生性：生物质能属于可再生资源，生物质能由于通过植物的光合作用可以再生，与风能、太阳能等同属于可再生能源，资源丰富，可保证能源的永续利用。

（2）低污染性：生物质的硫含量、氮含量低，燃烧过程中生成的 SO_X、NO_X 较少。生物质作为燃料时，由于它在生长时需要的 CO_2 相当于它排放的 CO_2 的量，所以对大气的 CO_2 净排放量近似于零，可有效地减轻温室效应。

（3）广泛分布性：缺乏煤炭的地域，可充分利用生物质能。

（4）总量十分丰富：生物质能是世界第四大能源，仅次于煤炭、石油和天然气。根据生物学家估算，地球陆地每年生产 1000 亿～1250 亿 t 生物质；海洋年生产 500 亿 t 生物质。生物质能源的年生产量远远超过全世界总能源需求量，相当于目前世界总能耗的 10 倍。随着农林业的发展，生物质资源还将越来越多。

（5）广泛应用性：生物质能源可以沼气、压缩成型固体燃料、气化生产燃气、气化发电、生产燃料酒精、热裂解生产生物柴油等形式存在，应用在国民经济的各个领域。

5.2.2 生物质能的转换

生物质能的转化技术为合理有效利用生物质能开拓了广阔前景，对生物质能的开发利用，是当代人类新能源技术革新的重要任务。生物质能转化技术对比见表 5.2-1。

生物质能转化技术对比 **表 5.2-1**

项目	优点	缺点	适用范围
直接燃烧	技术简单	转化效率低，污染环境	适合生物质直接燃烧发电、供热或者电热联产
生物质气化	利用效率高，用途广泛	系统复杂，燃气不便于储存和运输	适合气化发电、供气、供热
生物质—沼气转换技术	技术简单，投资小，经济性较好	发酵时间长，转化效率不高	适合农村、城市生物质及垃圾处理
生物质—乙醇转换技术	技术成熟度高，用途广，效率高	转换速度慢，投资较大	适合工业化规模生产

（1）直接燃烧

生物质燃料中可燃成分和氧化剂（一般是空气中的 O_2）的氧化反应是化学反应过程，在反应过程中强烈析出热量，并使燃烧产物的温度升高。直接燃烧获取热量是最直接的方法，但转化效率很低，且污染环境。目前研制的生物质压块燃料可以提高热效率，并能减少污染。

（2）热化学转换

生物质能的热化学转换是指在一定温度和条件下，通过化学方法使生物质气化、炭化、热解和催化液化生产燃料和化学物质的技术。其方法有气化法、热分解法和有机溶剂提取法。

（3）生物化学转换

生物质能的生物化学转换技术是通过微生物发酵方法将生物质能转换成液体或气体燃料，它包括生物质—沼气转换技术和生物质—乙醇转换技术。

5.2.3　生物质原料收储运技术

生物质能作为可替代化石燃料的清洁能源，在能源结构中占重要地位。生物质成型燃料主要来源于农作物秸秆、农产品加工业的副产品及林业废弃物等。由于我国地域辽阔，自然村分散，农作物品种多且换种期较短，农业机械化水平低等原因，造成原料收集困难，收集效率低导致成本高，制约着生物质的大范围、大规模收集利用。

1. 原料存储

生物质原料的存储方法主要有四种：开放式存储法、覆盖式存储法、仓库式存储法和厌氧式存储法（表 5.2-2）。

生物质原料存储方法对比　　表 5.2-2

项目	优点	缺点
开放式存储法	存储成本小	原料损耗受天气影响大
覆盖式存储法	原料损耗较开放式存储小	存储成本较开放式存储大，且后期有维护成本
仓库式存储法	减少水分渗入生物质堆垛	存储成本较开放式存储大，且后期有维护成本
厌氧式存储法	原料损耗少	存储含有水分的青绿饲料，需要机械辅助操作

（1）开放式存储法

开放式存储法通常将生物质原料置于露天环境下，不采用覆盖物对原料进行覆盖，存储成本低。但原材料损耗大，其损耗程度主要受天气的影响。例如玉米秸秆在雨季开放式存储，会导致较多的雨水渗入其中或将水气吸收入内，这会导致很高的变质率和干物质的损失，使原料品质降低。

（2）覆盖式存储法

覆盖式存储法是指在生物质堆垛顶部覆盖一层像聚乙烯织物或者塑料膜的防雨布，防止日照造成原料损耗及雨季多余的水分进入堆垛。采用此方法，需要对堆放的地面进行选择并处理，投入使用后，需要维护。因此，需要投入覆盖材料，整理场地，后期维护，提高存储质量的同时增加了存储成本。

（3）仓库式存储法

仓库式存储法顾名思义是将生物质原料存储于仓库内，这种方法有助于减少水分渗入生物质堆垛，同时原料堆顶部能自然通风。仓库式存储方法需要专门的仓库存放生物质原料，前期投入和后期维护成本较高。

（4）厌氧式存储法

对于含水分的青绿饲料采用厌氧式存储法。将生物质原料装入密封的塑料装置中以减少其暴露在氧气中的可能性，从而降低其有氧呼吸率，减少干物质损耗。

2. 原料运输

生物质原料的运输方法主要有两种：分散型储运模式和集中型储运模式。

（1）分散型储运模式

分散型储运模式以农户、专业户为主体，把分散的生物质原料收集后提供给企业。生物质原料属于体积大、密度小的物质，其晾晒、存储需要占用大量的空间，这种储运模式的优点是晾晒、存储由农户、专业户解决，大大降低了企业的投资、管理和维护成本。但这种模式在很大程度上受制于农户、专业户。

（2）集中型储运模式

集中型储运模式以专业生物质原料收储运公司或农场为主体，负责原料的收集、晾晒、存储和运输。这种模式需建设大型生物质原料收储站，占用土地多，增加了日常维护管理成本。但从根本上解决了生物质原料供应的随意性和风险性，能保证生物质原料的长期稳定供应。

3. 生物质能的开发前景

随着各国加强应对气候变化的力度，生物能源将成为诸多难以电气化的行业脱碳的重要手段。供热、水泥、钢铁等行业可使用生物质固体燃料、生物燃气替代燃煤等化石燃料；海运业可使用生物天然气、生物甲醇替代目前的重油；航空业可使用生物航煤（可持续航空燃料）替代化石航油。未来，生物质能产业将向多元化利用和高附加值方向发展。随着“双碳”战略持续推进和能源结构调整，我国生物质能产业将进入高质量发展阶段，逐步形成电、热、气及液体燃料等多元化发展格局，在农林废弃物和城乡有机废弃物处理、减少城乡环境污染、推动能源转型、助力乡村振兴、建设美丽中国等多个方面，发挥不可替代的作用。

5.3 工业余热

5.3.1 工业余热的基本特性

1. 工业余热简介

工业余热是指工业生产中各种热能装置所排出的气体、液体和固体物质所载有的热量。余热属于二次能源，是燃料燃烧过程所发出的热量在完成某一工艺过程后所剩余的热量。多数耗能设备，如原动机、加热炉等，都只利用了热能中的一小部分。回收一部分本来废弃不用的工业余热进行集中供热，能节约一次能源，提高经济效益，减少污染。

2. 工业余热分类

（1）工业余热按其能量形态可以分为三大类，即可燃性余热、载热型余热和有压性余热。

1）可燃性余热是指能用工艺装置排放出来的、具有化学热值和物理显热，还可做燃料利用的可燃物，即排放的可燃废气、废液、废料等，如放散的高炉气、焦炉气、转炉气、油田伴生气、炼油气、矿井瓦斯、炭黑尾气、纸浆黑液、甘蔗渣、木屑、可燃垃圾等。

2）常见的大多数余热是载热性余热，它包括排出的废气和产品、物料、废物、工质等所带走的高温热以及化学反应热等，如锅炉与窑炉的烟道气，燃气轮机、内燃机等动力机械的排气，焦炭钢铁铸件、水泥、炉渣的高温显热，凝结水、冷却水、放散热风等带走的显热，以及排放的废气潜热等。

3）有压性余热通常又叫余压（能），它是指排气、排水等有压液体的能量。

（2）工业余热按其来源可以分为六大类，即高温烟气余热，冷却介质余热，废水、废气余热，化学反应余热，可燃废气、废液和废料余热，高温产品和炉渣余热。

1）高温烟气余热是指在冶金、化工、建材等行业，各种冶炼炉、加热炉、内燃机和锅炉的排气排烟。高温烟气余热温度高、数量多、容易回收。

2）冷却介质余热是指在工业生产中需要的大量保护高温生产设备的冷却介质所带走的余热。常用冷却介质为水、空气和油。冷却介质的温度一般较低，回收利用困难，可采用热泵设备回收利用。

3）废水、废气余热是一种蒸汽和凝结水的余热，凡是使用蒸汽和热水的企业都会有这种余热。

4）化学反应余热主要存在于化工行业，硫酸制造过程中利用焚酸炉产生的化学反应热，使炉内温度高达 850～1000℃，可用于余热锅炉产生蒸汽。

5）可燃废气、废液和废料余热是指生产过程的排气、排液和排渣中含有可燃成分。

6）高温产品和炉渣余热是指在工业生产中许多经过高温加热过程，最后出来的产品及炉渣废料具有很高的温度，它们在冷却时散发的热量。

3. 工业余热特点

工业余热由于工业工艺不同，所产生的余热的类型、温度等都存在一定的差异，所以其形式也是多样的。工业余热的形式主要有以下特点：

（1）多形态。从余热载体看，工业余热有固态、液态、气态三种不同形态；部分余热资源载体具有爆炸性、有毒性、含尘性、粘结性。

（2）分散性。工业部门子行业众多，加上钢铁等子行业生产工艺流程较长，工业余热广泛散布在各子行业和生产工序环节。

（3）行业分布不均。工业中各行业用能有多有少，用能方式各有不同，产生的余热资源量自然也多少不一。钢铁、水泥等行业余热资源量较多，机械、电子等行业余热资源量则较少。余热资源的数量不稳定，或称热负荷不稳定，一般是由工艺生产过程来决定的。即便是同一个企业，不同时期所产生的余热也存在着差异。

（4）资源品质存在较大差异。工业部门产生的余热资源中，有近一半是高品位余热，另一半则是中低品位余热。由于工业余热资源具有上述特点，与煤炭、油气等常规能源资源相比，其开发利用受到更多的技术经济方面制约。工业余热当中常常会伴有一些粉尘和化学物质，这些粉尘和化学物质大多数都是高污染、高危害物质，所以在对余热的利用过程中要充分考虑这些因素；工业余热当中还会带有很多有害气体，例如 SO_2，长期排放在空气当中会造成酸雨，腐蚀性特别强。

5.3.2　工业余热利用及前景

1. 工业余热的利用

工业余热利用主要有三种途径：热交换、热工转换和利用余热制冷制热技术。

（1）热交换是回收工业余热最直接、效率较高的经济方法，该类途径不改变余热能量的形式，只是通过换热设备将余热能量直接传递给自身工艺的耗能流程，降低一次能源消耗。主要利用方式有间接式换热、余热锅炉、蓄热式热交换、热管换热等。

（2）热工转换可提高余热的品位。主要采用余热锅炉发电，是工业余热利用的主要形式。余热锅炉是余热发电系统中的重要设备。余热锅炉可分为电站余热锅炉和工业余热锅炉。电站余热锅炉是与燃气轮机发电机组配套的专用余热锅炉，其热源来自燃气轮机的尾气，通过电站余热锅炉产生蒸汽，驱动蒸汽轮机发电机组，从而提高电厂的发电效率。工业余热锅炉应用范围覆盖了大部分工业领域，其技术参数根据工业余热的工况参数确定。

（3）吸收式余热制冷机组，制冷效率高，适用于大规模热量回收。而吸附式制冷系统结构简单、无噪声、无污染，可用于颠簸振荡场合，更适合小热量回收，或用于冷热电联产系统。热泵以消耗一部分能量（电能、机械能、高温热能）作为补偿，通过制冷机热力循环，把低温余热热量“泵送”到高温热媒，常用于热泵技术，回收略高于环境温度（30～60℃）的废热，达到节能降耗目的。

2. 工业余热开发前景

我国工业余热资源丰富，特别是在钢铁、有色、化工、水泥、建材、石油与石化、轻工、煤炭等行业，余热资源占其燃料消耗总量的17％～67％，其中可回收利用的余热资源约占余热总资源的60％。目前我国余热资源利用率比较低，余热利用提升潜力大。将工业企业排放的废水、废热、废气等能源加以回收利用，解决工业企业自身的热需求，不仅降低了工业企业的污染排放，还减少了工业企业工艺需要所消耗的能源，从而大幅度降低了能源投资及运行费用。

第6章　多能源生活热水系统的耦合利用

6.1　太阳能与其他热源耦合利用热水系统

6.1.1　太阳能与高温热媒耦合利用热水系统

1. 单水箱太阳能+高温热媒耦合利用系统

(1) 系统原理图（图 6.1-1）

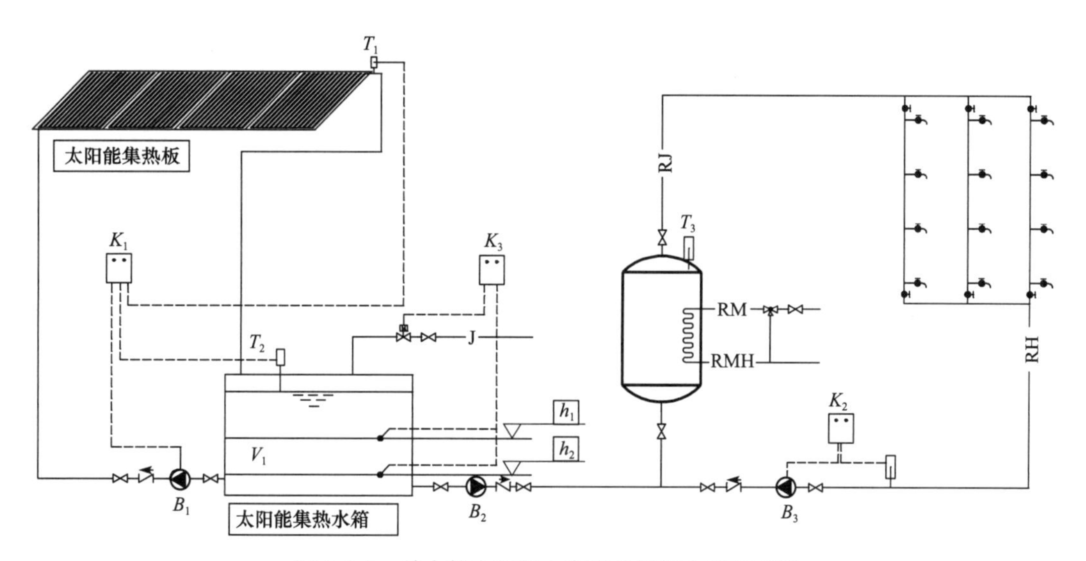

图 6.1-1　单水箱太阳能+高温热媒耦合利用系统

(2) 适用范围

该系统适用于有可靠的热媒（城市热网或自建锅炉）、热水供应规模大、热水要求温度稳定、集中供水、对建筑外观要求不高、屋顶或室外场地允许设置太阳能集热板、对热水质量要求较高、冬季不宜结冰地区的建筑热水供应。当用于冬季结冰地区建筑热水供应时，一次循环及太阳能集热系统应采取防冻措施。

(3) 系统优缺点

系统采用开式系统，集热效率高，适用范围大，可以在较大规模的热水系统中使用；采用开式水箱，水质易受到二次污染，热损失大；必须有可靠的辅助热源，可满足对热水需求量大、对热水温度要求高、稳定性要求高的场所（如高档酒店、度假村、高档公寓等）；采用开式系统和传统的热交换比较，冷热水为非同源供应，用水点不容易做到冷热水压力均衡；太阳能集热板、集热水箱设置在建筑屋面，对建筑物立面有一定的影响；若太阳能循环水泵设置在建筑屋面，应考虑水泵运行对下层建筑物功能的影响；必须有可靠的高温热源；系统要求较高，太阳能利用率高；屋顶太阳能集热水箱应采用保温水箱。

（4）系统控制

1）数据显示：集热水箱水位应显示高、低报警水位，集热水箱水温；集热循环泵、热循环泵的运行状况、出水压力等；热交换器温控阀状态、热交换器的温度；热水回水温度、回水管电动阀启闭状态等。

2）电气控制：太阳能集热循环采用温差循环，当 $T_1-T_2\geqslant8$℃时，太阳能集热循环泵开启；当$T_1-T_2<3$℃时，太阳能集热循环泵关闭。

3）高温热媒辅助热源及热水循环泵控制：

① 通常采用全日制自动控制系统，采用自力式温控阀或者电动温控阀控制。当 $T_5\leqslant$ 50℃时，辅助热媒温控阀开启；当 $T_5\geqslant60$℃时，辅助热源温控阀关闭。自力式温控阀的灵敏度，宜设置在设定温度±1℃以内。

② 为充分利用太阳能，对于主要是晚上用热水且要求不高的建筑，也可采用定时自动控制系统，热媒温控阀仅在供应热水时开启。热媒采用电动温控阀控制，当达到设定时间且 $T_5\leqslant50$℃时，辅助热媒温控阀开启；当 $T_5\geqslant60$℃时，辅助热源温控阀关闭。

③ 应设置手动控制辅助热源启闭装置，当辅助热源为自备锅炉提供时，温控阀应采用三通调节阀。

④ 热水循环泵控制：当热水回水管道的温度 $T_4<40$℃时，打开热水循环加压泵，热水回水进入热交换器换热重新供给，当热水回水管的温度升高至48℃时，自动关闭热水循环泵。

4）集热水箱进水控制：当太阳能集热板的面积完全按照生活热水热负荷的大小要求设置，集热水箱的容积也对应配套设置时，集热水箱的进水宜采用定时加电动阀（或电磁阀）控制的非连续进水方式，进水时段主要考虑设置在白天太阳能运行时段（9：00～16：00）；在高峰用水时段，集热水箱原则上不考虑进水。当因为其他外界原因，屋面集热板的面积及水箱容积严重不满足集中生活热水的用量时，集热水箱的进水应采用浮球阀控制的连续补水方式。当集热水箱清洗、检修或太阳能集热系统检修时，也可将市政补水直接转换，接入热交换器的进水管道上。

5）防过热防护：当 $T_2\geqslant70$℃时，集热循环泵关闭，集热循环停止；当 $T_2<65$℃时，集热循环泵开启，集热循环继续运行。为防止太阳能系统的“闷管”发生带来的损坏，建议增设膨胀罐、安全阀或膨胀水箱、散热器等措施。

6）集热器的防冻措施：本系统为开式系统，冬季防冻要结合项目所在地域冬季太阳能的保证率的状况，采用不同的防冻措施。当冬季太阳能保证率低时，可考虑冬季停运太阳能集热系统，通过放空第一循环的水（或介质），改为通过高温热媒换热直接提供生活热水；当项目所在地的冬季太阳保证率正常时，可考虑结冻时间短的太阳能系统，通过增设电伴热保温的形式，防止太阳能第一循环系统的结冻，以免造成对系统的破坏；或通过集热水箱与集热器的温度差（集热水箱与集热器的水温差 $T_2-T_1>10$℃），来循环太阳能集热循环系统，以保证太阳能集热板温度不低于5℃。

（5）设计要点

1）项目设计中要有可靠的常年可利用的辅助热媒，热媒可为市政热网或自备锅炉提供的高温热水或蒸汽；

2）太阳能集热系统为开式系统，集热器形式可以灵活选用；

3）当原水硬度大于 120mg/L 时，宜采用阻垢缓蚀处理措施；

4）集热水箱的容积应按照屋面可设置太阳能集热板的面积计算确定；

5）屋面设置太阳能集热器的多少，决定了集热水箱补水方式的差异；

6）在热水供水系统或集热水箱上增设消毒设施，以保证热水供应的安全可靠；

7）热交换器上的温控阀，若为自备锅炉提供的辅助热媒，其形式必须选用可调节三通温控阀；若为市政热网，可采用两通温控阀或三通温控阀；

8）若冬季太阳能停用，冷水补水除考虑集热水箱外，应考虑采用同分区的给水管直接接至热交换器进水管；

9）集热水箱可设置在屋面或设备机房内，尽可能和太阳能集热器、热交换器就近设置；

10）容积式（半容积式）换热器的出水水质应满足《建筑给水排水设计标准》GB 50015—2019 的要求。应在热水供水管或回水管上设置消灭致病菌的消毒设施，或在条件允许时采用定期高温消毒方式，有效消灭系统中的致病菌。

严寒地区采用此系统，冬季若还继续使用太阳能时，应采取可靠的防冻措施，一种方式就是太阳能集热系统的介质采用防冻介质，第一循环采用换热方式提供热量，如图 6.1-2 所示，集热循环泵和水箱循环加热泵联动控制。集热水箱的大小不受采用何种介质而发生变化。本系统最大的特点就是可在严寒地区全年使用，但因为设置有一级换热系统，太阳能的利用率不高。集热系统为闭式系统，因此应考虑避免膨胀、过热等安全措施。

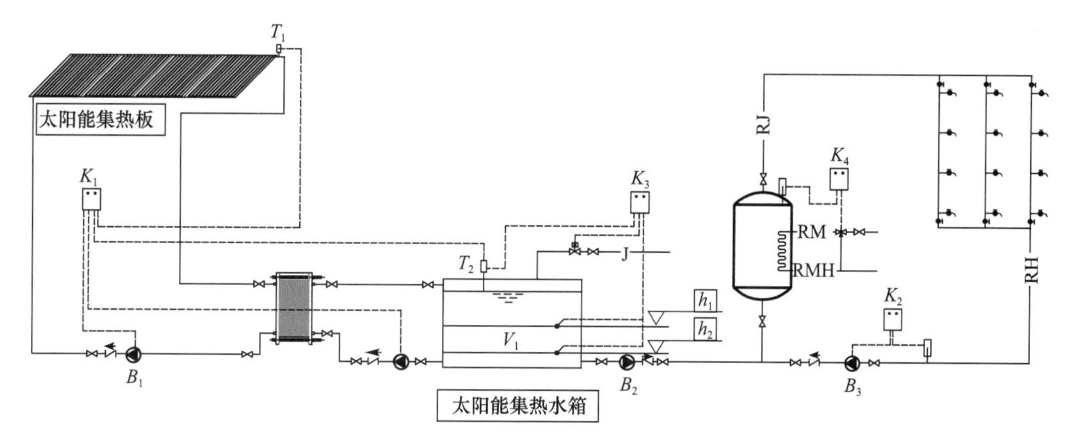

图 6.1-2　单水箱太阳能＋高温热媒耦合利用系统（防冻介质）

2. 闭式循环太阳能＋辅助热媒耦合利用系统

（1）系统原理图（图 6.1-3）

（2）适用范围

适用于有可靠的辅助热媒（城市热网或自备锅炉）、热水供应量规模较小、全日制集

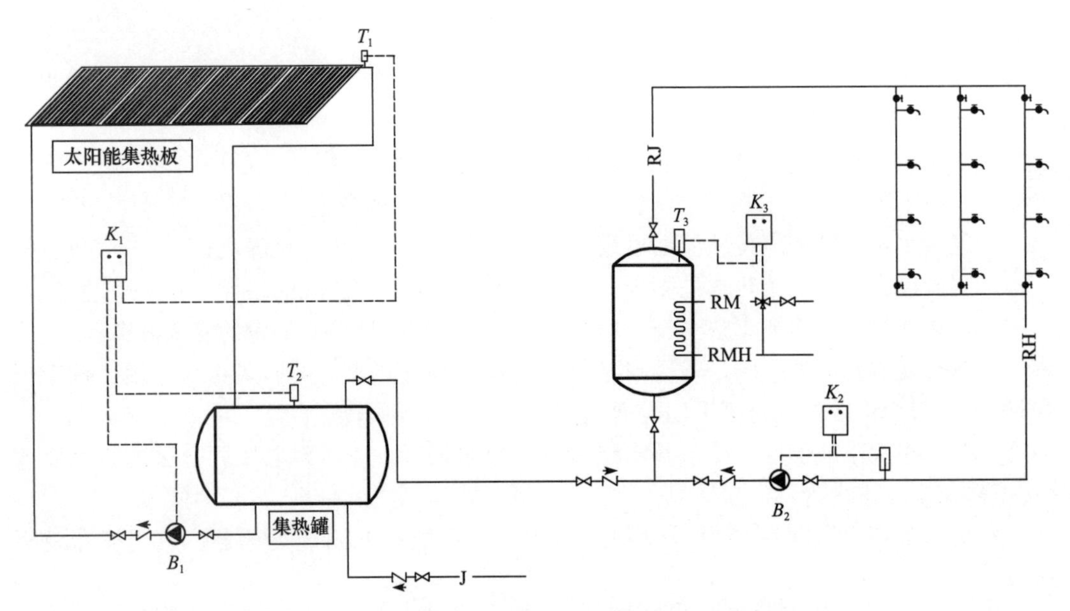

图 6.1-3　闭式循环太阳能＋高温热媒耦合利用系统

中热水供水系统，对建筑外观要求不高且有设计集热板的屋面或其他场地，对热水质量要求高，宜冬季不结冰地区的建筑热水供应，当用于冬季结冰地区建筑热水供应时，应采取防冻措施。

（3）系统优缺点

闭式系统容量小，热水供应系统为同源供应，热水用水点的冷热源为同源供应，压力相对易平衡；采用闭式系统，热水水质不存在二次污染；采用承压罐替代集热水箱，容积大小受限较大，因此适合热水用水量较小的系统；若采用热水用水量大的系统，太阳能的利用率较低，能源供应主要依靠辅助热源；承压水罐容积较大时，占地面积较大；系统需要承压水罐和半容积式（或容积式）热交换器，投资费用较集热水箱系统稍高；当水泵设置在建筑屋面时，对减隔振要求较高；采用高温热媒作为辅助热源，热水保障率高。

（4）系统控制

1）数据显示：太阳能集热器的温度；贮水罐温度、压力；换热器温度、压力；集热循环泵的运转工况；热水回水管的温度、热水循环泵的运行工况以及热媒管温控阀的状态等。

2）电气控制：

① 太阳能集热循环泵采用温差循环，当 $T_1-T_2\geqslant 8$℃时，太阳能集热循环泵开启；当 $T_1-T_2<3$℃时，太阳能集热循环泵关闭。

② 辅助热媒控制：通常采用全日制自动温度控制系统，通过自力式温控阀或者电动温控阀控制。当换热器的热水温度 $T_3\leqslant 50$℃时，辅助热媒温控阀开启；当换热器水温 $T_3\geqslant 60$℃时，辅助热媒温控阀关闭。自力式温控阀的灵敏度，宜设置在设定温度±1℃以内。辅助热源采用自备热源时，应采用三通温控阀，市政或区域热网供应可采用两通阀或三通温控阀。

③ 热水循环泵控制：当热水回水温度 $T_4<40$℃时，自动启动热水循环泵，当热水回

水温度 T_4＞48℃时，自动关闭热水循环泵。

④ 防过热防护：系统采用闭式系统，应有可靠的防过热措施，可通过设置膨胀罐、散热器等方式，确保系统的安全可靠。

⑤ 膨胀罐进水：膨胀罐采用连续补水方式。集热水罐检修、太阳能集热系统检修时，可通过阀门切换将给水管道直接连接至热交换器，以保证系统的正常供水。

(5) 设计要点

1) 系统需常年有可靠的辅助热媒，热媒宜为市政热网或自备锅炉可提供的高温热水或蒸汽。

2) 集热水箱采用集热罐，因此热水系统的设计水量不宜过大。

3) 当热水系统过大，采用的集热板面积较小或采用的集热罐容积较小时，热水系统对太阳能的利用占比较小。

4) 当原水硬度大于 120mg/L 时，应采用阻垢缓蚀处理措施。

5) 容积式换热器出水水质应满足《建筑给水排水设计标准》GB 50015—2019 的要求。应在热水供水管或回水管上设置消灭致病菌的消毒设施，或在条件允许时采用定期高温消毒方式，有效消灭系统中的致病菌。

6) 集热水罐宜放置在屋面或地下设备房内，且集热罐宜与集热器就近设置。

7) 换热器的存水容积应按照换热器的类型，依据《建筑给水排水设计标准》GB 50015—2019 的标准执行。

3. 双水箱太阳能+辅助热媒耦合利用系统

(1) 系统原理图（图 6.1-4）

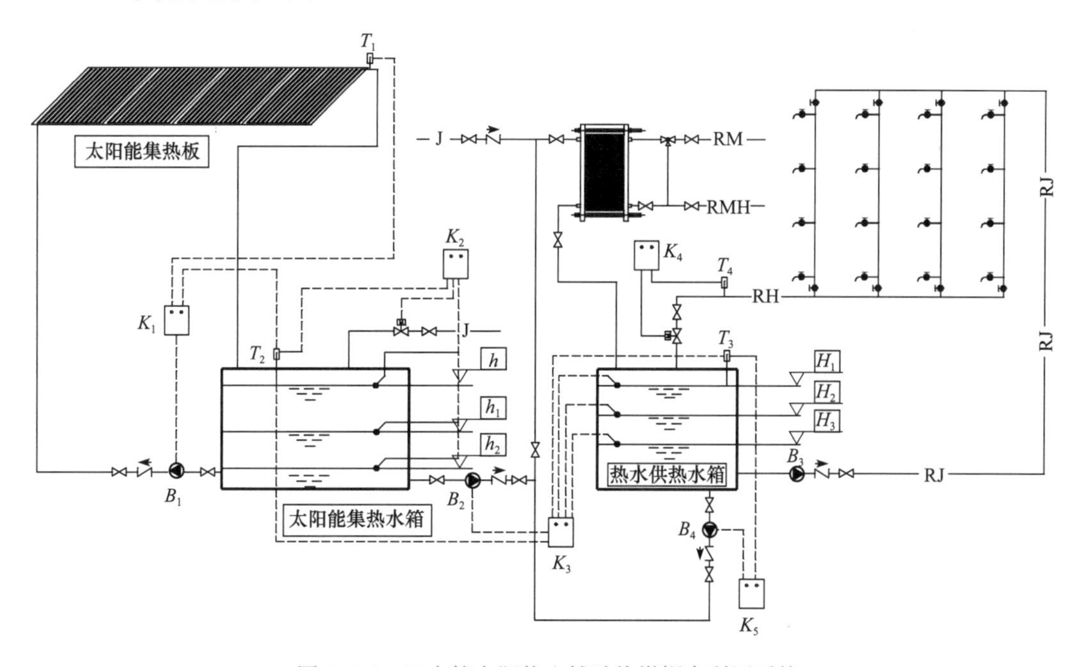

图 6.1-4　双水箱太阳能+辅助热媒耦合利用系统

(2) 适用范围

适用于有可靠的热媒（城市热网或自建锅炉）、热水供应规模较大、全日集中供水、对建筑外观要求不高、对热水水质要求不高、屋顶允许设置水箱、冬季不结冰地区的建筑热水供应，当用于冬季结冰地区建筑热水供应时，工质可采用防冻液防冻或冬季不利用太阳能。

（3）系统优缺点

采用双水箱系统，热水供水温度稳定；适用热水需求量大的全日制热水供应系统；有可靠的高温辅助热源；太阳能利用率高；太阳能集热板的选型灵活；系统采用开式系统，热水用水点为非同源供应，冷热水压力不易平衡；投资费用相对较低；采用双水箱占地面积相对较大；不需要设置热水循环泵；寒冷地区冬季可灵活切换；当集热循环泵和热水加压泵设置在屋面时，应考虑减隔振措施；双水箱宜靠近集热板设置，但会影响建筑立面的美观性；当集热水箱设置在机房时，因为距离较远，热损失相对较大。冬季若不采用太阳能，则冷水经换热器直接进入供热水箱。换热器可选用板式换热器，占地面积小。太阳能保证率高的地区，此系统辅助热源仅在集热水箱的温度不满足要求时工作，或供热水箱的水温因为热损失不满足供热要求时短时段工作。对辅助热源的依赖不那么高。

（4）系统控制

1）太阳能集热循环泵采用温差循环，当 $T_1-T_2 \geqslant 8$℃时，太阳能集热循环泵开启；当 $T_1-T_2<3$℃时，太阳能集热循环泵关闭。

2）辅助热媒控制：通常采用全日制自动温度控制系统，通过自力式温控阀或者电动温控阀控制。当供热水箱的热水温度 $T_3 \leqslant 50$℃时，辅助热媒温控阀开启；当恒热水温 $T_3 \geqslant 60$℃时，辅助热媒温控阀关闭。自力式温控阀的灵敏度，宜设置在设定温度±1℃以内。

3）防过热防护：当集热水箱的水温大于 65℃时，自动关闭集热循环泵，确保系统的安全可靠。

4）冬季防冻措施：本系统为开式系统，冬季防冻要结合设置地域冬季太阳能的保证率，采用不同的防冻措施。当冬季太阳能保证率低时，可考虑冬季停运太阳能集热系统，改为高温热媒直接提供生活热水，通过放空第一循环的水（或介质），以保证系统的安全；当项目所在地的冬季太阳能保证率正常时，可考虑结冻时间短的太阳能系统，通过增设电伴热保温的形式，防止太阳能第一循环系统的结冻，以免造成对系统的破坏；或通过集热水箱与集热器的温度差，通过太阳能集热循环系统，保证太阳能集热板温度不低于 5℃，达到防冻的目的。

5）集热水箱进水：当太阳能集热板的面积完全按照生活热水的热负荷设置，集热水箱的容积也相应配套设置时，集热水箱的进水采用定时加电动阀（或电磁阀）控制的非连续进水方式，进水时间主要考虑设置在白天太阳能运行的（9：00～16：00）时段，高峰用水时段集热水箱原则上不考虑进水；当因为其他外界原因，屋面集热板的面积及水箱容积严重不满足集中生活热水的用量时，这时集热水箱强制补水；当太阳能集热板的面积未按照设计热负荷的大小配套设置，或只是象征性设置时，集热水箱的进水宜采用浮球阀控制的连续补水方式。当集热水箱清洗、检修或太阳能集热系统检修时，也可将市政补水直接切换至热交换器进水管直接换热，换热后的热水再进入供热水箱。

6）供热水箱的转输水：供热水箱的转输水要结合供热水箱的水位控制，当供热水箱的水位下降至补水水位时，自动启动转输水泵向供热水箱输水，同时监测集热水箱的水温，当集热水箱的水温不满足供水要求时，自动开启高温热媒供应，以保证进入供热水箱的水温满足要求。

7）供热水箱的水温控制：当供热水箱的水温在非高峰期因为热损失的原因降至不满足供水温度要求时，自动开启供热水箱循环泵，同时开启高温热媒给供热水箱加热，直至供热水箱的水温满足设计供水要求。

8）热水回水的控制：当热水回水的温度低于40℃时，自动开启热水循环管道上的电动阀（或电磁阀），泄水至供热水箱，直至回水管道的水温达到48℃时，自动关闭回水电动阀（或电磁阀）。

（5）设计要点

1）项目设计中有可靠的常年可利用的辅助热媒，热媒可为市政热网或自备锅炉提供的高温热水或蒸汽；

2）太阳能集热系统为开式系统，集热器可以灵活选用；

3）热交换器可以是板式热交换器或其他形式的热交换器；

4）当原水硬度大于120mg/L时，宜采用阻垢缓蚀处理措施；

5）集热水箱的容积应按照屋面可设置太阳能集热板的面积计算确定；

6）供热水箱的容积应按照不小于1h的设计小时热水量考虑；

7）屋面设置太阳能集热器的多少，决定集热水箱的补水方式的差异；

8）在热水供水系统或集热水箱上增设消毒设施，以保证热水供应的安全可靠；

9）热交换器上的温控阀，若为自备锅炉提供的辅助热媒，其形式必须选用可调节三通温控阀；若为市政热网，可采用两通温控阀或三通温控阀；

10）若考虑冬季太阳能停用，冷水补水除考虑集热水箱外，应考虑一路旁通管直接接至热交换器，经交换，满足供水水温要求的热水直接进入供热水箱；

11）集热水箱可设置在屋面或设备机房内，最好和集热器、热交换器就近设置。

4. 太阳能开式系统+空气源及辅助热媒耦合利用系统

（1）系统原理图（图6.1-5）

（2）适用范围

适用于冬季有可靠的热媒（城市热网或自建锅炉）供应、热水供应规模较大、全日集中供水、对建筑外观要求不高、对热水水质要求不高、屋顶允许设置水箱、冬季不结冰地区的建筑热水供应。当用于冬季结冰地区建筑热水供应时，工质可采用防冻液防冻或冬季不利用太阳能。

（3）优缺点

冬季有可靠高温热媒作为辅助热源，热水保障率高。非供暖季采用空气源作为太阳能的辅助热源，节约能源，但投资费用高，运行管理复杂；集热水箱宜就近设置在屋顶，集热水箱的大小宜与集热器匹配设置；对建筑外观有一定的影响；当采用开式水箱时，热水与外界空气连接，水质易受污染，开式供水冷热水压力不平衡；水泵设置在建筑上部时，消声减振要求较高；全年系统的能效比高、非传统能源利用率高。

（4）系统控制

1）太阳能集热循环泵采用温差循环，当$T_1-T_2\geqslant8$℃时，太阳能集热循环泵开启；当$T_1-T_2<3$℃时，太阳能集热循环泵关闭。

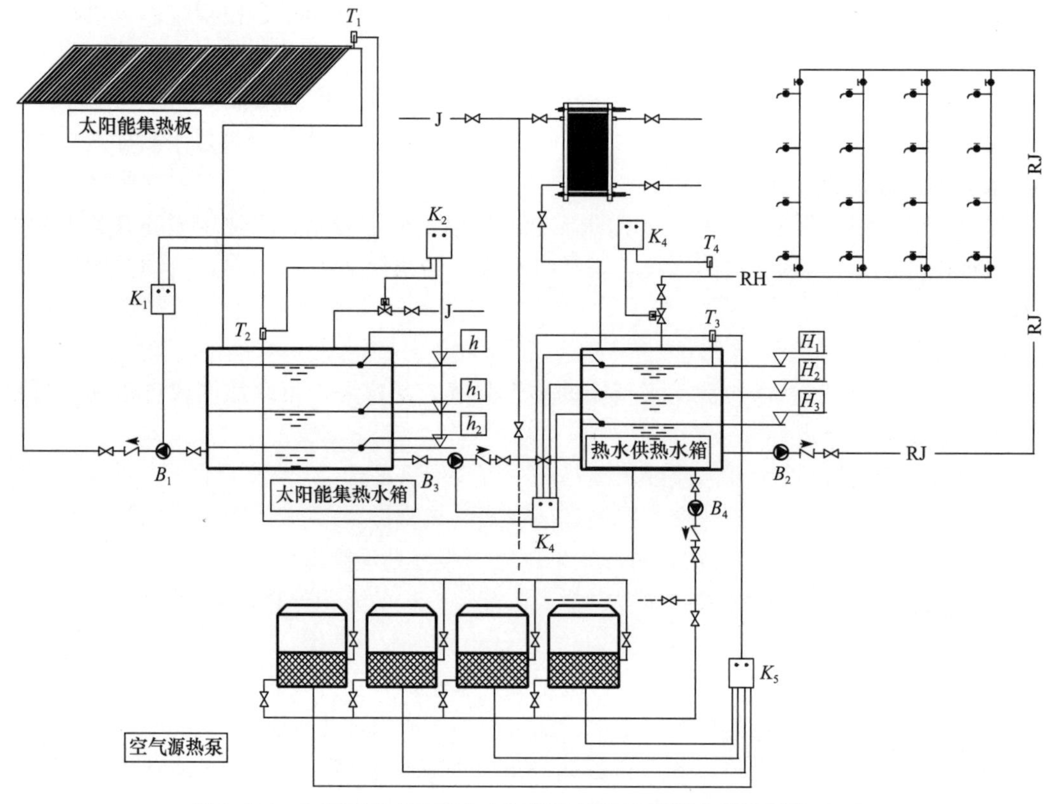

图 6.1-5 太阳能开式系统+空气源及辅助热媒耦合利用系统（一）

2）辅助热媒控制：非供暖季均采用空气源热泵作为太阳能热水系统的辅助热源，当供热水箱的热水温度 $T_3 \leqslant 50$℃时，自动开启空气源热泵加热供热水箱；当供热水箱水温 $T_3 \geqslant 55$℃时，空气源热泵自动关闭；冬季考虑到寒冷或严寒地区空气源热泵的能效比较低，停用空气源热泵，由高温热媒作为太阳能的辅助热源。当向供热水箱转输水时，从集热水箱的水经转输泵加压，先经过换热器换热再进入供热水箱，冬季转输泵的控制只和水位连锁控制；当供热水箱的热水温度 $T_3 \leqslant 50$℃时，辅助热媒温控阀开启，经循环加压泵加压，经换热器换热后进入供热水箱，当供热水箱水温 $T_3 \geqslant 60$℃时，辅助热媒温控阀、循环泵关闭。自力式温控阀的灵敏度，宜设置在设定温度±1℃以内。

3）防过热防护：当集热水箱的水温大于 65℃时，自动关闭加热循环泵，确保系统的安全可靠。

4）冬季防冻措施：本系统为开式系统，冬季防冻要结合工程所在地域冬季太阳能的保证率，采用不同的防冻措施。当冬季太阳能保证率低时，可考虑冬季停运太阳能集热系统，改为高温热媒直接提供生活热水，通过放空第一循环的水（或介质），以保证系统的安全；当项目所在地的冬季太阳能保证率正常时，可考虑结冻时间短的太阳能系统，可通过增设电伴热保温的形式，防止太阳能第一循环系统的结冻，以免造成对系统的破坏；或通过集热水箱与集热器的温度差，通过太阳能集热循环系统，保证太阳能集热板温度不低于 5℃，达到防冻的目的。

5）集热水箱进水：当太阳能集热板的面积完全按照生活热水的热负荷设置时，集热水箱的容积也相应配套设置时，集热水箱的进水采用定时补水方式，通过电动阀（或电磁阀）控制的非连续进水，进水时间主要考虑设置在白天太阳能运行时段（9：00～16：00）、高峰用水时段集热水箱原则上不考虑进水；当因为其他外界原因，屋面集热板的面积及水箱容积严重不满足集中生活热水的用量时，这时，集热水箱的进水应采用浮球阀控制的连续补水方式。当集热水箱清洗、检修或太阳能集热系统检修时，也可将市政补水直接进入热交换器换热，换热后的热水再进入供热水箱。冬季若太阳能停用，自动切换补水至热交换器上，经交换的热水储存在供热水箱中，经变频供水加压设备加至各热水用水点。

6）供热水箱的转输水：供热水箱的转输水要结合供热水箱的水位控制，当供热水箱的水位下降至补水水位时，自动启动转输水泵向供热水箱输水，同时监测当集热水箱的水温不满足要求时，自动开启空气源热泵对供热水箱进行加热，以保证供热水箱的水温不因为转输水的进入而不满足供水水温的要求；当供热水箱因为转输水水温降至小于 50℃时，停止向供热水箱转水，同时等待空气源热泵给供热水箱继续加热，直至供热水箱水温升高至 55℃；若输水没达到最高水位时，继续给供热水箱输水，直至满足要求。

冬季若不继续使用太阳能，向供热水箱输水时，先经过板式热交换器，交换好的水再进入供热水箱（图 6.1-6）。

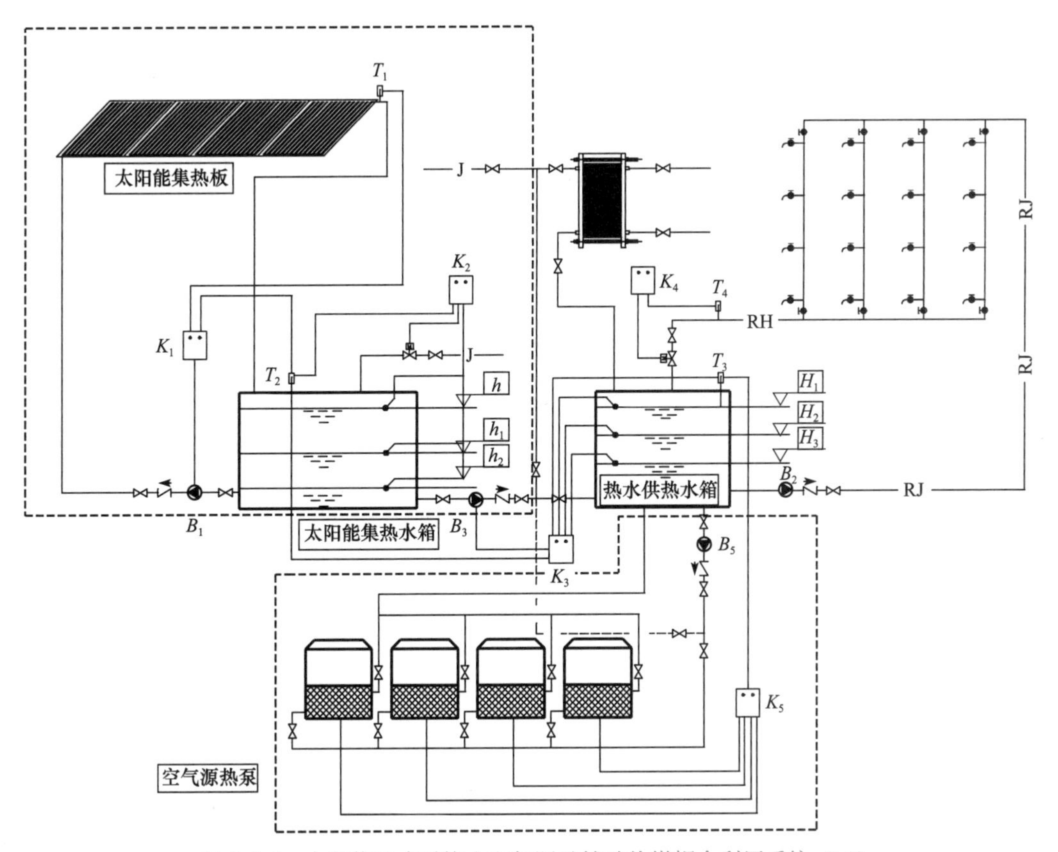

图 6.1-6　太阳能开式系统＋空气源及辅助热媒耦合利用系统（二）

7）供热水箱的水温控制：当供热水箱的水温在非高峰期因为热损失的原因降至不满足供水要求时，非供暖季自动开启空气源热泵给供热水箱加热，冬季开启供热水箱循环泵经热交换器交换来保证供热水箱水温满足设计供水要求。

8）热水回水的控制：当热水回水的温度低于40℃时，自动开启热水循环管道上的电动阀（或电磁阀），泄水至供热水箱，直至回水管道的水温达到48℃时，自动关闭回水电动阀（或电磁阀）。

（5）设计要点

1）项目设计中冬季需有可靠的辅助热媒，热媒可为市政热网或自备锅炉提供的高温热水或蒸汽；

2）空气源热泵的热负荷应按照非供暖季最不利的负荷设计选型；

3）系统设计复杂，但使用灵活，应根据项目所在地的气候条件，灵活选择冬季太阳能的使用；

4）太阳能集热系统为开式系统，集热器可以灵活选用；

5）当原水硬度大于120mg/L时，宜采用阻垢缓蚀处理措施，以避免因为结垢而造成空气源热泵运行及维护费用的增加；

6）集热水箱的容积应按照屋面可设置太阳能集热板的面积计算确定；

7）供热水箱的容积按照不小于1h的设计小时热水量考虑；

8）屋面设置太阳能集热器的多少，决定集热水箱的补水方式的差异；

9）在热水供水系统或集热水箱上增设消毒设施，以保证热水供应的安全可靠；

10）热交换器上的温控阀，若为自备锅炉提供的辅助热媒，其形式必须选用可调节三通温控阀；若为市政热网，可采用两通温控阀或三通温控阀；

11）若考虑冬季太阳能停用，冷水补水除考虑集热水箱外（非供暖季使用），应考虑一路旁通管直接接至热交换器；

12）集热水箱可设置在屋面或设备机房内，最好和集热器、热交换器就近设置；

13）集热水箱和供热水箱应采用成品保温水箱。

当寒冷或严寒地区冬季太阳能或空气能无法使用或能效系数比较低时，可按照图6.1-6的模式进行切换。

5. 太阳能开式系统+空气源及辅助热媒耦合利用系统（三）

（1）系统原理图（图6.1-7）

（2）适用范围

适用于冬季有可靠的热媒（城市热网或自建锅炉）供应，热水供应规模较大、全日集中供水、对热水供水温度要求高，非供暖季为太阳能+空气能供热，冬季为太阳能+高温辅助热媒供热，尤其是冬季供水温度稳定，对建筑外观要求不高、对热水水质要求不高、屋顶允许设置水箱、冬季不结冰地区的建筑热水供应。当用于冬季结冰地区建筑热水供应时，工质可采用防冻液防冻或冬季不利用太阳能。

（3）优缺点

冬季有可靠高温热媒作为辅助热源，热水保障率高，尤其是冬季热水温度有保障。非供暖季采用空气源作为太阳能的辅助热源，节约能源，但投资费用高，运行管理复杂；集热水箱宜就近设置在屋顶，集热水箱的大小宜与集热器匹配设置；对建筑外观有一定的影响；当采用开式水箱时，热水与外界空气连接，水质易受污染，开式供水冷热水压力不平衡；水泵设置在建筑上部时，消声减振要求较高；冬季热水回水直接经过换热器加热，避免冬季回水至供热水箱时引起供热水箱温度波动。当冬季不使用太阳能和空气源热泵时，系统补水可直接补水在供热水箱上。

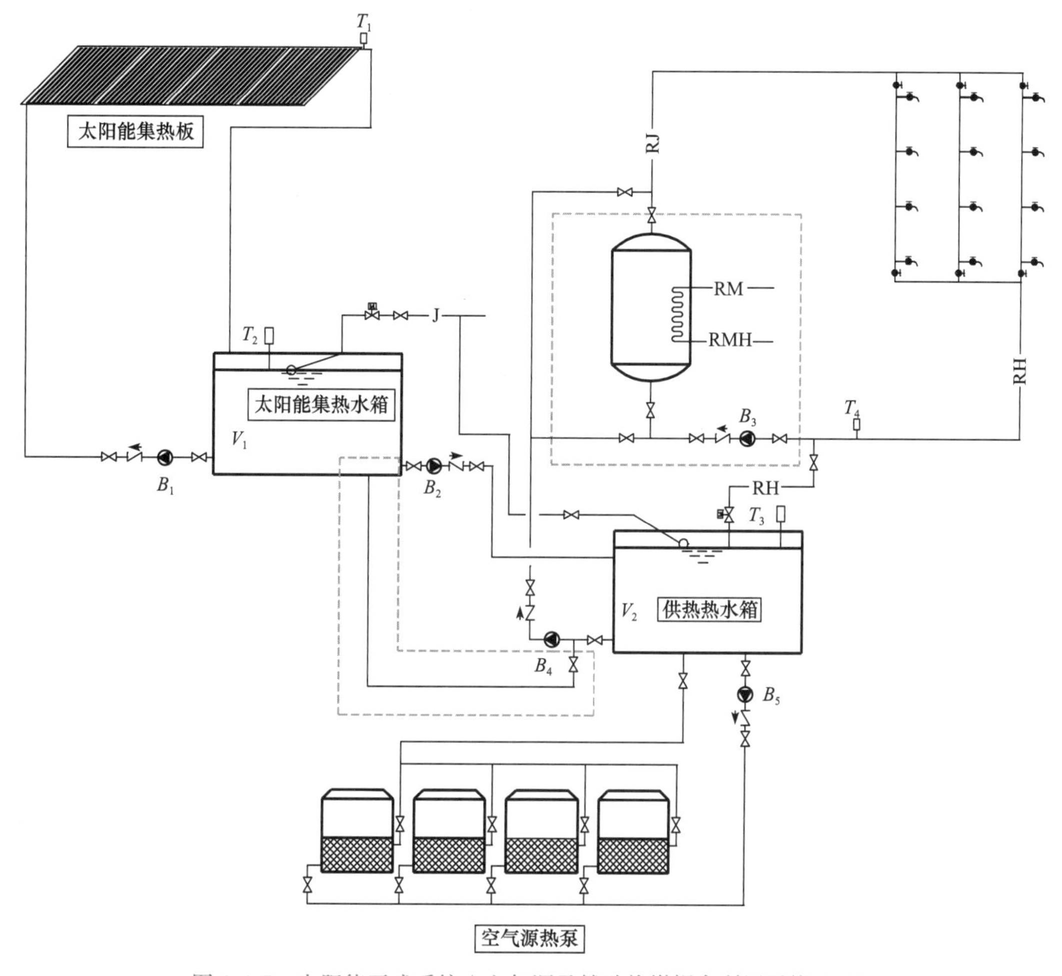

图 6.1-7　太阳能开式系统+空气源及辅助热媒耦合利用系统（三）

（4）系统控制

1）太阳能集热循环泵采用温差循环，当 $T_1-T_2 \geqslant 8$℃时，太阳能集热循环泵开启；当 $T_1-T_2<3$℃时，太阳能集热循环泵关闭。

2）辅助热媒控制：非采暖季均采用空气源热泵作为太阳能热水系统的辅助热源，当供热水箱的热水温度 $T_3 \leqslant 50$℃时，自动开启空气源热泵加热供热水箱；当恒热水温 $T_3 \geqslant 55$℃时，空气源热泵自动关闭；冬季考虑到寒冷或严寒地区空气源热泵的能效比较低，停用空气源热泵，由高温热媒作为太阳能的辅助热源，太阳能仅作为热水系统的预热使用。当供热水箱的热水温度 $T_3 \leqslant 50$℃时，辅助热媒温控阀开启；当恒热水温 $T_3 \geqslant 60$℃时，辅助热媒温控阀关闭。自力式温控阀的灵敏度，宜设置在设定温度±1℃以内。

3）防过热防护：当集热水箱的水温大于 65℃时，自动关闭加热循环泵，确保系统的安全可靠。

4）冬季防冻措施：本系统为开式系统，冬季防冻要结合设置地域冬季太阳能的保证率，采用不同的防冻措施。当冬季太阳能保证率低时，可考虑冬季停运太阳能集热系统，改为高温热媒直接提供生活热水，通过放空第一循环的水（或介质），以保证系统的安全；当项目所在地的冬季太阳能保证率正常时，可考虑结冻时间短的太阳能系统，通过增设电伴热保温的形式，防止太阳能第一循环系统的结冻，以免造成对系统的破坏；或通过集热水箱与集热器的温度差，通过太阳能集热循环系统，保证太阳能集热板温度不低于5℃，达到防冻的目的。

5）集热水箱进水：当太阳能集热板的面积完全按照生活热水的热负荷设置，集热水箱的容积也相应配套设施时，集热水箱的进水采用定时电动阀（或电磁阀）控制的非连续进水方式，进水时间主要考虑设置在白天太阳能运行时段（9：00～16：00）、高峰用水时段集热水箱原则上不考虑进水；当因为其他外界原因，屋面集热板的面积及水箱容积严重不满足集中生活热水的用量时，这时集热水箱的进水应采用浮球阀控制的连续补水方式。当集热水箱清洗、检修或太阳能集热系统检修时，也可将市政补水直接进入热交换器换热，换热后的热水再进入供热水箱。冬季若太阳能停用，自动切换补水至供热水箱，经加压后的水再进入热交换器交换后直接供给各用水点。

6）供热水箱的转输水：供热水箱的转输水要结合供热水箱的水位控制，当供热水箱的水位下降至补水水位时，自动启动转输水泵向供热水箱输水，同时监测当供热水箱的水温降低至53℃时，自动开启空气源热泵机组给供热水箱补热，以保证供热水箱的水温满足供水要求；当供热水箱因为转输水水温降至小于50℃时，停止向供热水箱转水，同时空气源热泵继续给供热水箱加热，直至供热水箱水温升高至55℃；若输水没达到最高水位时，继续给供热水箱输水，直至满足要求。

冬季若不继续使用太阳能，补水可考虑设置在供热水箱上，不需要向供热水箱输水；当冬季太阳能作为预热使用时，向供热水箱的输水仅通过水位控制转输水泵，不考虑温度控制要求，进入供热水箱的水再经过加压进入热交换，经换热满足要求的生活热水再输送至各热水用水点。

7）供热水箱的水温控制：当供热水箱的水温在非高峰期因为热损失的原因降至不满足供水要求时，非供暖季自动开启空气源热泵给供热水箱加热；冬季供热水箱的水温不做要求，转输至供热水箱的水，不管温度高低，经加压首先进入热交换器，经交换后满足生活热水温度要求的生活热水再输送至各用水点。

8）热水回水的控制：非供暖季，当热水回水的温度低于40℃时，自动开启热水循环管道上的电动阀（或电磁阀），泄水至供热水箱，直至回水管道的水温达到48℃时，自动关闭回水电动阀（或电磁阀）；供暖季，当热水回水的温度低于40℃时，自动开启热水循环泵，直至回水管道的水温达到48℃时，自动关闭热水循环泵。

（5）设计要点

1）项目设计中有冬季可靠、可利用的辅助热媒，热媒可为市政热网或自备锅炉提供的高温热水或蒸汽；

2）空气源热泵的热负荷应按照非供暖季最不利的负荷设计选型；

3）冬季太阳能停用或仅作为热水系统的预热使用；

4）系统设计复杂，但使用灵活，应根据项目所在地的气候条件，灵活选择冬季太阳能的使用方式及保温方式；

5）太阳能集热系统为开式系统，集热器可以灵活选用；

6）当原水硬度大于120mg/L时，应采用阻垢缓蚀处理措施；

7）集热水箱的容积应按照屋面可设置太阳能集热板的面积计算确定；

8）供热水箱的容积应按照不小于1h的设计热水量考虑；

9）屋面设置太阳能集热器的多少，决定集热水箱补水方式的差异；

10）建议在热水供水系统或集热水箱上增设消毒设施，以保证热水供应的安全可靠；

11）热交换器上的温控阀，若为自备锅炉提供的辅助热媒，其形式必须选用可调节三通温控阀；若为市政热网，可采用两通温控阀或三通温控阀；

12）若考虑冬季太阳能停用，冷水补水建议设置在供热水箱上；

13）集热水箱可设置在屋面或设备机房内，最好和热交换器就近设置。

6. 太阳能闭式系统＋辅助热媒耦合利用系统

（1）系统原理图（图6.1-8）

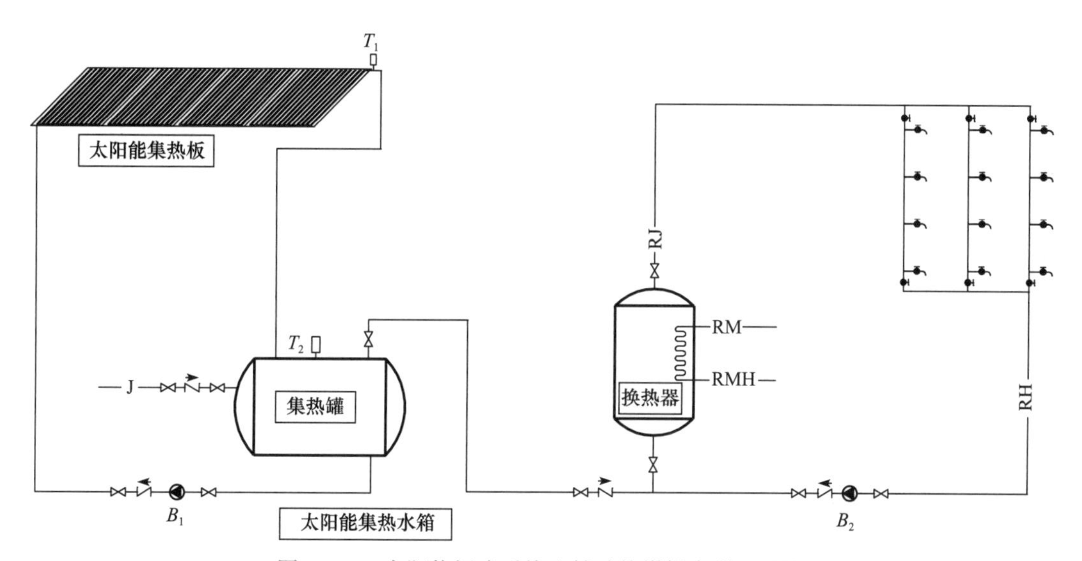

图6.1-8 太阳能闭式系统＋辅助热媒耦合利用系统

（2）适用范围

适用于常年有可靠的热媒（城市热网或自建锅炉）供应、热水供应规模较小、全日集中供水、对热水供水温度要求高的建筑热水供应。

（3）系统优缺点

全年有可靠高温热媒作为辅助热源，热水保障率高，尤其是冬季热水温度有保障。因为采用闭式贮水罐，适用于热水供水量小的系统。系统采用闭式系统，系统运行简单，冷热水为同源供应，用水点压力平衡；需要全年高温热媒，系统节能效果差；系统采用闭式系统，热水水质不易受污染。

（4）系统控制

1）太阳能集热循环泵采用温差循环，当 $T_1-T_2\geqslant 8$℃时，太阳能集热循环泵开启；当 $T_1-T_2<3$℃时，太阳能集热循环泵关闭。

2）辅助热媒控制：当热交换器的水温 T_3 满足供水要求时，自动关闭热媒温控阀，温度控制阀的控制可采用电动温控阀或自力式温控阀，温控阀的灵敏度宜设置在设定温度±1℃以内。

3）防过热防护：当集热水罐的水温大于65℃时，自动关闭加热循环泵，因为系统为闭式系统，在集热系统上应考虑设置膨胀水箱或散热器，以避免系统温度过高产生的安全问题。

4）冬季防冻措施：本系统为闭式系统，冬季防冻要结合设置地域冬季太阳能的保证率，采用不同的防冻措施。当冬季太阳能保证率低时，可考虑冬季停运太阳能集热系统，由高温热媒直接提供生活热水，通过放空第一循环的水（或介质），以保证系统的安全；当项目所在地的冬季太阳能保证率正常时，可考虑结冻时间短的太阳能系统，通过增设电伴热保温的形式或采用防冻介质，以防止太阳能第一循环系统的结冻而造成对系统的破坏。

5）热水回水的控制：当热水回水的温度 T_4 低于40℃时，自动开启热水循环泵，直至回水管道的水温达到48℃时，自动关闭热水循环泵。

（5）设计要点

1）项目设计中全年有可靠可利用的辅助热媒，热媒可为市政热网或自备锅炉提供的高温热水或蒸汽；

2）系统设计简单，但只适合小热水系统；

3）热水循环系统需设置循环泵；

4）太阳能集热系统为闭式系统，应考虑设置安全的防过热措施；

5）当原水硬度大于120mg/L时，宜采用阻垢缓蚀处理措施；

6）贮热水罐的容积应按照屋面可设置太阳能集热板的面积计算确定；

7）建议在热水供水系统或集热水罐上增设消毒设施，以保证热水供应的安全可靠；

8）热交换器上的温控阀，若为自备锅炉提供的辅助热媒，其形式必须选用可调节三通温控阀；若为市政热网，可采用两通温控阀或三通温控阀均可；

9）贮热水罐为压力容积，占地面积大，因此不适合热水需求量大的系统使用。

6.1.2 太阳能与电（燃气炉）耦合热水系统

太阳能与容积式电热水器耦合热水系统：

（1）系统原理图（图6.1-9）

（2）适用范围

适用于无其他辅助热媒，热水供应规模不大、全日集中或定时供水；有可靠的电力供应，最好是区域绿电占比较大，鼓励用电的地区；对建筑外观要求不高；对热水质量要求较高、屋顶允许设置贮水罐；冬季不结冰地区的建筑热水供应，当用于冬季结冰寒冷地区建筑热水供应时，应采取防冻措施。

（3）系统优缺点

电加热热水系统以电力为能源，管理运行方便，一次性投资较少，管路简单，但运行费用高，电加热能耗较高。电辅热具有加热均匀、供热量稳定、效率高、结构紧凑、反应灵敏以及便于实行自动控制等优点。但电加热器要耗费较多电能，鼓励在区域绿电占比较大的地区使用；采用承压式容积式电热水器时，电热水器可灵活布置在屋面或专用设备房内；采用贮热罐代替集热水箱，占地面积大，集热水量有限。当阴天或冬季太阳集热效果差时，能耗较高，因此只适合热水用量不大的热水系统。贮热罐也可采用开式集热水箱。

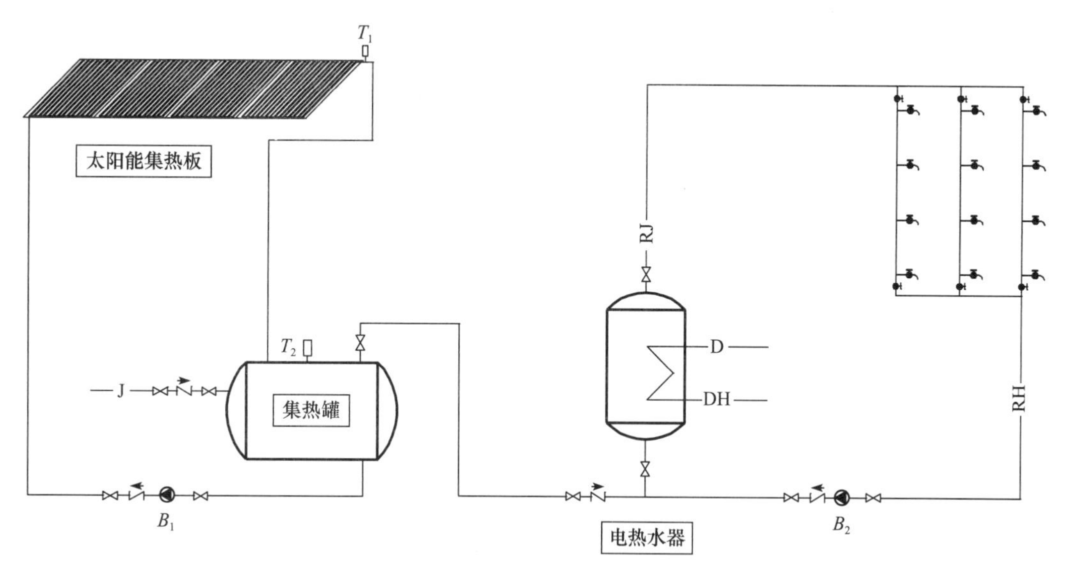

图 6.1-9　太阳能与容积式电热水器耦合热水系统

(4) 系统控制

1) 数据显示：贮热罐水温、压力；集热器温度；电热水器进出水水温；集热循环泵、热水循环泵的运行状况等。

2) 电气控制：集热循环采用温差循环，当集热器和贮热罐的温度差 $T_1-T_2\geqslant8$℃时，集热循环泵开启；当加热器和贮热罐的温度 $T_1-T_2<3$℃时，集热循环泵关闭。

3) 电辅助加热控制：通常采用全日制自动控制系统，采用温度传感器控制。当 $T_3\leqslant$ 50℃时，电加热开启；当 $T_3\geqslant60$℃时，电加热关闭。应设置手动控制辅助热源启闭装置。

4) 回水循环采用温差循环：当热水回水温度 $T_4<40$℃时，自动启动热水循环泵，当热水回水温度升高至 $T_4>48$℃时，热水回水循环泵关闭。

5) 防过热防护：当集热罐水温 $T_2\geqslant65$℃时，自动关闭集热循环泵。

6) 集热水罐进水应为连续进水。

(5) 设计要点

1) 没有可靠的高温热媒（没有可靠的市政热网或自建锅炉），热水供应规模较小。

2) 太阳能集热器可灵活选用。

3) 当原水硬度大于 120mg/L 时，应采取阻垢缓蚀处理措施。

4) 因为采用容积式电热水器，不适用于热水系统过大的生活热水系统，除非项目所在地有占比较高的绿电供应或鼓励用电政策；若有可用的燃气供应，容积式电热水器可由燃气热水器代替。

5) 集热贮水罐与水加热器设计：

① 冷水进水采用连续进水，进水口设置在集热罐上；

② 冬季有结冰可能的地区应停用太阳能集热系统，改由电热水器直接供热；

③ 电热水器的出水水质应满足《建筑给水排水设计标准》GB 50015—2019 的要求，应在热水供水管或回水管上设置消灭致病菌的消毒设施，或在条件允许时采用定期高温消毒方式，有效消灭系统中的致病菌；

④ 集热水罐也可采用闭式水箱，宜就近设置在集热器附近，减少管网的热损失；

⑤ 太阳能集热系统应考虑过热散热等安全措施；

⑥ 集热水罐或集热水箱的容积应按照设计热水负荷计算；

⑦ 此系统也适用于辅助热源为燃气的容积式燃气热水器，当辅助热源采用容积式燃气热水器时，单台热水器额定热功率宜小于 100kW；

⑧ 当采用燃气热水器时，不建议将大于 100kW 的燃气热水器拆分为小热水器，应考虑更为安全的辅助加热方式；

⑨ 当选用燃气热水器作为辅助热源时，系统做法可参考图 6.1-10 的做法。

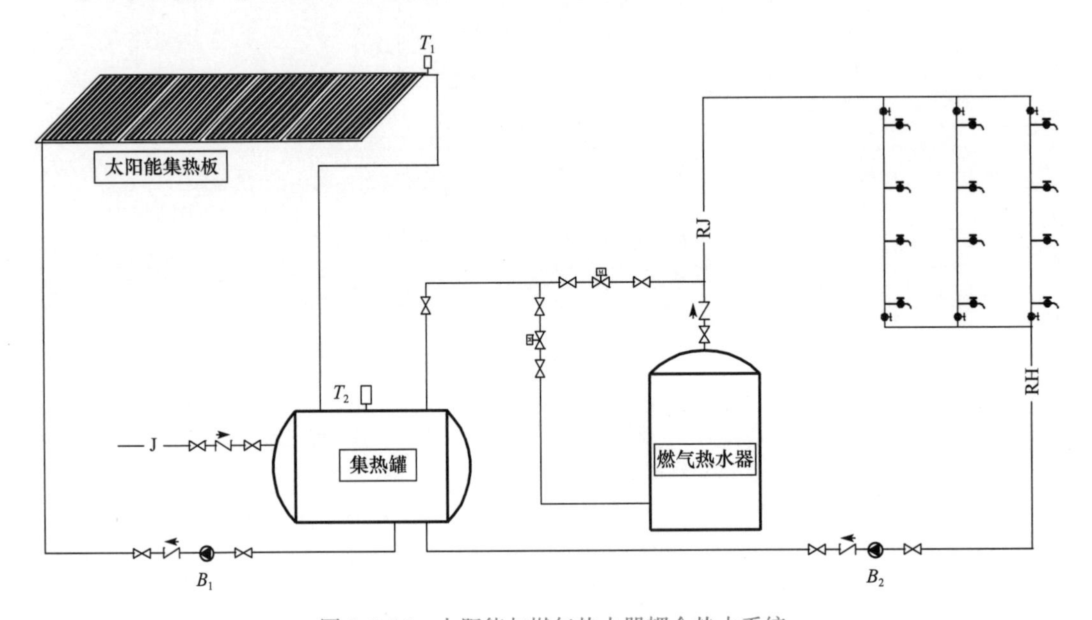

图 6.1-10 太阳能与燃气热水器耦合热水系统

6.1.3 太阳能与热泵耦合利用热水系统

1. 太阳能+热泵耦合利用闭式系统

(1) 系统原理图（图 6.1-11）

(2) 适用范围

适用于热水需求不大，热水要求供应稳定性要求不高，全日集中热水供水系统的建筑热水供应，适合夏热冬暖或夏热冬冷地区，不适合严寒地区，寒冷地区或冬季湿度大的地区应选用低温型热泵机组及带有自动除霜功能的热泵机组。

(3) 系统优缺点

太阳能作为主要热源，空气源热泵作为辅助热源，热水保障率高，尤其夏热冬暖地区。因为采用闭式贮水罐，适用于热水供水量小的系统。系统采用闭式系统，系统运行简单，冷热水为同源供应，用水点压力平衡；系统采用闭式系统，热水水质不易受污染。

(4) 系统控制

1) 太阳能集热循环泵采用温差循环，当 $T_1-T_2\geq 8$℃时，太阳能集热循环泵开启；当 $T_1-T_2<3$℃时，太阳能集热循环泵关闭。

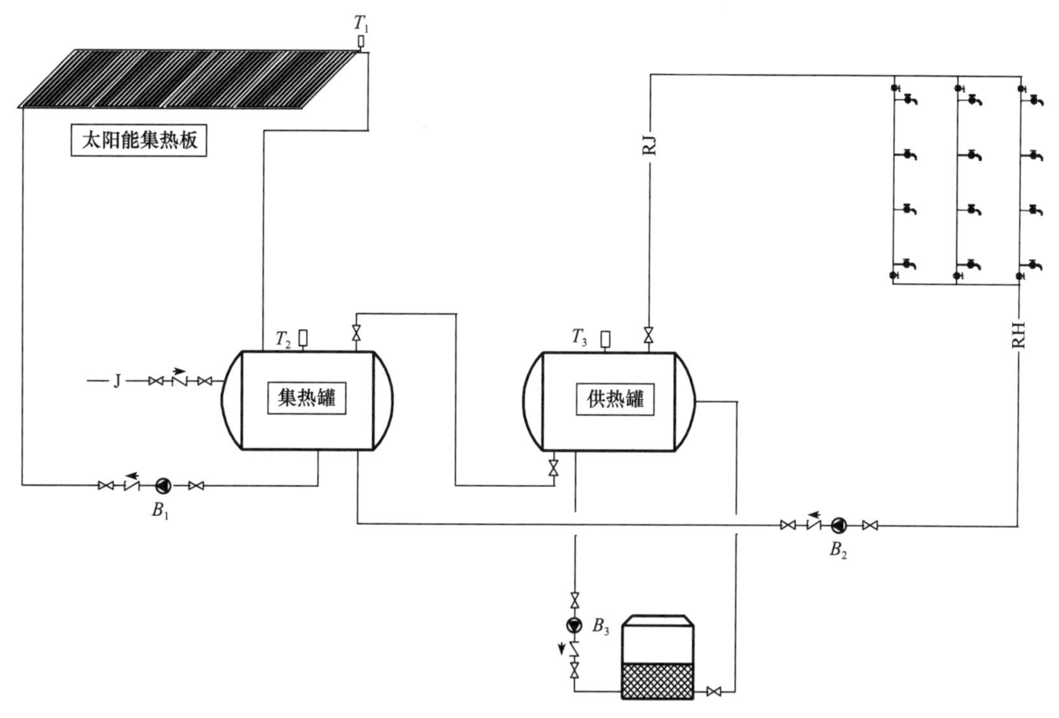

图 6.1-11　太阳能＋热泵耦合利用闭式系统

2）空气源热泵控制：当供热罐的水温 T_3 满足供水要求时，自动关闭空气源热泵机组，当集热罐的温度 T_3 不能满足生活用水温度要求时，为保证恒温水罐的温度，空气源热泵须根据供热罐温度的变化自动启动空气源热泵，热泵启动的台数和恒温贮水罐的温降有关。

3）防过热防护：当集热罐的水温大于 65℃时，自动关闭太阳能循环泵，因为系统为闭式系统，温度过高会产生超压或汽蚀现象，所以在集热系统上应考虑设置膨胀水箱或散热器，以避免系统温度过高而产生的安全问题。

4）冬季防冻措施：本系统为闭式系统，冬季防冻要结合设置地域冬季太阳能的保证率，采用不同的防冻措施。当冬季太阳能保证率低时，可考虑冬季停运太阳能集热系统，由空气源热泵直接提供生活热水，通过放空第一循环的水（或介质），以保证系统的安全；当项目所在地的冬季太阳能保证率正常时，可考虑结冻时间短的太阳能系统，通过增设电伴热保温的形式，或采用防冻介质，以防止太阳能第一循环系统的结冻而造成对系统的破坏。

5）热水回水的控制：当热水回水的温度 T_4 低于 40℃时，自动开启热水循环泵，直至回水管道的水温 T_4 达到 48℃时，自动关闭热水循环泵。

（5）设计要点

1）项目设计宜处于夏热冬暖、夏热冬冷地区，且热水系统的日供水量不宜大于 $30m^3/d$；

2）系统设计简单，但只适合小流量热水系统；

3）太阳能集热系统为闭式系统，应考虑设置安全的防过热措施；

4）当原水硬度大于 120mg/L 时，应采用阻垢缓蚀处理措施；

5）贮热水罐的容积应按照屋面可设置太阳能集热板的面积计算确定；

6）建议在热水供水系统或集热水罐上增设消毒设施，以保证热水供应的安全可靠；

7）适用于常年无可靠的高温热媒，辅助热源采用空气源热泵，空气源热泵机组的选择要结合项目的地域特点，冬季有结霜的应考虑自动除霜功能，寒冷地区空气源热泵机组应考虑采用低温型等机组；

8）寒冷地区使用时，考虑到空气源热泵机组室外管道的结冰问题，建议增设电伴热或放空措施，以避免空气源热泵间断运行可能因为结冰造成管路及设备损坏；

9）热水系统应增设消毒设施，降低热水的供水温度；

10）集热水罐的大小应根据设计热负荷结合屋面可设置集热器的面积确定；

11）供热水罐的容积建议按照1～2h设计小时热水量确定。

2. 太阳能＋热泵耦合利用开式系统（一）

（1）系统原理图（图6.1-12）

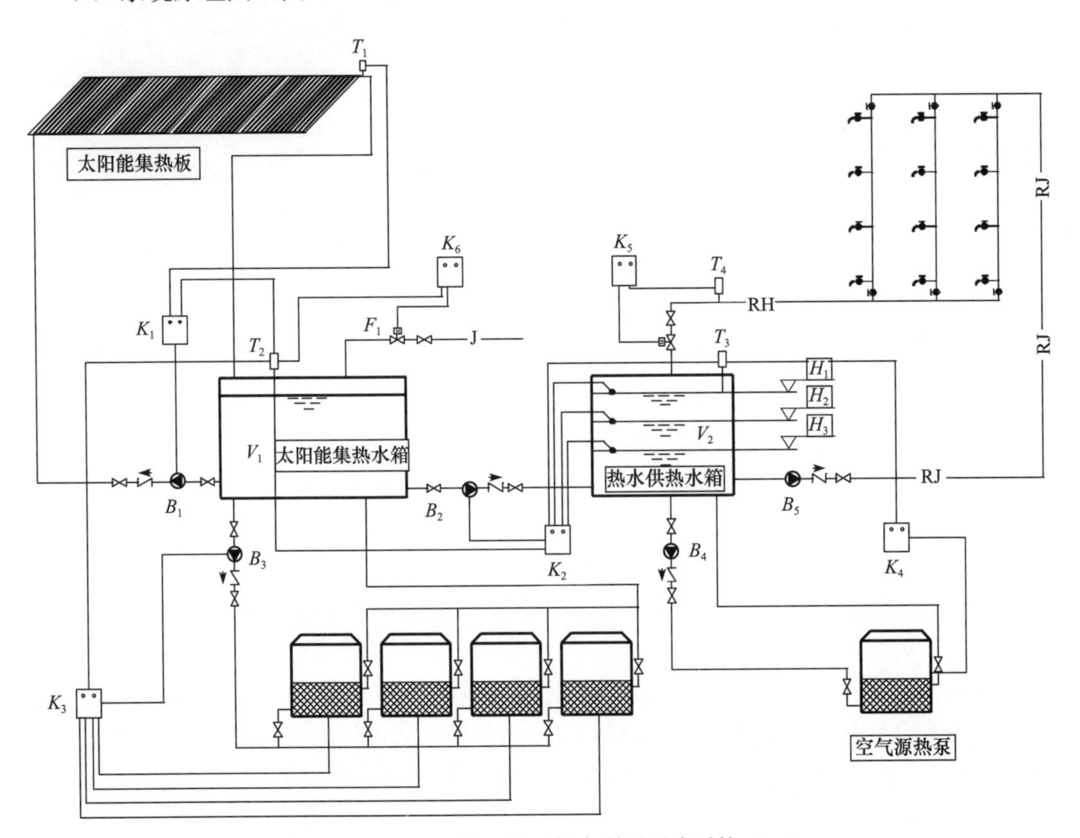

图6.1-12 太阳能＋热泵耦合利用开式系统（一）

（2）适用范围

适用于夏热冬暖、夏热冬冷地区，若在寒冷地区使用，对空气源热泵的选型要考虑采用自动除霜的低温型机组；热水需求大，热水要求供应稳定，全日集中热水供水系统。太阳能作为主能源，要有足够的集热器设置位置。

（3）系统优缺点

太阳能作为主要热源，空气源热泵作为辅助热源，热水保障率高，尤其夏热冬暖地区。主要空气源热泵机组和太阳能都设置在集热水箱，控制要求高且太阳能利用率相对较低；系统采用开式系统，热水水质易二次污染，因此需设置消毒设施，适用于热水供水量大的系统。系统运行复杂，冷热水为非同源供应，用水点压力存在不平衡；在寒冷地区使用，冬季热水供水的温度因为受室外环境温度的影响较大，冬季空气源热泵的能效比较低。系统采用双水箱供水，供水温度相对稳定；设置双水箱供水占地面积大，系统控制相对复杂，投资费用高。整体全年运行费用低，节约资源。

（4）系统控制

1）太阳能集热循环泵采用温差循环，当 $T_1-T_2\geqslant 8$℃时，太阳能集热循环泵开启；当 $T_1-T_2<3$℃时，太阳能集热循环泵关闭；对于热水用水相对均匀的场所，要考虑集热水箱的水温不能太低，过低时要优先考虑启动空气源热泵将集热水箱的水温维持在一定的温度范围内。

2）空气源热泵机组控制：当太阳光照不足或下雨、阴天时，在用水高峰前 2～4h，若集水箱的水温不满足热水供应要求的 50℃时，设置在集热水箱上的空气源热泵自动开启，以保证高峰期热水供应的需求；设置在供热水箱上的空气源热泵其目的主要是维持供热水箱的水温，当水温小于 53℃，自动开启供热水箱上的空气源热泵，当水温上升至 55℃时，自动关闭。

3）防过热保护：当集热水箱的水温大于 65℃时，自动关闭太阳能循环泵，因为系统为开式系统，所以在集热系统上不用考虑设置膨胀水箱或散热器，以避免系统温度过高而产生的安全问题。

4）冬季防冻措施：本系统为开式系统，冬季防冻要结合项目所在地冬季太阳能的保证率，采用不同的防冻措施。当冬季太阳能保证率低时，可考虑冬季停运太阳能集热系统，由设置在集热水箱上的空气源热泵加热生活热水，通过放空第一循环的水（或介质），以保证系统的太阳能集热系统的安全；当项目所在地的冬季太阳保证率正常时，可考虑结冻时间短的太阳能系统，通过增设电伴热保温的形式，或采用防冻介质，以防止太阳能第一循环系统的结冻而造成对系统的破坏。

5）寒冷地区若采用此系统，加之空气源热泵机组为非连续运行，因此在冬季空气源热泵机组的管路或设备在非运行期间有结冰的可能，因此，需采取电伴热或自动泄水的方式，做好空气源热泵机组的保护措施。

6）热水回水的控制：当热水回水的温度低于 40℃时，自动开启热水电动阀（或电磁阀），直至回水管道的水温达到 48℃时，自动关闭热水回水管道上的电动阀（或电磁阀）。

7）集热水箱的补水控制：集热水箱的补水采用电动阀定时补水，在用水高峰期集热水箱不补水，补水时间设置在集热器可工作的 9：00～16：00 时段。当太阳能集热器及集热水箱不满足设计规范要求的规模及容量时，或太阳能只是部分满足时，此状况下集热水箱的补水应采用连续补水。连续补水时太阳能利用率低。

8）供热水箱转输水泵的控制：供热水箱转输泵的启动要结合供热水箱的水位控制，当供热水箱的水位下降至需要进水水位时，自动启动转输水泵向供热水箱输水，同时监测供热水箱的水温，当供热水箱的水温不满足要求时，自动开启空气源热泵对供热水箱进行加热，以保证供热水箱的水温满足供水要求；当供热水箱因为转输水水温降至小于 50℃时，停止向供热水箱转水，空气源热泵继续给供热水箱加热，直至供热水箱水温升高至大于 55℃，此时若向供热水箱输水没达到最高水位要求时，继续给供热水箱输水，直至满足要求。

（5）设计要点

1）项目设计宜处于夏热冬暖、夏热冬冷地区，常年无可靠的高温热媒，辅助热源采用空气源热泵。寒冷或冬季潮湿地区使用该系统时，空气源热泵机组应考虑具有自动除霜功能或低温型热水机组，且有可靠的机组防结冰措施。

2）此耦合系统在实际工程中要结合地域及热水用水的差异，采用不同的控制方案。

3）若太阳能集热器的面积完全按照设计热水负荷选用的，那么集热水箱应配套集热器的面积大小合理配置；当集热器设置面积不能满足热水负荷要求时，集热水箱的大小要以太阳能集热器对应的大小和空气源热泵机组需要大小的大者确定集热水箱的容积。

4）太阳能集热系统为开式系统，应考虑设置热水消毒措施，降低热水供水温度，节约能耗。

5）当原水硬度大于120mg/L时，应采用阻垢缓蚀处理措施，以避免空气源热泵机组的结垢。

6）供热水箱的容积建议按照1～2h的设计小时热水量确定。

7）系统设计复杂，但使用灵活，应根据项目所在地的气候条件，灵活选择冬季太阳能的使用。

8）集热水箱、供热水箱、空气源热泵机组建议与太阳能集热器就近设置，减少系统的热损失。

3. 太阳能+热泵耦合利用开式系统（二）

（1）系统原理图（图6.1-13）

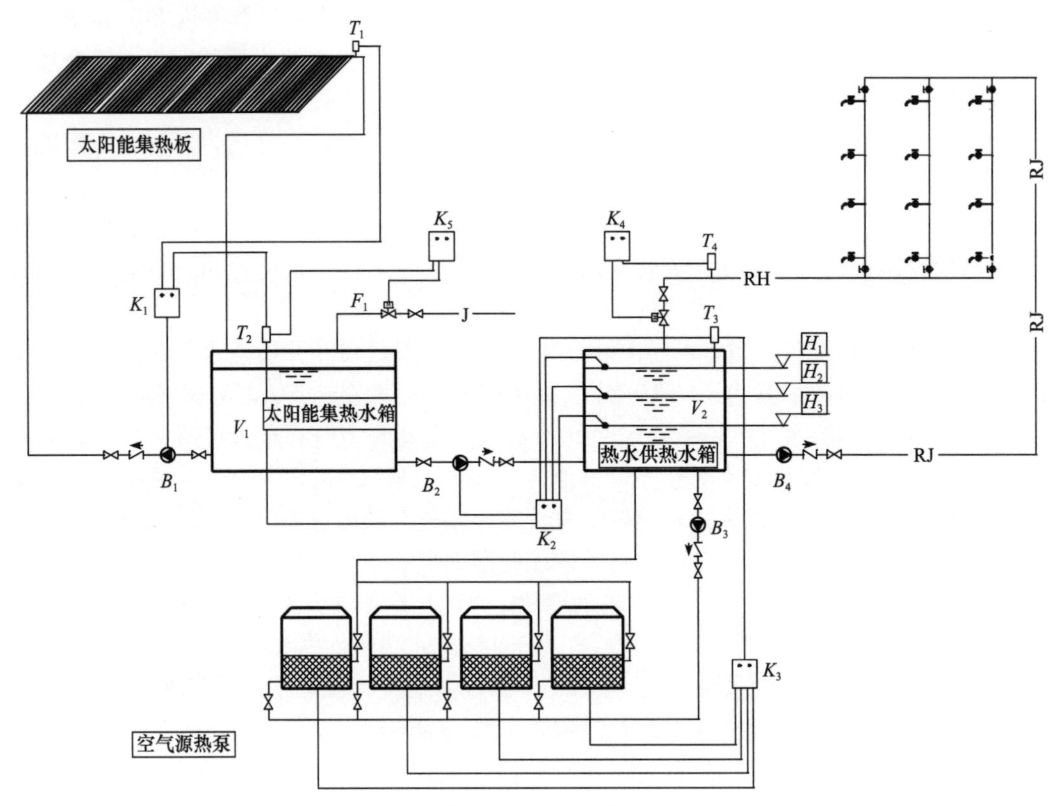

图6.1-13 太阳能+热泵耦合利用开式系统（二）

(2) 适用范围

适用于夏热冬暖、夏热冬冷地区，若在寒冷地区使用对空气源热泵的选型要考虑采用自动除霜的低温型机组；热水需求大，热水要求供应稳定，全日集中热水供水系统。太阳能作为主能源，要有足够的集热器设置位置。

(3) 系统优缺点

太阳能作为主要热源，空气源热泵作为辅助热源，热水保障率高，尤其夏热冬暖地区。空气源热泵机组集中设置在供热水箱，控制较系统（一）简单，太阳能利用率相对较高。

(4) 系统控制

系统控制基本同系统（一）。

(5) 设计要点

1) 其他内容同系统（一），因为空气源热泵设置在供热水箱上，因此供热水箱的容积建议按照 2～4h 的设计小时用水量考虑，否则容易引起高峰期供水温度波动较大。

2) 此耦合系统在实际工程中要结合地域及热水用水的差异，采用不同的控制方案。

3) 寒冷地区采用此系统时，除机组本身有要求外，对机组循环管道及附件采取电伴热或自动泄水的方式，做好空气源热泵机组的冬季非运行期间的防冻措施。

6.1.4　太阳能热水系统的其他问题

与常规能源为热源的集中热水系统相比，一个太阳能热水系统至少包括两种能源的热源，一方面采用太阳能降低常规能源使用量，另一方面采用常规能源即辅助热源保证太阳能无法供热时的热水需求。为了避免出现太阳能热水系统不节能的现象，应在辅助能源选择、太阳能与辅助能源的系统配置、辅助能源的启停控制等方面进行深入研究，以达到太阳能的最大化利用。

1. 辅助热源设计

按照常规能源热水供应的设计方法进行辅助热源加热设备的设计。当采用集中热水供应系统时，供热设备的供热能力可以按照容积式水加热器的供热量计算。配置不少于两套，一套用于检修，其他各套加热设备的总供热能力不宜小于 50%的设计小时耗热量。

辅助能源启动方式分为手动启动、全日自动启动和定时自动启动三种。启动方式的不同直接关系到太阳能热水系统的节能效果，应结合不同的热水供应方式，采用适宜的控制方式。

采用恒水位水箱时，如果辅助热源设置在集热水箱中，辅助热源一般设置在水箱的上部，控制辅助热源工作的温度传感器通常也相应设置在上部，具体位置应根据热水负荷的特点进行设计。采用变水位水箱，如果辅助热源设置在集热水箱中，一般就设置在水箱的下部，控制辅助热源工作的温度传感器应设置在设计小时耗热量所对应的水位。

2. 水箱设计

按集热系统与热水供应系统的设计要求，分别计算集热水箱容积 $V_{集}$ 和供热水箱容积 $V_{供}$，取二者的大值定为太阳能热水系统的贮热水容积。集热水箱容积的取值应考虑建筑的用水特性。主要在晚上用水的居住类建筑，水箱容积应等于集热器全天的产热水量，此数值与集热器的集热性能和当地的太阳辐照资源相关，目前按照实际的工程经验为温升

30℃热水，70～100L/m^2 集热器，集热器的集热性能好和太阳辐照量大的项目，取上限值；主要白天用水的公共建筑，水箱容积可取小于全天产热水量。

当 $V_{供} \geqslant V_{集}$ 时，太阳热水系统只设置一个集热水箱即可，集热水容积等于 $V_{供}$，采用太阳能与辅助热源联合加热的方式供应热水。当 $V_{供} < V_{集}$ 时，太阳热水系统可以设置两个热水箱，采用太阳能预热的方式供应热水，供热水箱的容积等于 $V_{供}$，预热水箱的容积等于 $V_{集} - V_{供}$。对于大型太阳能集中热水系统，设置两个热水箱具有明显的节能效果。供热水箱储存待用的恒温热水，太阳能将预热水箱水加热达到设定温度后供给供热水箱，当温度不足时，由辅助热源加热达到设定温度，辅助加热只针对供热水箱进行，从而保证了辅助热源的用量最少。且供热水箱在热水供应和即时加热之间起到了缓冲的作用，避免了温度不均匀的可能性。

供热水箱内的水温根据用户的使用需求确定，可设置为 50～55℃。集热水箱内水温与太阳辐照资源相关，但为了减少集热循环的耗电量及保证用水安全，集热水箱的水温应控制在 65℃以内为宜。随着温度的升高，升高单位温度的集热水泵耗电量显著增高。当水箱温度处于 40～70℃时，耗电量较低；当温度高于 80℃后，每升高单位温度，耗电量大幅增高，升温所需时间也随之变长。显然集热水箱长时间处于高温运行状态是不合理的。

如果是单水箱系统，为了防止烫伤，水箱内温度也不宜超过 65℃。

3. 循环控制

强制机械循环是集热系统中最常用的循环方式，但在集热系统循环泵选型中同样存在设计参数不明确的问题。选泵参数有两个，一是流量、二是扬程，即需要计算集热系统的循环流量和阻力；目前只能测量单台集热器的流量和阻力，对于经过复杂的串并联而构成的集热系统，则缺乏实测的数据，在工程中，都是根据经验，偏安全地选择大泵，在大型系统中容易造成循环泵不在高效区运行、循环能量浪费的问题。另外，循环流量太大时，集热器收集的热量很快被送入贮热水箱，其自身温度也迅速降低，以致集热循环泵开启后不久便要关闭，这样容易导致集热循环泵的频繁启停，影响水泵的使用寿命。为了保证水泵的使用寿命，水泵的控制中就必须附带启停时间间隔限制，这将会影响系统运行调节的稳定性，总体效率会下降。相反，循环流量太小，会使得太阳能集热器内温度过高，造成集热效率下降。只要系统中的用水量超过一定的数值，比如 15%最大小时用水量与设计循环流量之和，则系统就足以自行保持所需要的水温，循环就是不必要的，属于无效循环量。另外，在后半夜完全没有用水时，循环也可以关闭。因此循环系统的控制应根据实际工程的运行工况及时调整。应严格控制集中供热输配管网的散热损耗，尽量减少循环管路的长度，比如在高层建筑集中热水系统设计中，减少竖向分区，可有效减少供回水管道和管网热损失。热水系统合理提高分区压力值、通过设置支管减压等方式来保证冷热水压力平衡等做法均在不同工程中进行过实践，这类做法较好地解决了冷热水供水分区不同时的压力平衡问题，同时大大降低了管道造价，节能节材。

4. 成本控制分析

热水的运行成本主要包括热源制热水成本（包括提供热水需热量和系统循环耗热量两部分）、冷水费用、供热水泵运行所需的电费、管理的人工费用等，太阳能热水系统后三项运行费用与以常规能源为热源的系统基本相同，而在热源制热水成本部分，太阳能提供热水需热量的成本无疑是最低的；但在提供系统循环耗热量部分，由于存在太阳能集热循环系统耗热量，使得太阳能的制热水成本有所增加，因此由系统循环散热引起的热损失将是决定运行成本高低的关键。合理设计系统的规模，可以有效减少系统循环散热，降低系统运行成本。

工程中只能根据经验估算管网的热损失比值，通常取日耗热量的 20%～30%。实际在住宅中，集中热水管网热损失量超过平均日用热量的 30%，考虑到入住率等原因，在低入住率条件下还要小于设计平均日用热量，使得热损失所占比例更高。使用太阳能集中供热设施后常规能源的使用量下降，有良好的节能效果。对于小区级的大规模集中系统，管网的热损失大于或等于单纯生活热水的耗热量，因此太阳能集中供热系统除非提供供暖与热水的综合用能，否则不适宜设置大规模的太阳能集中热水系统。

5. 太阳能热水系统维护管理

(1) 定期进行系统排污，防止管路阻塞，并对水箱进行清洗，保证水质清洁。排污时，只要在保证进水正常的情况下，打开排污阀门，到排污阀流出清水为止。

(2) 定期清除太阳集热器透明盖板上的尘埃、污垢，保持盖板的清洁以保证较高的透光率。清洗工作应在清晨或傍晚日照不强、气温较低时进行，以防止透明盖板被冷水激碎。

(3) 注意检查透明盖板、集热器等是否损坏，如有破损应及时更换。

(4) 对于真空管太阳热水器，要经常检查真空管的真空度或内玻璃管是否破碎，当真空管的钡-钛吸气剂变黑时，即表明真空度已下降，需更换集热管。

(5) 真空管太阳热水器除了清洗真空管外，还应同时清洗反射板。

(6) 巡视检查各种管道、阀门、浮球阀、电磁阀、连接胶管等有无渗漏现象，如有问题则应及时修复。

(7) 集热器的吸热涂层若有损坏或脱落应及时修复。所有支架、管路等每年涂刷一次保护漆，以防锈蚀。

(8) 太阳能集热系统应防止闷晒。循环系统停止循环称为闷晒，闷晒将会造成集热器内部温度升高，损坏涂层，使箱体出现保温层变形、玻璃破裂等现象。造成闷晒的原因可能是循环管道堵塞；在自然循环系统中也可能是冷水供水不足，热水箱中水位低于上循环管所致；在强制循环系统中可能是由于循环泵停止工作所致。

(9) 安装有辅助热源的全日制热水系统，应定期检查辅助热源装置及换热器工作正常与否，并定期清垢。如果辅助热源是电热管加热的系统，使用之前一定要确保漏电保护装置工作可靠，否则不能投入使用。如果是热泵—太阳能供热系统，还应检查热泵压缩机和风机工作是否正常，无论哪部分出现问题都要及时排除故障。

(10) 冬季气温低于 0℃时，平板型系统应排空集热器内的水；安装有防冻控制系统功能的强制循环系统，则只需启动防冻系统即可，不必排空系统内的水。

(11) 检查循环水泵出口压力是否为正常工况，当水泵运行而压力表没有数值显示时，首先要检查压力表是否连通，再者需要在管道最高点进行放气处理。

6.2　空气能与其他热源耦合利用热水系统

1. 空气源热泵单水箱系统

(1) 系统原理图（图 6.2-1）

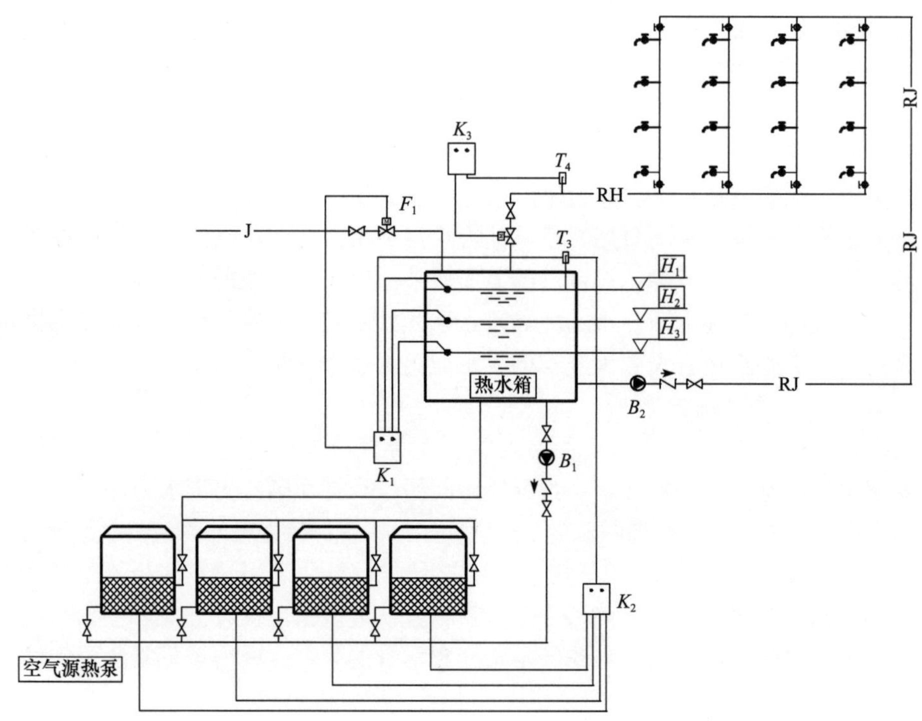

图 6.2-1 空气源热泵单水箱系统（一）

（2）适用范围

适用于热水需求不大，用水高峰相对集中或定时供热的工程；宜在夏热冬暖或夏热冬冷地区使用，不适合严寒地区，寒冷地区或冬季湿度大的地区使用时，应选用低温型热泵机组及带有自动除霜功能的热泵机组。

（3）系统优缺点

空气源热泵作为单一热源，适用于用水高峰相对集中的。系统采用开式系统，系统运行简单，冷热水为非同源供应，用水点压力不易平衡；对于寒冷地区，冬季供水温度受外界环境温度影响较大，冬季机组能效较低，有些地方需增设辅助热源系统。

（4）系统控制

1）空气源热泵控制：当集热水箱的水温不满足供水要求时，自动启动空气源热泵机组，当集热水箱的温度能满足生活用水温度要求时，自动关闭热水循环泵。空气源热泵启动的台数和集热水箱的水温阶梯关联。

2）热水回水的控制：当热水回水的温度低于 40℃时，自动开启热水回水管道上的温控阀，直至回水管道的水温达到 48℃时，自动关闭热水回水管道上的温控阀。

3）监测范围：集热水箱的水温、水位；空气源热泵机组及循环加压泵的运行状况；热水循环泵的运行状况，热水回水温度及电动阀的开启状况。

（5）设计要点

1）项目设计宜处于夏热冬暖、夏热冬冷地区，热水系统的日供水量不宜过大。

2）系统设计简单，建议热水用水系统高峰相对集中或定时供热的系统选用。

3）当原水硬度大于 120mg/L 时，应采用阻垢缓蚀处理措施，以避免空气源热泵机组换热器的频繁结垢，增加维护及维修成本。

4）集热水箱的容积：

① 当系统为定时供热时，集热水箱的容积应为全部设计用水量。

② 当系统为全日制集中热水供应时，集热水箱的容积最好和高峰期的持续时间相结合，水箱容积建议采用 2～4h 的设计小时热水量。

③ 为保证热水供水温度的稳定，也可适当增加集热水箱容积，有些甚或按照全日设计用水量考虑，但这样设计需做好水箱的保温措施，否则系统的能耗偏高。

5）在热水供水系统或集热水箱上增设消毒设施，以保证热水供应的安全可靠。

6）当系统在寒冷地区或夏热冬冷潮湿地区使用时，空气源热泵机组的选择要结合项目的地域特点，冬季有结霜的应考虑自动除霜功能，寒冷地区空气源热泵机组应考虑采用低温型等机组；同时对于空气源热泵的循环管道增设电伴热或自动泄水措施，以防止结冰造成对空气源热泵机组的破坏。

7）热水系统应增设消毒设施，降低热水的供水温度，以节约资源。

8）集热水箱的补水：

① 若集热水箱采用全日用水量储存时，水箱进水可采用浮球控制的连续补水方式。

② 当集热水箱的容积仅按照 2～4h 的设计用水量设置时，水箱进水宜采用电控阀和集热水箱的水温、水位连锁控制；当水箱水位达到进水要求时，自动开启进水控制阀，同时监控集热水箱的水温，当集热水箱的水温小于 48℃，自动关闭进水控制阀，由热泵机组自动给集热水箱加热，当水箱水温超过 55℃且水箱水位未达到最高水位时，继续给集热水箱补水，直至水箱水位满足要求。

寒冷地区，冬季空气源热泵因为环境温度的影响导致能效比下降，被加热水的温升也不同程度地受到影响，为了保证热水用水点的温度要求，在空气源热泵单水箱的基础上，可增加电辅热（或燃气热水器辅热），见图 6.2-2。采用电加热或燃气热水器加热都只适宜于热水需求不大的小系统。

2. 空气源热泵双水箱系统

（1）系统原理图（图 6.2-3）

（2）适用范围

适用于热水需求大的全日制热水供应系统，对热水供水温度稳定性要求高的工程，宜在夏热冬暖或夏热冬冷地区使用，不适合严寒地区，当寒冷地区或冬季湿度大的地区使用时，应选用低温型热泵机组及带有自动除霜功能的热泵机组。

（3）系统优缺点

空气源热泵作为单一热源，对外部地域环境有一定的要求，严寒地区不适宜。系统采用开式系统，系统运行简单，冷热水为非同源供应，用水点压力不易平衡；对于寒冷地区，冬季供水温度受外界环境温度影响较大，冬季机组能效较低，有些地方需增设辅助热源系统；增设供热水箱系统，可保证热水供水的温度相对稳定。

（4）系统控制

1）空气源热泵控制：当集热水箱的水温不满足供水要求时，自动启动空气源热泵机组，当集热水箱的温度能满足生活用水温度要求时，自动关闭热水循环泵。空气源热泵启动的台数和集热水箱的水温阶梯相关；供热水箱上的空气源热泵机组用于维持供热水箱的供水温度，以满足供热水箱供水温度的基本恒定。

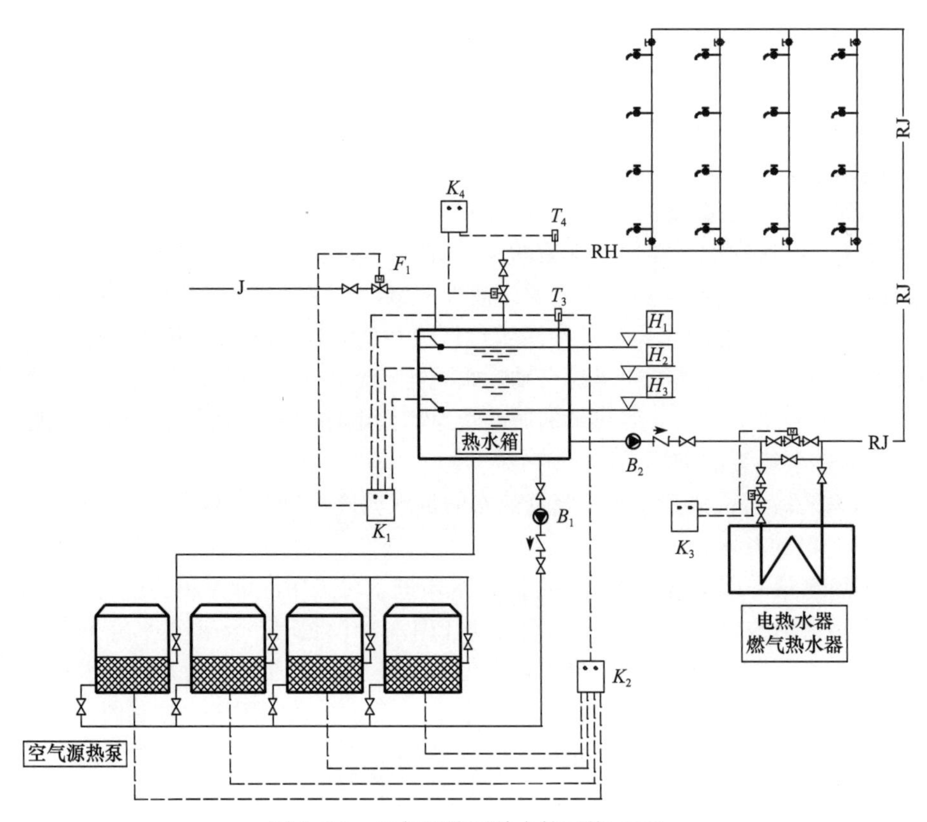

图 6.2-2　空气源热泵单水箱系统（二）

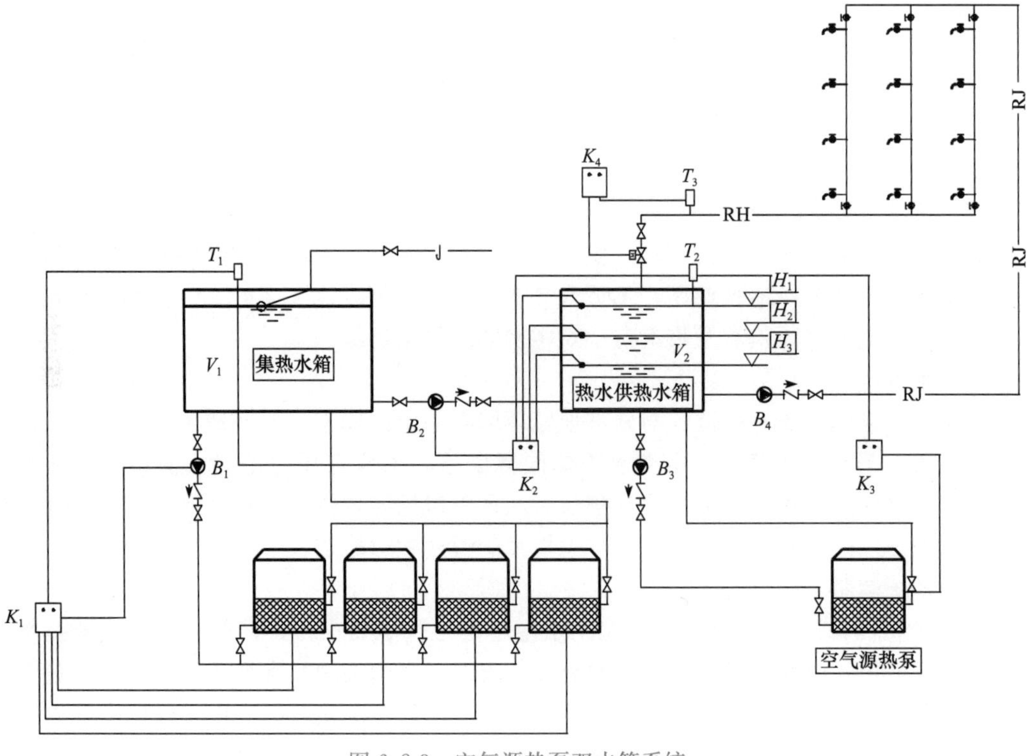

图 6.2-3　空气源热泵双水箱系统

2）热水回水的控制：当热水回水的温度小于 40℃时，自动开启热水回水管道上的温控阀，直至回水管道的水温大于 48℃时，自动关闭热水回水管道上的温控阀。

3）转输水泵：当供热水箱水位降低至转输水位线时，自动开启转输水泵，同时监控供热水箱的水温，当供热水箱的水温小于 50℃时，自动关闭转输水泵；当供热水箱的水温经机组加热后大于 55℃时，若供热水箱的水位未达到最高水位，则继续自动启动转输水泵给供热水箱补水，直至达到最高水位要求。

4）监测范围：集热水箱的水温、水位；供热水箱的水温、水位；空气源热泵机组及循环加压泵的运行状况；转输水泵的运行状况；热水供水泵的运行状况，热水回水温度及电动阀的开启状况。

（5）设计要点

1）设计项目宜处于夏热冬暖、夏热冬冷地区，热水为全日制热水供应系统，热水温度要求基本稳定。

2）系统补水采用向集热水箱连续补水方式。

3）转输水泵的启停需与供热水箱的水温、水位连锁控制。

4）当原水硬度大于 120mg/L 时，应采用阻垢缓蚀处理措施，以避免空气源热泵机组换热器的频繁结垢，增加维护及维修成本。

5）集热水箱、供热水箱容积：

① 集热水箱的容积宜采用 2～4h 的设计小时热水量确定；

② 供热水箱的容积可按照 1h 设计小时用水量确定。

6）在热水供水系统或集热水箱上增设消毒设施，以保证热水供应的安全可靠，同时可适当降低热水系统的供水温度，节约能源。

7）当系统在寒冷地区或夏热、冬冷潮湿地区使用时，空气源热泵机组的选择要结合项目的地域特点，冬季有结霜的应考虑自动除霜功能，寒冷地区空气源热泵机组应考虑采用低温型机组。

3. 空气源热泵耦合辅助热源系统

（1）系统原理图（图 6.2-4）

（2）适用范围

适用于热水需求大的全日制热水供应系统，寒冷地区或冬季对水温要求较高的工程。冬季完全不使用空气源热泵。空气源热泵机组可采用普通型号。

（3）系统优缺点

冬季需要有可靠的辅助热源，系统适用于严寒和寒冷地区。系统采用开式系统，系统运行简单，冷热水为非同源供应，用水点压力不易平衡。系统设置有供热水箱，可保证热水供水的温度基本稳定。冬季因采用辅助热源，全年的效能没有其他地区全年采用空气源热泵系统的高。

（4）系统控制

1）空气源热泵控制：非供暖季，当集热水箱的水温不满足供水要求时，自动启动空气源热泵机组，当集热水箱的温度能满足生活用水温度要求时，自动关闭热水循环泵。空气源热泵启动的台数和集热水箱的水温阶梯关联；供热水箱上的空气源热泵机组用于维持供热水箱供水温度的要求，以满足供热水箱供水温度的基本恒定。

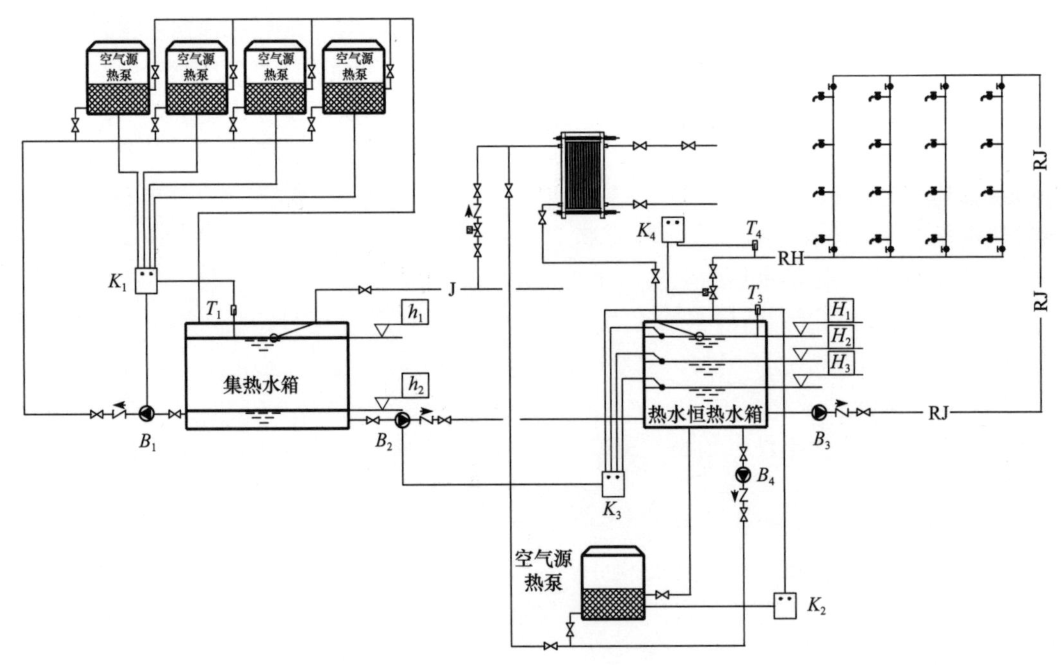

图 6.2-4　空气源热泵耦合辅助热源系统（一）

2）热水回水的控制：当热水回水的温度低于 40℃时，自动开启热水回水管道上的电动阀（或电磁阀），直至回水管道的水温大于 48℃时，自动关闭热水回水管道上的电动阀（或电磁阀）。

3）转输水泵：当供热水箱水位降低至转输水位线要求时，自动开启转输水泵，同时监控供热水箱的水温，当供热水箱的水温小于 50℃时，自动关闭转输水泵；当供热水箱的水温经空气源热泵机组加热后大于 55℃时，若供热水箱的水位未达到最高水位，继续自动启动转输水泵给供热水箱补水，直至达到最高水位。

4）监测范围：集热水箱的水温、水位；供热水箱的水温、水位；空气源热泵机组及循环加压泵的运行状况；转输水泵的运行状况；热水供水泵的运行状况，热水回水温度及电动阀（或电磁阀）的开启状况。

（5）设计要点

1）设计项目宜处于夏热冬暖、夏热冬冷地区，热水系统为全日制热水供应系统，热水温度要求基本稳定。

2）系统补水采用向集热水箱连续补水方式。

3）转输水泵的启停需与供热水箱的水温、水位连锁控制。

4）当原水硬度大于 120mg/L 时，应采用阻垢缓蚀处理措施，以避免空气源热泵机组换热器的频繁结垢，增加维护及维修成本。

5）集热水箱、供热水箱容积：

① 集热水箱的容积宜采用 2～4h 的设计小时热水量；

② 供热水箱的容积可按照 1h 的设计小时用水量确定。

6）在热水供水系统或集热水箱上增设消毒设施，以保证热水供应的安全可靠，同时可适当降低热水系统的供水温度，节约能源。

7）冬季人工切换至辅助热源供热，关闭集热水箱进水，关闭转输水泵输水功能。

8）当供热水箱的水温因为热损失不满足供水温度要求时，自动启动供热水箱循环泵以及相应的空气源热泵机组或换热器。

9）当寒冷地区冬季因为不适合空气源热泵的时间较短，还有条件使用空气源热泵时，可以充分利用空气源热泵的高效时段，可按照图 6.2-5 设计，空气源热泵作为系统的预热使用，这样可以降低冬季完全使用辅助热源而带来的能源消耗，提高系统的全年综合能效比。

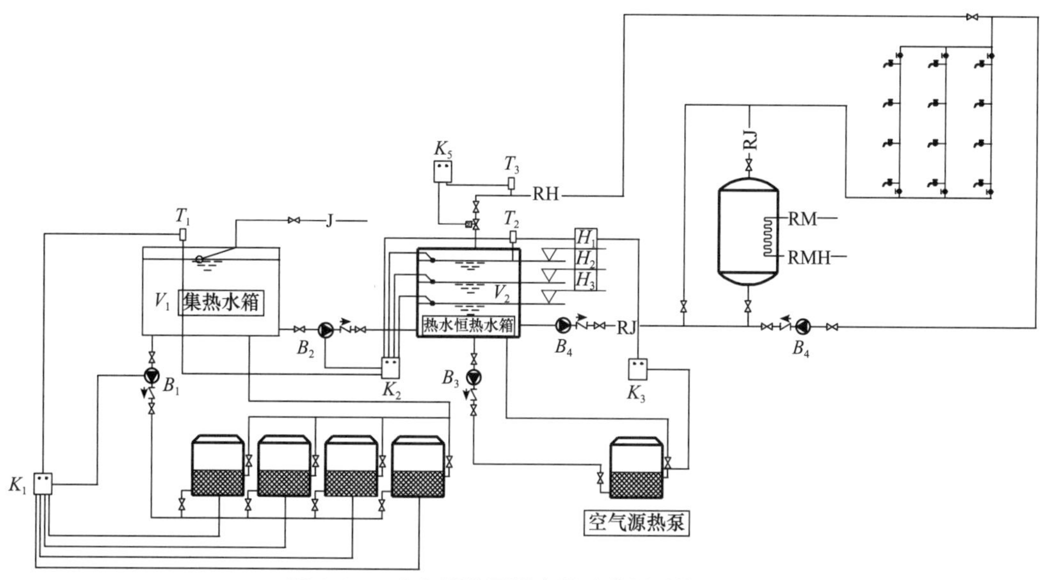

图 6.2-5　空气源热泵耦合辅助热源系统（二）

系统使用时非供暖季和供暖季最大的区别在于：供暖季从供热水箱出来的预热水直接进入容积式换热器，满足供水温度要求后，直接供给各用水点。当热水回水管道上的温度小于 40℃时，自动启动热水循环泵，当热水回水温度大于 48℃时，自动关闭热水循环泵。非供暖季经加压后满足供水温度要求的热水经旁路直接供给各用水点，热水不再进入热交换器，避免不必要的热损失。热水回水不再回至热交换器，而直接回至热水供热水箱，热水回水控制不再通过热水循环泵（非供暖季热水循环泵停止使用），而是通过热水回水管道上的电动阀（或电磁阀）根据回水温度自动控制。其他控制要求和设置要求同系统（一）基本一致。

4. 承压式多罐组合空气源热泵热水系统

（1）系统原理图（图 6.2-6）

（2）适用范围

适用范围广，适用于供水卫生、压力、温度要求高的工程。系统采用承压式热泵技术，冷热水同源供应。

（3）系统优缺点

系统采用承压式热泵机组，能保证系统末端冷热水同源，系统能效比高；每台贮水罐均设置温度传感器，通过贮热罐不同层的温度值，自动调整空气源热泵机组的加热对象，以确保供出的热水即使在高峰期其温度也基本恒定。系统为闭式循环系统，热水水质不易受二次污染。本系统设置有辅助热源系统，其辅助热源采用电加热器，辅助热源的使用根据室外环境温度确定是否开启，当 T（室外环境温度）>5℃时，禁止开启，此温度也可根据项目所在地的实际情况适当调整。贮热水罐及配套设施均工厂化生产，现场控制简单，可实现一体化中央智能控制。单套模块出水量，对于大流量热水需求的项目，可多套并联或更换大贮水罐来满足需求。

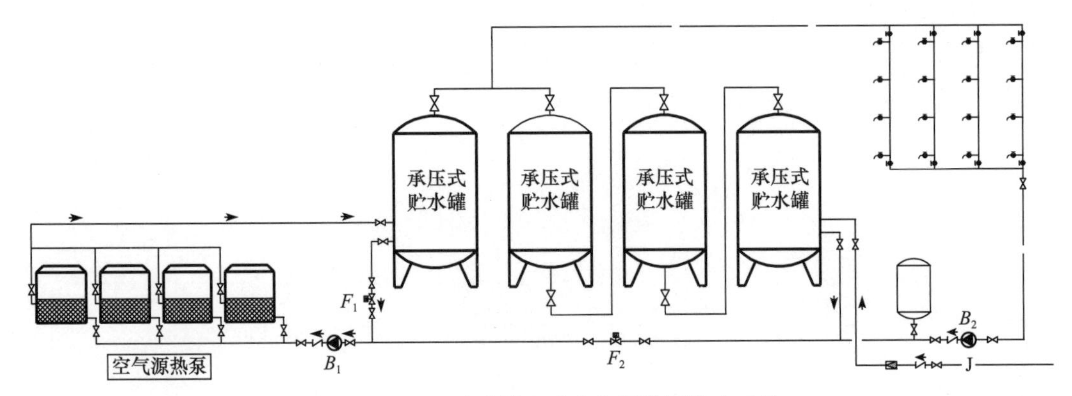

图 6.2-6　承压式多罐组合空气源热泵热水系统

（4）系统控制

1）系统控制采用中央智能控制，热泵最高出水温度设定为 60℃（可调），机组工作环境温度为－10～48℃。

2）热水回水的控制：当热水回水的温度低于 40℃时，自动开启热水回水管道上的热水循环泵，直至回水管道的水温达到 48℃时，自动关闭热水回水管道上的热水循环泵。

（5）设计要点

1）项目设计宜处于夏热冬暖、夏热冬冷地区，热水为全日制热水供应系统，热水温度要求稳定、可靠。

2）系统补水采用连续补水。

3）当原水硬度大于 120mg/L 时，应采用阻垢缓蚀处理措施，以避免空气源热泵机组换热器的频繁结垢，增加维护及维修成本。

4）贮热水罐的总容积宜采用 2～4h 的设计小时热水量。

5）在热水供水系统或集热水罐上增设消毒设施，以保证热水供应的安全可靠，同时可适当降低热水系统的供水温度，节约能源。

6.3　水源（地源）热泵与其他热源耦合利用热水系统

对于采用水源热泵的集中生活热水系统，最好和暖通空调用冷用热一并考虑，单一地考虑集中生活热水系统的供热，容易造成地下水源的温度衰减，不利于系统的长期稳定。对于采用江河湖泊的水源热泵系统，单一从其中取热，长时间后容易造成水域生态环境的破坏。因此，对于集中生活热水系统所配套的水源热泵，均不应孤立考虑而应当多用途、全年期限综合考虑，尽可能采取平衡措施保证其取水水源（或地源）全年冷热的平衡，这样才能保证系统的使用寿命和稳定性。本章节暂不涉及暖通专业，仅考虑生活热水的热泵系统，但并不宜孤立生活热水系统，单一采用水源或地源热泵系统。

1. 水源（地源）热泵生活热水系统

（1）系统原理

水源（地源）经换热提升后先经过换热器交换，交换后的热水作为热泵的一次能源，自来水经热泵加热后进入集热水箱，集热水箱的水经热泵循环加热后当满足生活热水的供水温度要求时，可通过变频供水设备加压后供给各用水点。水源热泵单水箱热水系统见图 6.3-1。

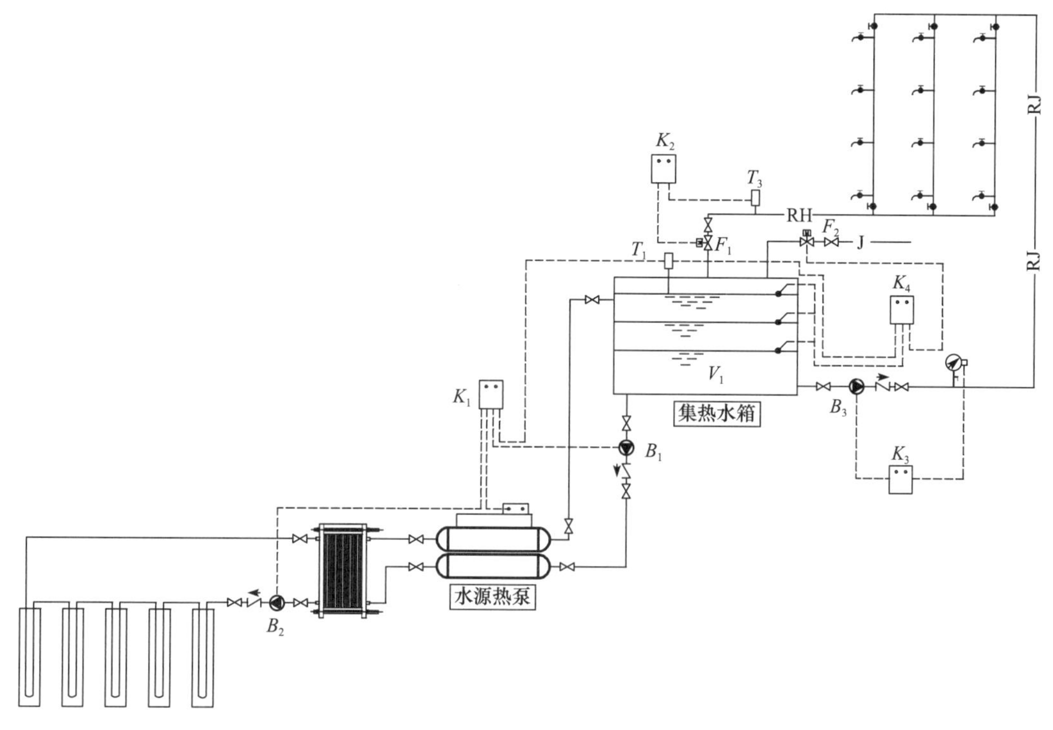

图 6.3-1　水源热泵单水箱热水系统

一次侧采用换热处理，这样可以保证水源（地源）取热的水或介质不因水质原因对热泵机组产生影响，集热水箱的容积应按照生活用水热负荷要求确定；生活热水供应系统为开式系统，不利于用水点的压力平衡。

（2）适用范围

本系统适用于有丰富的水源或地源取热，系统采用单水箱开式系统，特别适合定时供水的公共浴室、学生宿舍等用水；当用于连续生活热水需求的热水系统时，集热水箱的容积应满足最高日用水量的要求；采用单水箱供水，系统设计不合理或水箱容积过小，容易造成高峰期供水温度不稳定的状况发生。

（3）系统优缺点

优点：系统采用自来水直接加热，热效率高；采用单一水箱供水，控制简单。

缺点：系统采用单一热泵系统，必须有可靠的水源（或地源），安全性相对较差；本生活热水系统采用开式系统，不利于供水点的压力平衡；采用单水箱供水，高峰期水箱不宜补水，否则易造成供水水温的波动或不稳定；因为采用单水箱集热供水，水箱容积较大；自来水直接进入热泵机组，因此，原水的水质硬度不宜过高，否则热泵机组内部容易结垢，增加维护成本，建议原水硬度宜小于 120mg/L，硬度过高的系统应考虑采取软化措施或采用间接系统；集热水箱的补水需结合用水的实际情况，选择在非高峰期补水；水箱采用开式水箱，容易造成二次污染。

（4）系统控制

1）数据显示：一次侧水泵、换热器进出水温度，热泵机组的运行，集热水箱的水温，生活热水供水设备的运行，相关电动阀组的开启，水温、压力等需要观察或控制的参数。

2）电气控制：

① 热泵的控制：当集热水箱的水温 $T_1 \leqslant 50℃$时，水源热泵机组、一次侧换热循环泵及热泵侧循环泵同时开启；当 $T_1 > 60℃$时，水源热泵机组、一次侧换热循环泵、热泵侧循环泵同时关闭。

② 水箱补水的控制：集热水箱的补水设置在非高峰用水时段，水箱的补水采用电动阀控制，当水箱水位低于补水要求，且在补水时段时，打开电动阀自动补水；补水时，当水箱的水温低于45℃时，暂时关闭水箱进水，同时启动热泵加热系统；当水箱水温上升至60℃时，同时，水箱水位低于需要补水的要求时，继续补水，同时控制水箱的水温不得低于45℃，否则暂停补水，开启热泵加热系统，如此循环直至集热水箱的水位至最高水位。

用水高峰时段，若集热水箱的水位至报警水位，强制补水，同样补水和集热水箱的水温连锁控制。

③ 生活热水的供应采用恒压变频供水，热水回水的控制根据其末端的水温高低，自动启动回水电动阀（或电磁阀），当 $T_2 < 40℃$时，热水回水的电动阀（电磁阀）开启，当 $T_2 > 48℃$时，自动关闭回水管道上的电动阀（电磁阀）。

（5）设计要点

1）本系统采用单一热源系统（水源或地源），设计中应考虑其用于24h供应热水的安全可靠性；

2）水源总水量应按供热量、水源温度和热泵机组性能等综合因素确定；

3）集热水箱大小的确定：

① 集热水箱的大小要结合热水系统供水的特点合理选择，过大经济性较差，过小安全性较差。

② 对于定时供热的生活热水系统，集热水箱的大小应按照全部热水量的大小确定；当为24h连续供热时，要结合系统用热的高峰时段，合理确定集热水箱的大小。

③ 水质硬度大的场所不宜选用换热板或换热管间隙过小的，否则难于清垢。

④ 单水箱供热系统，在热水供水或集热水箱上宜增设热水消毒设施，这样可适当降低热水供水温度，节约资源。

⑤ 合理控制原水进水的硬度要求，对于硬度过高的自来水应增设软化措施。

4）水源热泵设计要点：水源（地源）热泵应选择水量充足、水质较好、水温较高且稳定的地下水、地表水、废水为热源。

① 水量充足：当采用水源热泵制备生活热水时，水源选择、水文地质勘察、检测等均应由设备厂家负责实施，系统设计者应予配合和校核。采用地下水时，深井的布置首先应取得有关主管部门的批准认可。作为热泵水源的深井数量不应少于2个，对地下水应采取可靠的回灌措施，回灌水不得对地下水资源造成污染；当采用多井并联时，应由水文地质考察部门合理确定井的间距，以免多井抽水时互相干扰，达不到出水能力的要求。采用

地表水时，必须有足够的水面和一定深度的水体。

②水温适宜：水源水温对 *COP* 值有较大影响，水源热泵的取水温度宜大于等于 9℃，低于此值时，热泵机组 *COP* 值低，相对耗电量大，且机组的蒸发器内易结霜。专供生活热水的地表水源热泵，取水深度宜在水面 5m 以下。

③ 水质：深井水中含有一些砂粒，当除砂不彻底时，砂粒易磨损换热设备。为了防止水源中的腐蚀性成分和砂粒等损坏热泵机组，宜在热泵机组前设预换热器与热泵机组间接换热。

2. 水源（地源）热泵双水箱开式系统

（1）系统原理图（图 6.3-2）

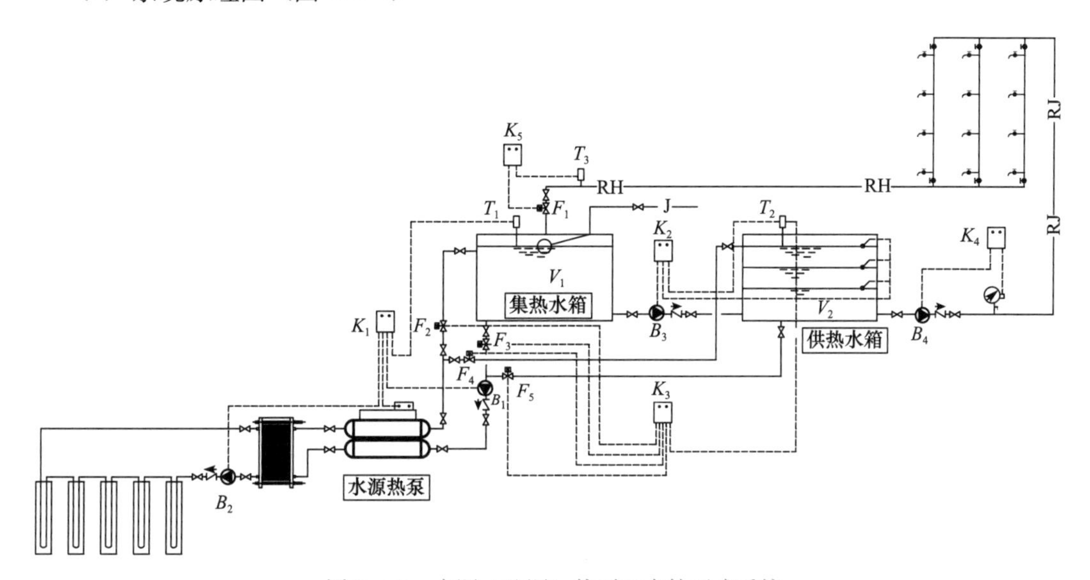

图 6.3-2　水源（地源）热泵双水箱开式系统

（2）系统特点

系统采用双水箱供水，供水温度的稳定性更高；水箱补水不再考虑分时段补水；集热水箱的容积不会因为考虑补水的影响而采用较大的存水量；系统加热仍采用单一的热泵加热系统，系统的使用范围更广，稳定性更高。

（3）适用范围

1）冷水硬度小于等于 120mg/L；

2）相比于同源供水外，该系统为开式系统，系统用水点的压力存在不平衡问题；

3）适用于定时和 24h 连续供热系统；

4）地区水源（地源）充沛、水文地质条件适宜且水源水温不小于 10℃的区域；

5）无太阳能、余热、无城市或区域集中供热系统、不允许设置自备锅炉的供热系统；

6）水质硬度过高的地区应考虑自来水软化措施；

7）生活热水的水质要求不高的场所；

8）机房面积充足的场所。

（4）系统优缺点

1）系统较复杂，设备造价较高；

2）热水供应采用开式的变频供水系统，不利于用水点的冷热水压力平衡；

3）冷水进热泵机组，对自来水的硬度要求高，硬度大会加大机组维修量；

4）占用建筑空间大，开式水箱水质易受污染；

5）增设供热水箱，系统供水温度的稳定性更高；

6）仅采用单一热源系统，系统存在一定的安全风险或间断风险；

7）设置双水箱，占地面积大，存在外源污染风险；

8）系统投入后维护成本偏高；

9）水源热泵为主要热源，节约能源，降低化石能源的消耗；

10）前期建设投资较高，能源利用效率高，污染排放少；

11）水源井取水量较大，对地下水水温及水位影响较大；

12）水泵采用上置式时，对消声减振要求较高。

（5）系统控制

1）数据显示：水箱水位、水温、热泵机组的运行状况、水泵的运行状况、变频供水机组运行状况、电动控制阀开启状况、水箱水位等。

2）电气控制：

① 热泵控制：当集热水箱的水温 $T_1 \leqslant 50$℃时，同时开启水源热泵机组一次侧水源（地源）取热循环泵、热泵机组、热泵机组循环泵，当集热水箱的水温 $T_1 > 60$℃时，关闭一次侧水源（地源）取热循环泵、热泵机组、热泵机组循环泵。

② 供热水箱转输水泵的控制：当供热水箱的水位下降至补水位时，自动开启集热水箱转输水泵，当供热水箱的水温降至50℃时，自动关闭集热水箱转输水泵，同时切换热泵机组给供热水箱进行加热；当供热水箱的水温大于60℃时，切换热泵机组给集热水箱加热；若供热水箱的水位仍未达到最高要求时，继续启动集热水箱转输水泵给供热水箱补水，如此反复，直至供热水箱的水位至最高水位。

3）热水供应系统回水控制：热水回水的控制通过电动阀控制，当末端回水管道上水温 $T_3 \leqslant 40$℃时，自动打开回水管道上的电动阀，泄水至集热水箱；当回水温度上升至48℃时，自动关闭回水管道上的电动阀。

4）集热水箱进水：系统正常工作时，系统冷水均设置在集热水箱上，自来水补水采用浮球阀控制，随时缺水随时补水。

（6）设计要点

1）本系统采用双水箱系统，需要根据热水供水的高峰时段，合理确定集热水箱的大小。

2）水源总水量应按供热量、水源温度和热泵机组性能等综合因素确定。

3）水质硬度大的场所不宜选用板式换热器或换热管间隙过小的换热器，否则难以清垢。

4）水加热设备选择应按《建筑给水排水设计标准》GB 50015—2019 第 6.6.7 条第 3 款确定。

5）可在热水供水管或回水管上设置消灭致病菌的消毒设施，或在条件允许时采用定期高温消毒方式，有效消灭系统中的致病菌。降低热水的供水温度，节约能源。

6）水箱采用开式系统，应考虑可靠的热水消毒措施和定期对水箱进行清洗；热水箱一般建议采用薄壁不锈钢保温成品水箱。

7）水源（地源）热泵应选择水量充足、水质较好、水温较高且稳定的地下水、地表水、废水为热源。其余要求同本书 6.3 节 1. 条（4）中 4）水源热泵设计要点。

3. 多热源耦合开式系统

（1）系统原理图（图 6.3-3）

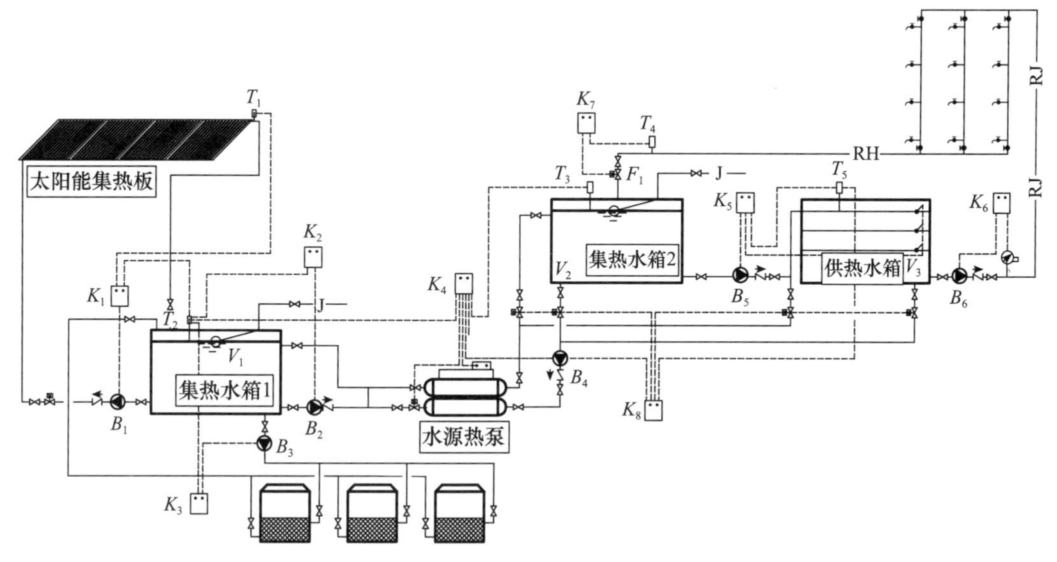

图 6.3-3　多热源耦合开式系统

（2）系统特点

系统采用太阳能＋空气源＋水源热泵的组合形式，日常利用太阳能集热，水箱贮热，再经水源热泵加热供热水箱。当阴雨天太阳能不能使用，造成集热水箱的温升不能满足要求时，依靠空气源热泵来保证集热水箱的水温要求。系统能效高，节约能源，但系统复杂，投资费用高。

（3）适用范围

1）适用于太阳能可利用地区，有可设置太阳能集热器的位置，特别适宜于北方寒冷地区，不适合北方严寒地区；

2）适用于机房面积大的项目；

3）适用于 24h 连续供热、热水用量大的系统；

4）太阳能集热板面积可满足设计热负荷的要求；

5）无城市或区域集中供热系统、不允许设置自备锅炉的供热系统；

6）生活热水水质要求不高的场所。

（4）系统优缺点

1）系统较复杂，设备造价较高，控制复杂；

2）热水供应采用开式的变频供水系统，不利于用水点的冷热水压力平衡；

3）冷水进热泵机组，对自来水的硬度要求高，加大机组维修量；

4）占用建筑空间大，开式水箱水质易受污染；

5）增设供热水箱，系统供水温度的稳定性更高；

6）系统采用多热源，运行费用低，不适合严寒地区；

7）需设置三个水箱，占地面积大，存在外源污染风险；

8）对运行管理人员的水平要求高；

9）日常运行主要依靠太阳能＋水源热泵机组，水源热泵能效高，节约能源，降低化石能源的消耗。

（5）系统控制

1）数据显示：水箱水位、水温、热泵机组的运行状况、水泵的运行状况、变频供水机组运行状况、电动控制阀开启状况、空气源热泵的运行状况等。

2）电气控制：

① 太阳能的控制：当集热水箱1与太阳能集热板的水温差大于8℃，自动开启太阳能循环泵；当集热水箱的水温上升至40℃时，自动关闭集热系统热水循环泵；集热水箱1的温度应和对应的水源热泵机组的要求水温相一致。

② 热泵控制：当集热水箱2的水温 $T_1 \leqslant 60$℃时，自动开启水源热泵机组及在集热水箱1、集热水箱2之间的循环泵；当集热水箱2的水温 $T_2 > 60$℃时，关闭热泵机组、热泵机组一次侧和二次侧循环泵。当供热水箱的水温由于热损失不满足供水温度要求时，切换水源热泵二次侧的循环吸水、供水至供热水箱，直至供热水箱的水温满足供水要求。

③ 供热水箱转输水泵的控制：当供热水箱的水位下降至补水位时，自动开启集热水箱转输水泵，当供热水箱的水温降至50℃时，自动关闭集热水箱转输水泵，同时切换热泵机组给供热水箱进行加热；当供热水箱的水温大于60℃时，切换热泵机组给集热水箱加热；若供热水箱的水位仍未达到最高要求时，继续启动集热水箱转输水泵给供热水箱补水，如此反复，直至供热水箱的水位至最高水位。

④ 热水供应系统回水控制：热水回水供应通过电动阀控制，当末端回水管道上的水温 $T_3 \leqslant 40$℃时，自动打开回水管道上的电动阀，泄水至集热水箱；当回水温度上升至48℃时，自动关闭回水管道上的电动阀。

⑤ 集热水箱1和集热水箱2补水均采用浮球阀控制，随时缺水随时补水。

⑥ 空气源热泵的控制：当阴雨天当太阳能不能正常使用，且集热水箱的水温不满足水源热泵机组的要求时，自动开启空气源热泵，由空气源热泵将集热水箱1的水温提升至水源热泵需要的40℃。温度达到要求时，自动关闭空气源热泵。

（6）设计要点

1）本系统采用三水箱系统，需要根据热水供水的高峰时段，合理确定集热水箱的大小；集热水箱1要根据空气源热泵所设计负荷热水的量，反算集热水箱1的大小；

2）太阳能集热器的面积根据集热水箱存水量，将其加热到40℃所需要的面积来计算确定，可适当大于计算值，但不宜小于计算值；

3）空气源热泵机组的复核也是按照将集热水箱加热至40℃所对应的复核确定；

4）水源热泵机组的复核按照设计小时热水耗热量确定；

5）集热水箱2的大小按照2～4h的设计小时热水用水量确定；

6）供热水箱的大小按照1h的设计小时热水用水量确定；

7）水加热设备选择应按《建筑给水排水设计标准》GB 50015—2019第6.6.7条第3款确定；

8）可在热水供水管或回水管上设置消灭致病菌的消毒设施，或在条件允许时采用定期高温消毒方式，有效消灭系统中的致病菌，降低热水的供水温度，节约能源；

9）水箱采用开式系统，应考虑可靠的热水消毒措施和定期对水箱进行清洗；热水箱一般建议采用薄壁不锈钢保温成品水箱。

4. 水源（地源）热泵+高温热媒闭式系统

（1）系统原理图（图 6.3-4）

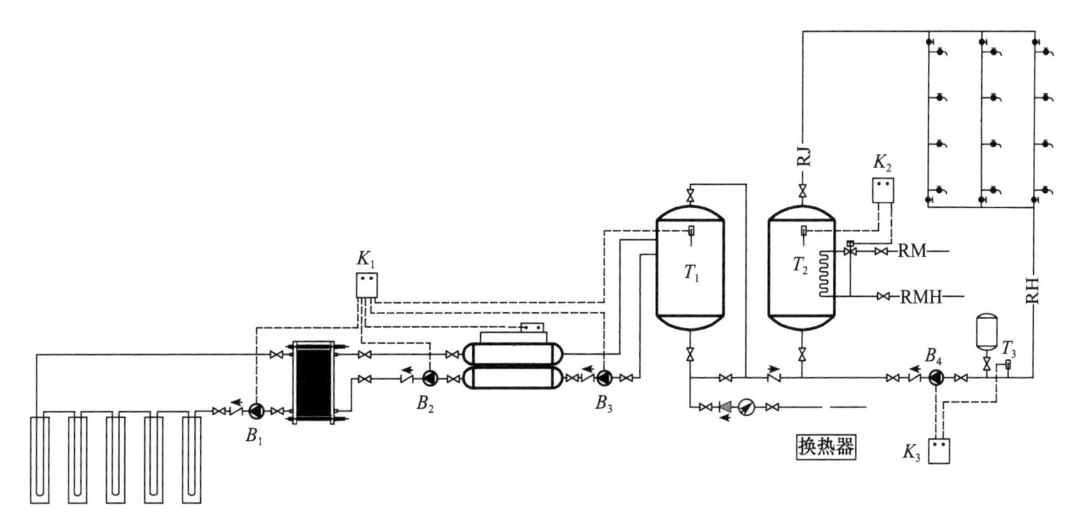

图 6.3-4　水源（地源）热泵+高温热媒闭式系统

（2）系统特点

1）采用板式换热器间接给水源（地源）热泵供水，水源（地源）热泵机组对进水温度有要求，若水温低，则机组的制热能力降低；

2）增加了换热器，不会因为水源（地源）原水水质硬度、含砂等对机组的使用寿命产生影响；

3）水源热泵作为辅助热源仅用于初期预热，热负荷主要由高温热媒提供，系统对非传统能源的利用率低；

4）系统复杂，投资费用高，要求管理水平高。

（3）适用范围

1）对原水水质要求不高；

2）生活热水系统用水点的冷热水压力平衡要求较高；

3）温度要求相对严格、用水量大的场所；

4）地区水（地）源资源充沛、水文地质条件适宜、水温不小于 10℃的区域；

5）无太阳能、余热可利用的区域；

6）有可靠的市政热力管网或自备锅炉能保证全年热力供应；

7）系统采用闭式系统，水质有保障，二次污染小。

（4）系统优缺点

1）系统复杂，设备造价高，运行管理水平要求高；

2）利于系统冷热水压力平衡，且利用冷水供水压力，有一定的节能效果；

3）原水不直接进入热泵机组，减少了机组的维修量，节约运行成本；

4）热水用水点水温较稳定；

5）增加了换热设备，加热效率稍低；

6）无需设置水箱，占地面积小，外源污染少；

7）系统采用连续补水，对水（地）源利用率低，辅助热源消耗大；

8）水源热泵为辅助热源，市政高温热媒为主要热源，对辅助热源的依赖性过大；

9）前期建设投资大，占地面积小；

10）没有很好地利用水（地）源的非传统资源，经济性差。

（5）系统控制

1）数据显示：水（地）源循环泵、机组一级循环泵、机组二级循环泵、热水循环泵、热泵机组的运行状况，换热器的温度，热水供回水温度，系统的压力，辅助热源的温控阀的启闭状态等参数。

2）电气控制原理：

① 水源热泵采用温差循环：当 $T_1 \leqslant 50$℃时，热泵机组、热泵一级循环泵、热泵二级循环泵、水（地）源循环泵开启；当 $T_1 > 55$℃时，热泵机组、热泵第一循环泵、热泵第二循环泵和水（地）源循环泵关闭。

② 高温热媒辅助热源控制：通常采用全日制自动控制系统，采用自力式温控阀或者电动温控阀控制。当 $T_2 \leqslant 50$℃时，自力式温控阀或者电动温控阀开启；当 $T_2 \geqslant 60$℃时，自力式温控阀或者电动温控阀关闭。自力式温控阀的灵敏度，宜设置在设定温度±1℃以内。

③ 回水循环采用温差循环：当 $T_3 < 40$℃时，热水循环泵开启，当 $T_3 > 48$℃时，热水循环泵关闭。

（6）设计要点

1）本系统需要有可靠稳定的高温热媒，热媒可以为高温热水或高温蒸汽，根据热泵不同配置匹配的半容积式热交换器。

2）水源总水量应按供热量、水源温度和热泵机组性能等综合因素确定。

3）当原水硬度大于 120mg/L 时，应采用阻垢缓蚀处理措施，确保预热系统不会受水垢影响。

4）一级换热器设计要点：

① 水质硬度大的场所不宜选用板式换热器或换热管间隙过小的换热器，否则难于清垢。

② 水加热设备选择应按《建筑给水排水设计标准》GB 50015—2019 第 6.6.7 条第 3 款确定。

③ 日用热水量小于等于 30m^3 时，半容积水式换热器上可设置安全阀泄阀；日用热水量大于 30m^3 时，半容积水式换热器应设置压力式膨胀罐。

④ 容积式换热器的出水水质应满足《建筑给水排水设计标准》GB 50015—2019 的要求。可在热水供水管或回水管上设置消灭致病菌的消毒设施，或在条件允许时采用定期高温消毒方式，有效消灭系统中的致病菌。

⑤ 承压水罐也可采用闭式水箱，放置在屋面或专用设备房内。

5）热泵设计要点：热泵应选择水量充足、水质较好、水温较高且稳定的地下水、地表水、废水或地源作为热源。其余要求同本书 6.3 节 1. 条（4）中 4）水源热泵设计要点。

6.4 其他热源利用热水系统

6.4.1 余热利用生活热水系统

随着经济的发展，能源需求量越来越大，环境污染也越来越严重，为此国内外一直在寻求更多的节能减排技术和节能产品。无论是高效的热泵利用，还是余热回收利用，都会对经济效益和社会效益有提升作用。工厂、学校、酒店、宾馆等领域往往需要大量的生产、生活热水，并且使用后一般都还具有较高余热温度，有一定的再利用价值。将此部分废热余热作为生活热水系统的热源，不仅有利于节省能源，也使得废热、余热得以最大限度地再利用。

余热是指受历史、技术、理念等因素的局限性，在已投运的工业企业等耗能装置中，原始设计未被合理利用的显热和潜热。主要包括高温废气余热，冷却介质余热，废汽、废水余热，高温产品和炉渣余热，化学反应余热，可燃废气、废液和废料余热等。根据调查，各行业的余热总资源占其燃料消耗总量的17%～67%，可回收利用的余热资源约为余热总资源的60%。

余热的回收利用途径很多。一般来说，综合利用余热最好，其次是直接利用，再次是间接利用（如余热发电）。综合利用就是根据余热的品质，按照温度高低顺序不同按阶梯利用，品质高的可以用于生产工艺或余热发电；中等的（120～160℃）可以采用氨水吸收制冷设备来制取－30～5℃的冷量，用于空调或工业；低温的可以用来制热或利用吸收式热泵来提高热量的数量或温度供生产和生活使用。

1. 余热蒸汽的合理利用

动力供热联合使用；发电供热联合使用；生产工艺使用；利用汽轮机发电或直接替代电机驱动机泵；生活热水使用；利用余热吸收制冷设备，实现热、电、冷联产。

2. 余热热水的合理利用

供生产工艺常年使用；返回锅炉及发电使用；生活热水使用；生产梯级利用；暖通空调用；动力用；发电用。

本节主要就余热应用于生活热水系统进行说明。

6.4.2 高温余热应用生活热水系统

（1）系统原理图（图 6.4-1）

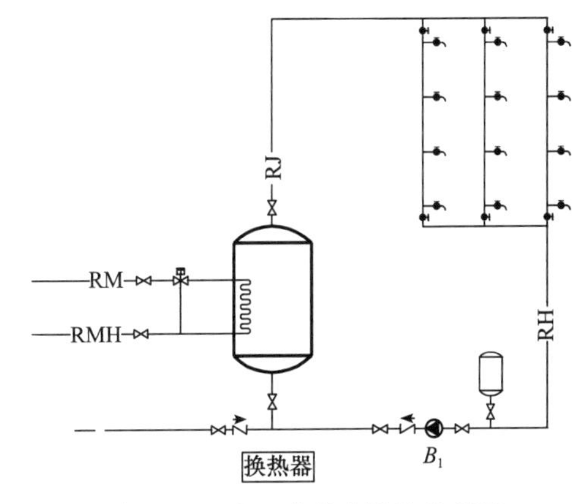

图 6.4-1 高温余热直接换热利用

（2）适用范围

适用于项目所在地周围有连续可靠的余热资料可利用，同时在选择余热利用时，要考虑余热供应存在检修期问题。

（3）系统优缺点

作为能源的回收利用，余热的回收利用本身就是一种节能措施，但余热回收利用受限条件较多，若余热有可靠的保障措施（如电厂余热)，可不考虑备用热源，否则对于有检修期或可能存在间断的余热利用，要考虑相应的备用热源。高温余热在直接使用后要考虑其二次余热的再利用，不应将二次余热直接排放。余热利用最好和暖通空调专业联合利用。系统采用容积或半容积热交换器，热水水质好，末端用水点为同源供水，不容易造成压力波动。

(4) 系统控制

1) 一般采用全日制温度自动控制，采用自力式温控阀或者电动阀控制余热热媒。当 $T\leqslant55$℃时，余热温控阀开启；当 $T\geqslant65$℃时，余热温控阀关闭。自力式温控阀的灵敏度，宜设置在设定温度±1℃以内。

2) 集中生活热水系统控制：生活热水循环采用温差循环：当 $T_1<40$℃时，热水循环泵开启，当 $T_1>48$℃时，热水循环泵关闭。

(5) 系统设计

1) 余热的设计参数应明确，同时要考虑余热使用的稳定性问题；

2) 余热利用最好考虑暖通、空调、生活热水联合利用；

3) 对于有检修期或不确定因素可能偶尔中断的余热，设计中要考虑备用热源的应急措施；

4) 余热利用最好考虑阶梯利用，使余热利用最大化，能效比最高；

5) 余热利用也可采用板式热交换＋热水箱的开式系统，选择什么形式主要与所采用的余热关系紧密；

6) 无论闭式系统还是开式系统，建议在热水系统上均增设消毒设施。

6.4.3 低温余热利用生活热水系统

低温余热的利用作为能源利用而言十分重要，过去低品质的热源往往受到技术、观念、设备等的制约，可利用效率较低，现在随着能源综合利用技术的不断发展，三联供技术的不断成熟，梯级利用水平的不断提升，低温余热越来越受到重视。

1. 低温余热预热利用系统

(1) 系统原理图（图 6.4-2）

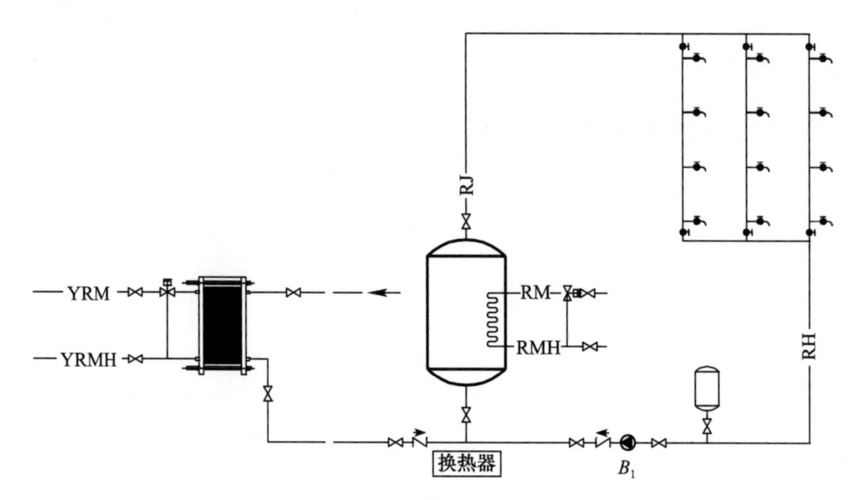

图 6.4-2 低温余热预热利用系统

(2) 适用范围

项目周围有稳定的低温余热和高温热源，余热仅作为自来水的预热使用。

(3) 系统优缺点

预热利用率低，需要辅助热源，系统稳定，控制简单，投资费用低。系统采用换热方式，热水水质好，用水点冷热水为同源供应，压力易平衡。

(4) 系统控制

1) 辅助热媒根据换热器的水温高低自动调整温控阀的大小，当换热器的热水温度满足供水温度（60℃）要求时，自动关闭辅助热媒温控阀。温控阀可以是电动温控阀，也可以是自力式温控阀；

2) 热水回水温度低于 40℃时，自动开启热水循环泵，当热水回水管温度升至 48℃时，自动关闭热水循环泵。

(5) 系统设计

1) 可利用余热相对稳定，同时必须有可靠稳定的辅助热源（如自备锅炉等）；

2) 余热利用应根据余热水质的状况选择合适的热交换器，采用板式热交换器，换热效率高，若水质差，则容易结垢，使用寿命短，维修工作量大；

3) 余热利用效率低，经交换的余热应考虑去处；

4) 从能源综合利用的角度，不建议大范围采用这个系统。

2. 低温余热阶梯利用系统

(1) 系统原理图（图 6.4-3）

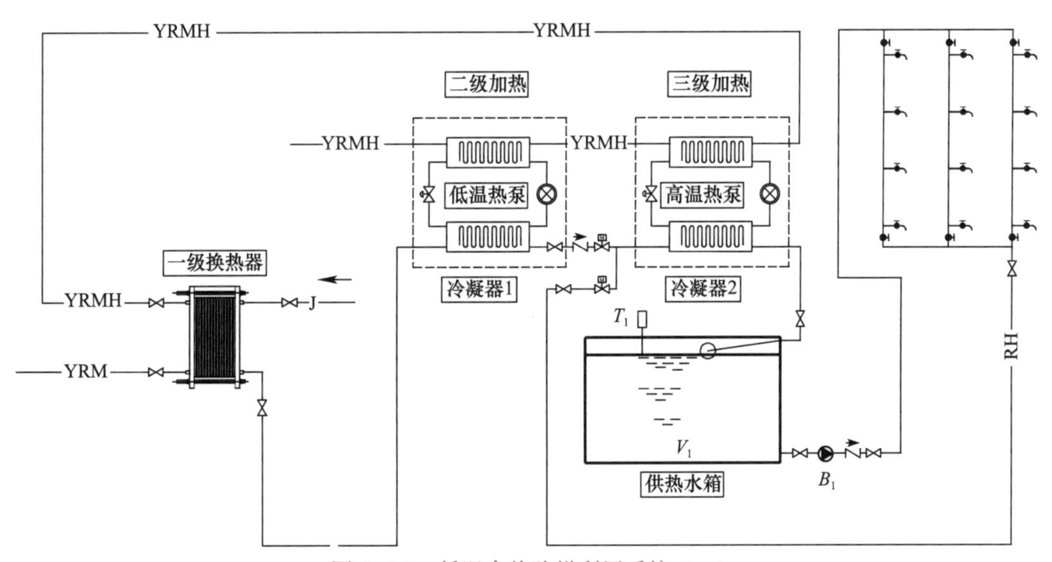

图 6.4-3　低温余热阶梯利用系统（一）

(2) 适用范围

项目所在地周围有连续的余热资料可利用。

(3) 系统优缺点

作为能源的回收利用，余热的回收利用本身就是一种节能措施，但余热回收利用受限条件较多，若余热有可靠的保障措施（如电厂余热），可不考虑备用热源，否则对于有检修期或可能存在不确定间断的余热利用，要考虑相应的备用热源。余热采用三级利用，能将余热温度降至最低，最大限度地做到余热回收利用。若余热存在不连续或间断检修，应考虑前段设置余热收集水箱储存余热，对于检修期长的余热回收利用应考虑备用热源。余热回收第一级采用热交换器，热交换器要结合余热水质的情况进行合理选择，避免水质不好而造成的结垢、堵塞等状况发生，增加了系统的维修、维护成本。一、二级水源热泵可考虑合并设置。

（4）系统控制

1）自来水经一级换热进入一、二级水源热泵，热泵的运行根据集热水箱的水位及水温连锁控制；

2）当集热水箱的水温降低且不满足供水要求时，启动集热水箱循环加压泵，通过管路上的电动阀切换，经二级水源热泵再加热；

3）当生活热水回水循环温度 $T_2<40℃$，启动管路上的电动阀，经二级水源热泵再加热，当回水温度升高至 $T_1>48℃$时，切换电动阀，系统转换至正常运行。

（5）系统设计

1）低温热源尽可能得稳定可靠，否则应考虑增设低温热源集热水箱；

2）若低温热源有检修期或不稳定性，在热水供应系统上应增设辅助热源系统，如图 6.4-4 所示；

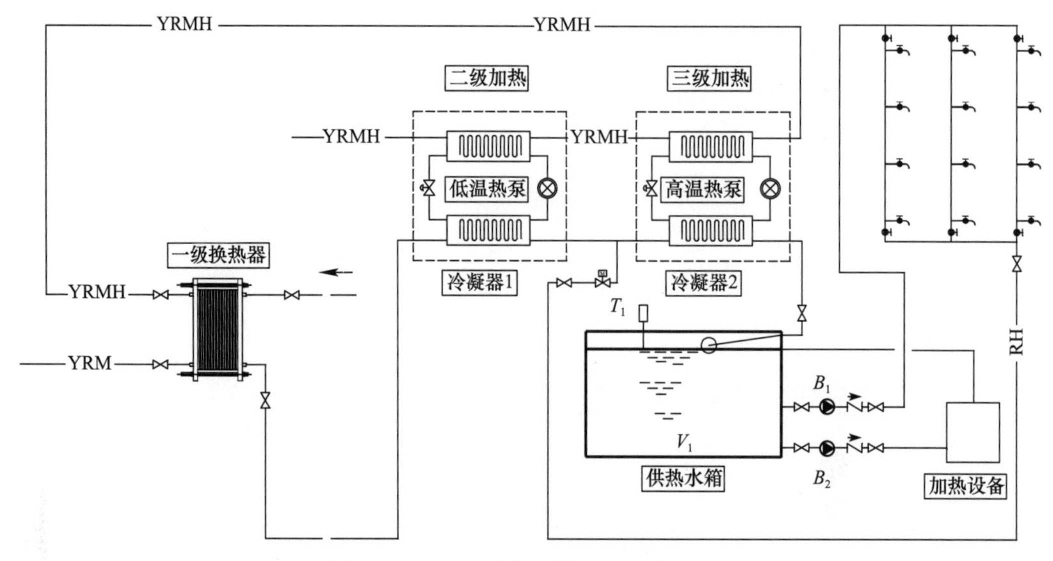

图 6.4-4　低温余热阶梯利用系统（二）

3）一、二级水源热泵应根据低温热源的温度合理选择，有可能一级，有可能二级，同时要结合水温选择合理的水源热泵（如普通型、高温型）；

4）余热利用最好考虑暖通空调生活热水联合利用；

5）在热水系统上均增设消毒设施；

6）集热水箱的大小可按照 1～2h 的设计小时热水量的大小设置，不宜过大，过大在非高峰期热损失过多，不利于节能；

7）余热利用的热源除采用工业余热外，也可考虑洗浴废水收集，稳定的污水源等均可以作为余热阶梯利用的热源使用，只是采用不同的余热应考虑适合的一级换热设备。

第7章　集中生活热水系统案例

7.1　西安某五星级酒店太阳能热水系统案例

7.1.1　工程概况

本项目为西安市某五星级酒店，总建筑面积约 8.99 万 m^2，客房 397 间。建筑层数为地上 4 层、地下 2 层，总建筑高度为 22.1m。酒店各层功能分布情况见表 7.1-1。

酒店各层功能分布情况　　表 7.1-1

2F～4F	客房、中餐厅
1F	大堂、会议、商店
−1F	洗衣房、厨房、员工餐厅、后勤办公、SPA、商场、设备房、停车场
−2F	博物馆、宴会厅、停车库（人防）、设备房

生活给水水源为市政给水，由项目用地西侧与南侧市政路分别引入一根 DN200 供水管，接入地块内后呈环状布置。热水供应范围为各层客房卫生间的淋浴及洗脸盆、公共卫生间的洗手盆、集中洗浴区、洗衣房及厨房区域。

7.1.2　热水系统基本参数

根据相关规范及项目工程资料确定热水系统基本参数，见表 7.1-2。

热水系统基本参数表　　表 7.1-2

序号	项目	参数
1	冷水温度	4℃
2	热水温度	60℃
3	热水使用时间	24h
4	热水日用水量	240m^3/d
5	设计小时耗热量	2100kW

7.1.3　方案设计

该项目热水系统采用太阳能及自备锅炉房的高温热水（95℃/70℃）作为热源。太阳能作为预热热媒间接使用，太阳能系统采用集中集热—集中贮热的间接太阳能热水系统，循环方式采用强制循环。太阳能贮热罐中的水经过板式换热器与太阳能集热器中传热工质进行交换。太阳能贮热罐中的水作为补水进入容积式换热器，由高温热水换热至60℃供至用户端。集热器中传热工质采用防冻液。

以下重点介绍太阳能热水在本项目中的应用情况。

1. 热水系统用水定额

热水系统用水定额取值见表7.1-3。

热水系统用水定额取值表　　表7.1-3

用水名称	单位数	用水标准
洗衣房	750kg/d	25L/kg织物
宴会厅	1500人	20L/(人·次)
员工餐厅	350人	10L/(人·次)
中餐厅	300人	20L/(人·次)
西餐厅	510人	20L/(人·次)
员工	350人	40L/(人·d)
会议室	350人	2L/(人·d)
游泳健身	90人	40L/(人·次)
办公室	120人	8L/(人·d)
SPA	60人	100L/(人·d)
客房	794床	160L/(床·d)

2. 热水系统分区

热水系统分区见表7.1-4。

热水系统分区表　　表7.1-4

分区	范围	热源	热媒
一区	软水区（洗衣房、厨房区域）	太阳能、自建燃气锅炉	锅炉房：高温热水，供水温度95℃，回水温度70℃。 太阳能：防冻液
二区	公共区域	太阳能、自建燃气锅炉	
三区	2F～4F客房区	自建燃气锅炉	

3. 太阳能产水量计算

由于建筑屋面造型要求，可设置太阳能集热器的屋面面积有限，集热器统一设置于4层屋面，共设置128组真空管集热器，每组3.2m^2，集热器总面积409.6m^2。太阳能贮热罐、板换及循环泵等均设于地下2层热水机房内。

$$A_{IN}=A_c\cdot\left(1+\frac{U_L\cdot A_c}{U_{hx}\cdot A_{hx}}\right) \tag{7.1-1}$$

式中　A_{IN}——间接系统集热器总面积，取值410m^2；

A_c——直接系统集热器总面积，m^2；

U_L——集热器总热损失系数，取值 7.2kJ/(m² · ℃ · h)；

U_{hx}——热交换器传热系数，按热交换器技术参数确定，取值 3960kJ/(m² · ℃ · h)；

A_{hx}——间接系统热交换器换热面积，取值 24m²；

经计算可得：$A_c = 398\text{m}^2$

根据直接系统的集热面积计算公式计算出日平均产水量：

$$A_c = \frac{Q_w C_w (t_{end} - t_L) f \cdot \rho_w}{J_T \eta_{cd} (1 - \eta_L)} \tag{7.1-2}$$

式中　A_c——直接系统的集热面积，经计算为 398m²；

Q_w——日平均用热水量，L；

C_w——水的定压比热容，取值 4.187kJ/(kg · ℃)；

t_{end}——贮热水箱的终止设计温度，取值 60℃；

t_L——水的初始温度，取值 4℃；

f——太阳能保证率，取值 50%；

ρ_w——水的密度，kg/L；

J_T——当地集热器纬度倾角表面年平均日太阳辐照量，取值 12013kJ/(m² · d)；

η_{cd}——集热器年平均集热效率，取值 0.45；

η_L——管路及贮水箱热损失率，取值 0.2；

经计算可得：$Q_w = 14682\text{L} = 14.7\text{m}^3$

4. 太阳能贮热罐有效容积计算

$$V_{rx} = q_{rjd} \cdot A_j \tag{7.1-3}$$

式中　V_{rx}——贮热罐有效容积，L；

q_{rjd}——单位面积集热器平均日产温升 30℃热水量的容积，取值 40L/(m² · d)；

A_j——集热器总面积，取值 410m²；

经计算可得：$V_{rx} = 16400\text{L} = 16.4\text{m}^3$；

共设置太阳能贮热罐 3m³ 的 2 台，6m³ 的 2 台。

5. 太阳能集热器循环泵流量计算

$$q_x = q_{gz} \cdot A_j \tag{7.1-4}$$

式中　q_x——集热系统循环流量，m³/h；

q_{gz}——单位面积集热器对应的工质流量，取值 0.05m³/(h · m²)；

A_j——集热器总面积，取值 410m²；

经计算可得：$q_x = 20.5\text{m}^3/\text{h}$

太阳能集热循环泵的扬程为系统所克服的阻力，计算得太阳能及热循环扬程为 14.3m。

循环泵选择：$Q = 12\text{m}^3/\text{h}$，$H = 18\text{m}$，$N = 1.5\text{kW}$（二用二备）。

7.1.4　热水系统材料表及相关附图

1. 热水系统主要设备器材表

热水系统主要设备器材见表 7.1-5。

热水系统主要设备器材表 表 7.1-5

设备编号	设备名称	规格及性能	单位	数量
1	一区（洗衣区立式容积式浮动盘管换热器）	Q=3m³/h，W=105×10⁴kJ/h 单罐直径 1400mm，高 3000mm	台	2
2	一区（洗衣区太阳能贮热水罐）	单罐贮热水量 3m³	台	2
3	二区（公共区立式容积式浮动盘管换热器）	Q=8m³/h，W=184.228×10⁴kJ/h 单罐直径 1600mm，高 3000mm	台	2
4	二区（公共区太阳能贮热水罐）	单罐贮热水量 6m³	台	2
5	三区（客房区立式容积式浮动盘管换热器）	Q=10m³/h，W=276.342×10⁴kJ/h 单罐直径 1400mm，高 3180mm	台	3
6	热水循环泵及隔膜膨胀水罐	单泵 Q=12m³/h，H=18m，N=1.5kW 膨胀管单罐直径 1400mm，罐体设计压力 1.0MPa	组	3
7	太阳能贮热水罐循环泵	单泵 Q=12m³/h，H=18m，N=1.5kW	台	4
8	太阳能板式换热器	410m²	组	128
9	太阳能介质循环泵及膨胀水罐	单泵 Q=22m³/h，H=18m，N=2.2kW 单罐直径 1000mm，罐体设计压力 1.0MPa	台	2

注：Q 表示流量，H 表示扬程，W 表示耗热量，N 表示功率。

2. 热水机房平面布置图

热水机房平面布置图见图 7.1-1，图中设备编号与表 7.1-5 对应。

3. 屋面太阳能布置图

屋面太阳能布置见图 7.1-2。

4. 热水系统原理图

热水系统原理图见图 7.1-3。

7.1.5 工程照片及运行

1. 工程照片

图 7.1-4 为 2023 年 6 月拍摄的本项目太阳能集热器实景图。

2. 工程运行

该项目设计时间为 2009～2010 年，项目投入时间为 2012 年 3 月。在 2022 年 7 月对该项目进行了回访，回访过程中记录了关于生活热水使用情况。生活热水使用高峰段为 7：30～8：30，20：00～23：00，夏季热水供水温度调至 53℃，回水温度调至 48℃，冬季供回水水温上调 3℃左右。根据项目工程部反馈，由于太阳能系统无具体计量装置，根据近 10 年运行情况的观察，在夏季天气晴朗时，太阳能热水系统基本可以保证二区生活热水系统使用，无需辅热，一区餐饮区热水用水需求较大，仍需辅热。太阳能热水系统故障率较低，目前仍在正常使用。图 7.1-5 为回访时在项目工程部所拍实时能耗数据。

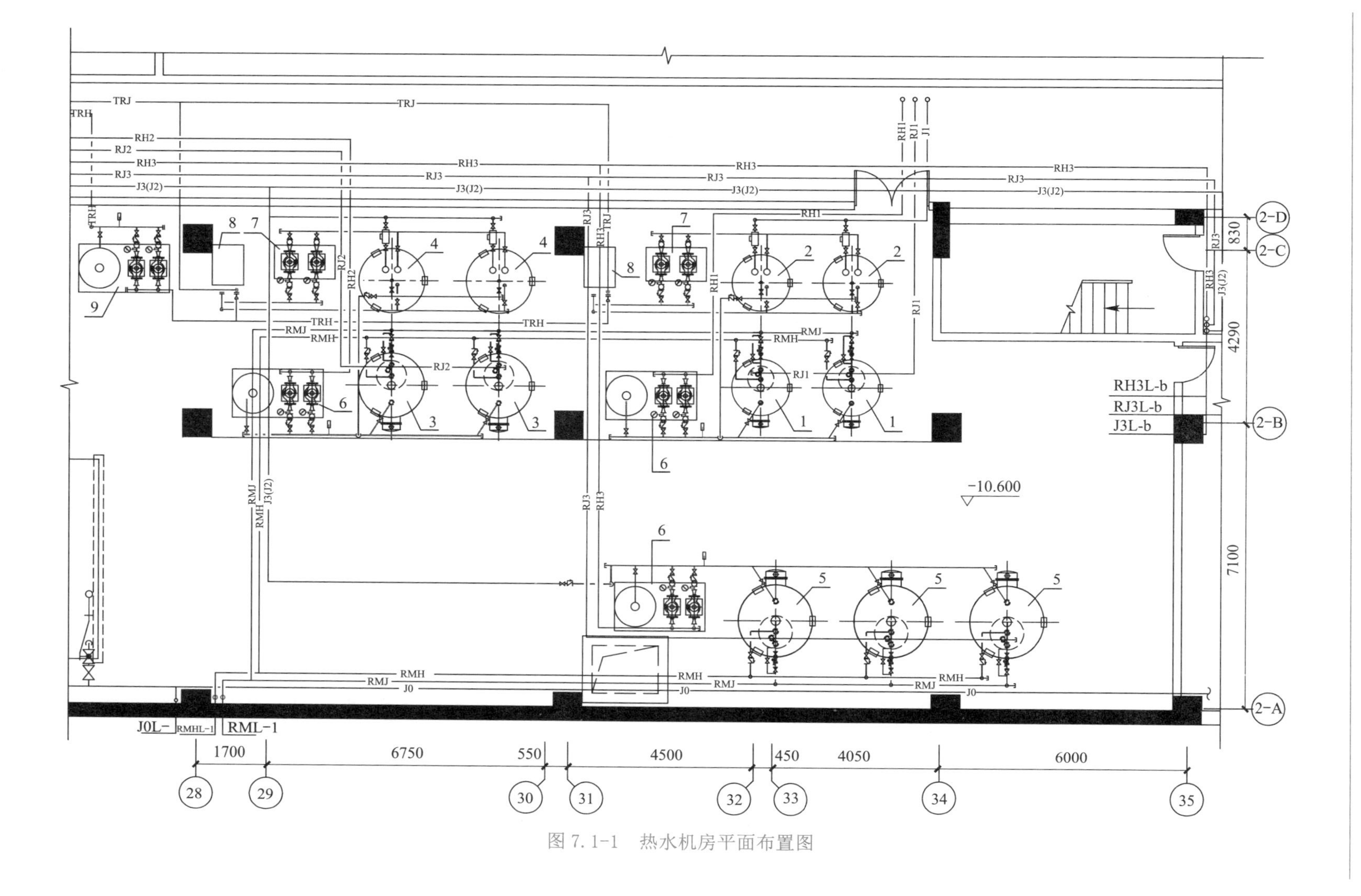

图 7.1-1　热水机房平面布置图

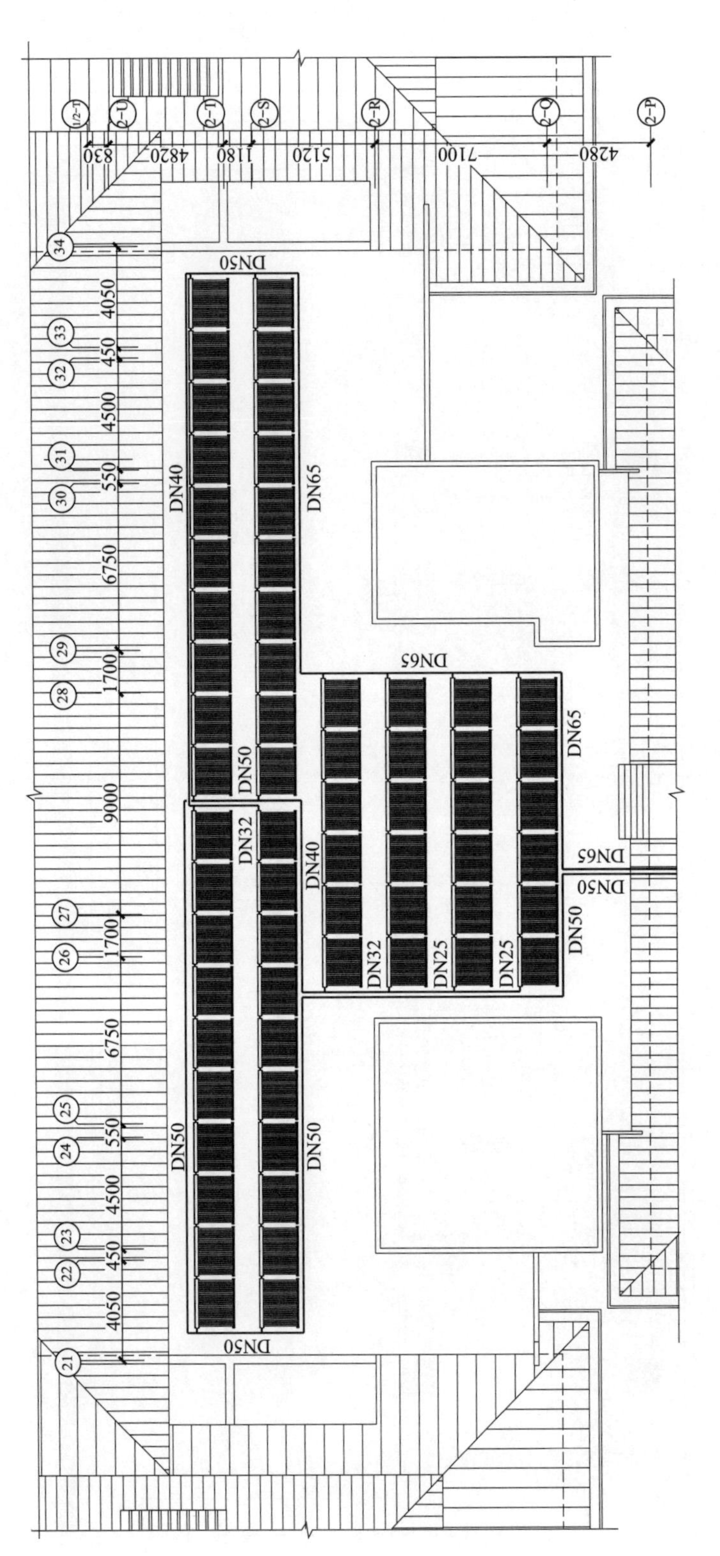

图 7.1-2 屋面太阳能布置图

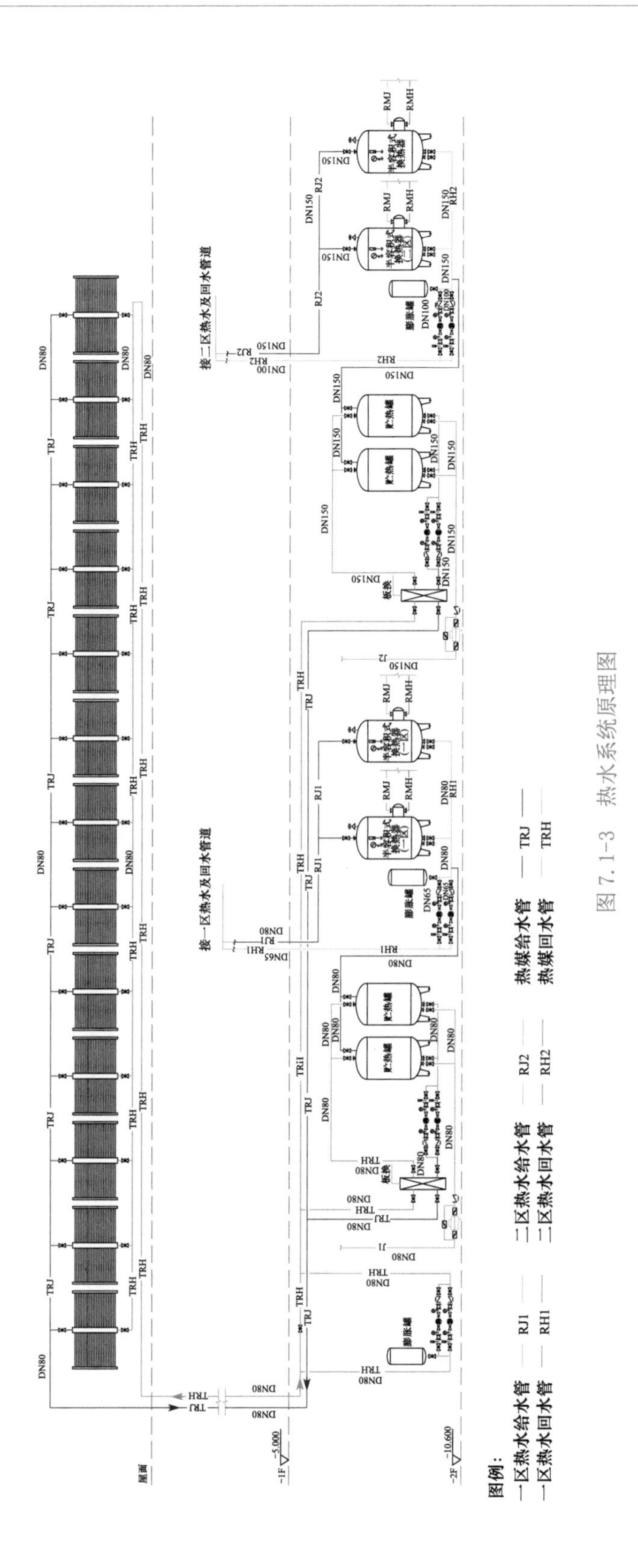

图 7.1-3　热水系统原理图

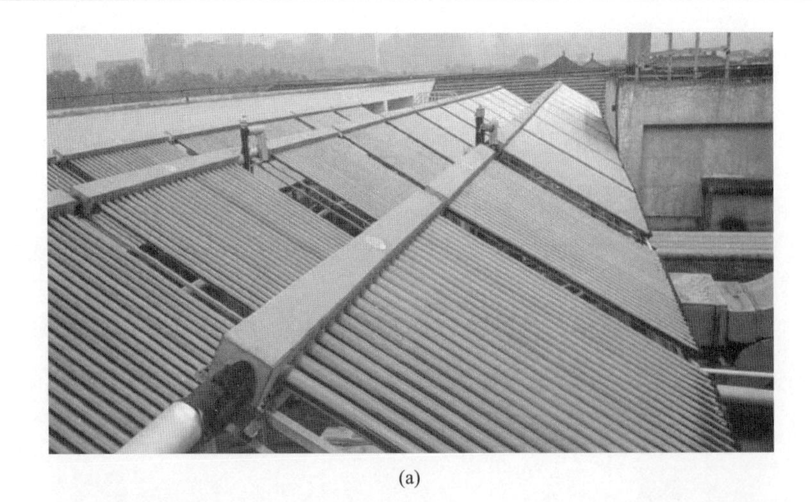

(a)

(b)

图 7.1-4　太阳能集热器实景

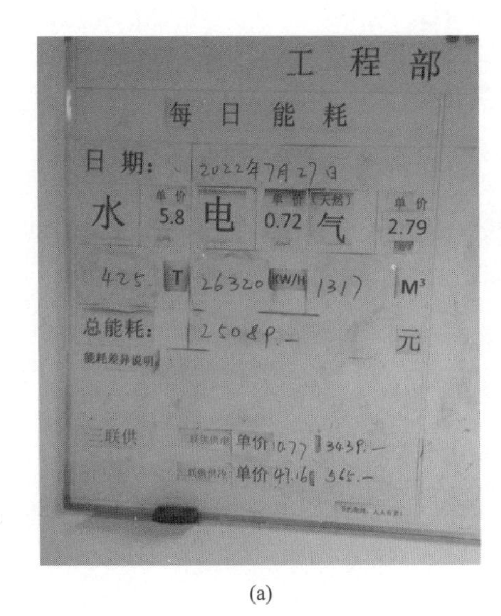

(a)

日期＼项目	三联供电/市电	冷量GJ/水T	锅炉/厨房	天气℃	住房率%
7.25	10466.4 19920	27 442	987 397	晴 22℃-28℃	昨:76.13% 今:75.07%
7.26	3033.6 27600	7 426	944 354	晴 23℃-31℃	昨87.55% 今:78.91%
7.27	4466.4 26320	12 425	969 348	阴 20℃-27℃	昨:87.92% 今:81.96%
7.21	6669.6 18320	 358	963 311	晴 19℃-29℃	昨:52.77% 今:54.11%
7.22	9004.8 18320	21 350	464 381	小雨 17℃-24℃	昨:68.97% 今:57.29%
7.23	9789.6 17120	29 422	1121 423	晴 18-30℃	昨:74.54% 今:63.66%
7.24	10017.6 20320	32 428	975 415	晴 20℃-29℃	昨:79.58% 今:67.9%

(b)

图 7.1-5　每日能耗实拍图

7.2　西安某五星级酒店废热回收利用热水系统案例

7.2.1　工程概况

本工程为西安某五星级酒店项目，建筑面积 78630.45m^2，建筑高度 96.35m。地上 21 层，为酒店及配套，客房数为 313 间；地下 2 层，主要为后勤、厨房及地下车库（局部为设备用房），其中地下 2 层为核 6 常 6 级甲等二类人防掩蔽所。本项目设计时间为 2021 年，目前正在施工。

建筑给水水源为市政给水，由项目用地南侧与西侧市政路各引入 1 根 DN200 供水管，接入地块内后呈环状布置。热水用水部位为各层客房卫生间的淋浴及洗脸盆、公共卫生间的洗手盆、集中洗浴区域、厨房区域等。

7.2.2　计算参数

根据相关规范及工程资料。确定热水系统基本参数，见表 7.2-1。

热水系统基本参数表　　表 7.2-1

序号	项目	参数
1	冷水温度	4℃
2	热水温度	60℃
3	热水使用时间	24h
4	最高日热水量	200m^3/d
5	最大时热水量	18m^3/h
6	设计小时耗热量	1900kW

7.2.3　方案设计

1. 热源

客房区：锅炉房高温热水（95℃/70℃）。

公共区域（即会议、餐厅、宴会厅、后勤等区域）、厨房、洗衣房区域：在锅炉房、洗衣房、变配电间内设置的空气源热泵热水机组进行热回收，对公共区及厨洗区的生活热水进行预热，热水经预热后由锅炉房高温热水（95℃/70℃）加热制备至设计热水温度。

太阳能：在 5 层裙房屋面局部设置太阳能集热板制备热水，辅助电加热，太阳能供 1 层夹层办公、卫生间使用。

2. 热水系统分区

生活热水系统采用全日集中热水供应系统，机械循环，热水系统分区方式同生活给水，分区见表 7.2-2。

热水系统分区表　　表 7.2-2

分区代号	范围	热源	热水温度（℃）
RJC 区	厨房、洗衣房	空气源热泵预热、锅炉房高温热水	74
RJG 区	公共区域	空气源热泵预热、锅炉房高温热水	60

续表

分区代号	范围	热源	热水温度（℃）
RJ1 区	3F～6F 客房区	锅炉房高温热水	51～55
RJ2 区	7F～10F 客房区	锅炉房高温热水	51～55
RJ3 区	11F～14F 客房区	锅炉房高温热水	51～55
RJ4 区	15F～20F 客房区	锅炉房高温热水	51～55

3. 废热回收利用系统

酒店洗衣房采用蒸汽加热烘干，且洗衣房内洗涤设备散热量大，使洗衣房内环境温度及湿度偏高。变配电间电气设备热量大，锅炉间的设备散热均会使相应房间的温度升高。为满足上述房间工作及设备使用环境温湿度的要求，通常需采取通风、降温等技术措施。而本项目设计中，优先考虑废热利用的思路，在上述房间内设置空气源热泵热水机组对废热进行回收，作为生活热水的预热，在给室内降温除湿的同时，提供生活热水。

空气源热泵热水机组以空气中的能量作为主要动力，通过少量电源驱动压缩机吸收洗衣房（表 7.2-3）、锅炉间（表 7.2-4）、变配电间（表 7.2-5）内的热量，通过所吸收的热量将热水换热间内设置的热媒水箱加热，该水箱中的热水作为热媒侧，通过板换将冷水进行预热，预热后的水经锅炉侧板换加热至热水设计温度后进入热水贮水罐内供公区及厨洗区的生活热水使用。

洗衣房机电系统参数表　　表 7.2-3

名称	参数	
面积	570m^2	
蒸汽	压力	8～10kg/cm^2
	耗量	1833kg/h
冷水	压力	3～4kg/cm^2
	耗量	7654L/h
热水	压力	3～4kg/cm^2
	温度	60～70℃
	耗量	1788L/h
动力	电压	380/3/50V
	耗量	210kW
直接排风量		3846m^3/h

锅炉间设备参数表　　表 7.2-4

名称	参数	
面积	250m^2	
燃气承压热水锅炉（共 3 台，表中为单台设备参数）	供热量	2800kW
	供回水温度	95℃/70℃
	天然气耗量	344m^3/h
	用电功率	15kW
	热效率	＞93％

续表

名称	参数	
燃气蒸汽锅炉（共 3 台，表中为单台设备参数）	蒸发量	2000kg/h
	天然气耗量	128m^3/h
	用电功率	11kW
	热效率	>92%

变配电间设备参数表　　表 7.2-5

名称	参数	
面积	340m^2	
变压器	2000kVA	2 台
	1600kVA	2 台
配电柜	68 台	

结合洗衣房、变配电间、锅炉间设备参数散热量并考虑设备间环境温度要求，经暖通专业复核计算，该项目共设置 6 台空气源热泵热水机组，其中洗衣房 3 台，变配电间 2 台，锅炉间 1 台。单台空气源热泵热水机组参数为：制热量 40kW，功率 10kW，热水出水温度 55℃，热水产量 900kg/h（0.9m^3/h）。热媒水箱有效容积 36m^3。

7.2.4　热水系统材料表及原理图

1. 热水系统主要设备器材表

热水系统主要设备器材见表 7.2-6。

热水系统主要设备器材表　　表 7.2-6

机房位置	序号	设备名称	型号、设备参数	数量	单位	备注
换热机房 1（位于 2F 夹层）	1	贮热水罐（客房 4 区）	SGW-5.0-1.0 型卧式贮水罐（316 不锈钢）；贮水容积：5m^3；公称压力：1.0MPa	2	台	编号 R1
	2	板式换热器（客房 4 区）	水板式换热器；公称压力：1.0MPa；换热量：401.5kW；换热面积：4.1m^2；热媒进出口水温：95℃/70℃；热水进出口水温：60℃/4℃	2	套	编号 R2 一用一备 316 不锈钢
	3	板换循环泵（客房 4 区）	立式多级离心泵；Q=20m^3/h；H=10m；N=2.2kW	2	台	编号 R3 一用一备
	4	热水循环泵（客房 4 区）	立式多级离心泵；Q=7.2m^3/h，H=8m，N=0.75kW	2	台	编号 R4 一用一备
	5	热水膨胀罐（客房 4 区）	PN1200 型囊式热水膨胀罐；调节容积：0.53m^3；总容积：2.2m^3；公称压力：1.0MPa	1	套	编号 R5
	6	混水阀（客房 4 区）	智能恒温混水控制阀；出水温度：53℃	1	套	编号 R6
	7	贮热水罐（客房 3 区）	SGW-3.0-1.0 型卧式贮水罐（316 不锈钢）；贮水容积：3m^3；公称压力：1.0MPa	2	套	编号 R7

续表

机房位置	序号	设备名称	型号、设备参数	数量	单位	备注
换热机房 1（位于 2F 夹层）	8	板式换热器（客房 3 区）	水板式换热器；公称压力：1.0MPa； 换热量 226kW 换热面积：2.35m^2； 热媒进出口水温：95℃/70℃； 热水进出口水温：60℃/4℃	2	套	编号 R8 一用一备 316 不锈钢
	9	板换循环泵（客房 3 区）	立式多级离心泵； Q=15m^3/h；H=10m；N=1.5kW	2	台	编号 R9 一用一备
	10	热水循环泵（客房 3 区）	立式多级离心泵； Q=5.4m^3/h；H=7m；N=0.55kW	2	台	编号 R10 一用一备
	11	热水膨胀罐（客房 3 区）	PN1200 型囊式热水膨胀罐； 调节容积：0.54m^3；总容积：2.2m^3；公称压力：1.0MPa	1	套	编号 R11
	12	混水阀（客房 3 区）	智能恒温混水控制阀； 出水温度：53℃	1	套	编号 R12
	13	贮热水罐（客房 2 区）	SGW-3.0-1.0 型卧式贮水罐（316 不锈钢）； 贮水容积：3m^3；公称压力：1.0MPa	2	套	编号 R13
	14	板式换热器（客房 2 区）	水板式换热器；公称压力：1.0MPa； 换热量：228kW；换热面积：2.36m^2； 热媒进出口水温：95℃/70℃； 热水进出口水温：60℃/4℃	2	套	编号 R14 一用一备 316 不锈钢
	15	板换循环泵（客房 2 区）	立式多级离心泵； Q=15m^3/h；H=10m；N=1.5kW	2	台	编号 R15 一用一备
	16	热水循环泵（客房 2 区）	立式多级离心泵； Q=5.4m^3/h；H=7m；N=0.55kW	2	台	编号 R16 一用一备
	17	热水膨胀罐（客房 2 区）	PN1200 型囊式热水膨胀罐； 调节容积：0.59m^3；总容积：2.2m^3；公称压力：1.6MPa	1	套	编号 R17
	18	混水阀（客房 2 区）	智能恒温混水控制阀； 出水温度：53℃	1	套	编号 R18
换热机房 2（位于 B2F 夹层）	19	贮热水罐（客房 1 区）	SGW-3.0-1.0 型卧式贮水罐（316 不锈钢）；贮水容积：3m^3；公称压力：1.0MPa	2	套	编号 R19
	20	板式换热器（客房 1 区）	水板式换热器；公称压力：1.0MPa； 换热量：233kW；换热面积：2.42m^2； 热媒进出口水温：95℃/70℃； 热水进出口水温：60℃/4℃	2	套	编号 R20 一用一备 316 不锈钢
	21	板换循环泵（客房 1 区）	立式多级离心泵； Q=15m^3/h；H=10m；N=1.5kW	2	台	编号 R21 一用一备
	22	热水循环泵（客房 1 区）	立式多级离心泵； Q=5.4m^3/h；H=7m；N=0.55kW	2	台	编号 R22 一用一备
	23	热水膨胀罐（客房 1 区）	PN1200 型囊式热水膨胀罐； 调节容积：0.59m^3；总容积：2.2m^3；公称压力：1.6MPa	1	套	编号 R23

续表

机房位置	序号	设备名称	型号、设备参数	数量	单位	备注
换热机房 2（位于 B2F 夹层）	24	混水阀（客房 1 区）	智能恒温混水控制阀；出水温度：53℃	1	套	编号 R24
	25	热媒水箱	组合式不锈钢板水箱 6000×4000×2500（H）；有效水深：1.8m；有效容积：36m^3	1	个	编号 R25
	26	板式换热器（公区预热）	水板式换热器；公称压力：1.0MPa；换热量：240kW；换热面积：0.9m^2；热媒进出口水温：55℃/50℃；热水进出口水温：55℃/4℃	2	套	编号 R26 一用一备 316 不锈钢
	27	板换循环泵（公区预热）	立式多级离心泵；Q=40m^3/h；H=13m；N=3.0kW	2	台	编号 R27 一用一备
	28	贮水罐（公区）	SGW-4.0-1.0 型卧式贮水罐（316 不锈钢）；贮水容积：4m^3，公称压力：1.0MPa	2	个	编号 R28
	29	板式换热器（公区）	水板式换热器；公称压力：1.0MPa；换热量：240kW；换热面积：2.5m^2；热媒进出口水温：90℃/70℃；热水进出口水温：60℃/4℃	2	套	编号 R29 一用一备 316 不锈钢
	30	板换循环泵（公区）	立式多级离心泵；Q=18m^3/h；H=13m；N=2.2kW	2	台	编号 R30 一用一备
	31	热水循环泵（公区）	立式多级离心泵；Q=5.4m^3/h；H=7m；N=0.55kW	2	台	编号 R31 一用一备
	32	热水膨胀罐（公区）	PN1200 型囊式热水膨胀罐；调节容积：0.59m^3；总容积：2.2m^3；公称压力：1.6MPa	1	个	编号 R32
	33	板式换热器（厨洗预热）	水板式换热器；公称压力：1.0MPa；换热量：240kW；换热面积：2.5m^2；热媒进出口水温：55℃/50℃；热水进出口水温：55℃/4℃	2	套	编号 R33 一用一备 316 不锈钢
	34	板换循环泵（厨洗预热）	立式多级离心泵；Q=40m^3/h；H=13m；N=3.0kW	2	台	编号 R34 一用一备
	35	贮水罐（厨洗）	SGW-8.0-1.0 型卧式贮水罐（316 不锈钢）；贮水容积：8m^3；公称压力：1.0MPa	2	个	编号 R35 一用一备
	36	板式换热器（厨洗）	水板式换热器；公称压力：1.0MPa；换热量：725kW；换热面积：7.5m^2；热媒进出口水温：90℃/70℃；热水进出口水温：74℃/69℃	2	套	编号 R36 一用一备 316 不锈钢
	37	板换循环泵（厨洗）	立式多级离心泵；Q=36m^3/h；H=13m；N=3.0kW	2	台	编号 R37 一用一备
	38	热水循环泵（厨洗）	立式多级离心泵；Q=15m^3/h；H=7m；N=1.1kW	2	台	编号 R38 一用一备
	39	热水膨胀罐（厨洗）	PN1200 型囊式热水膨胀罐；调节容积：0.59m^3；总容积：2.2m；公称压力：1.6MPa	1	个	编号 R39

2. 热水机房平面布置图

热水机房和换热机房平面布置分别见图 7.2-1 与图 7.2-2，图中设备编号与表 7.2-6 对应。热水系统原理图见图 7.2-3 和图 7.2-4。

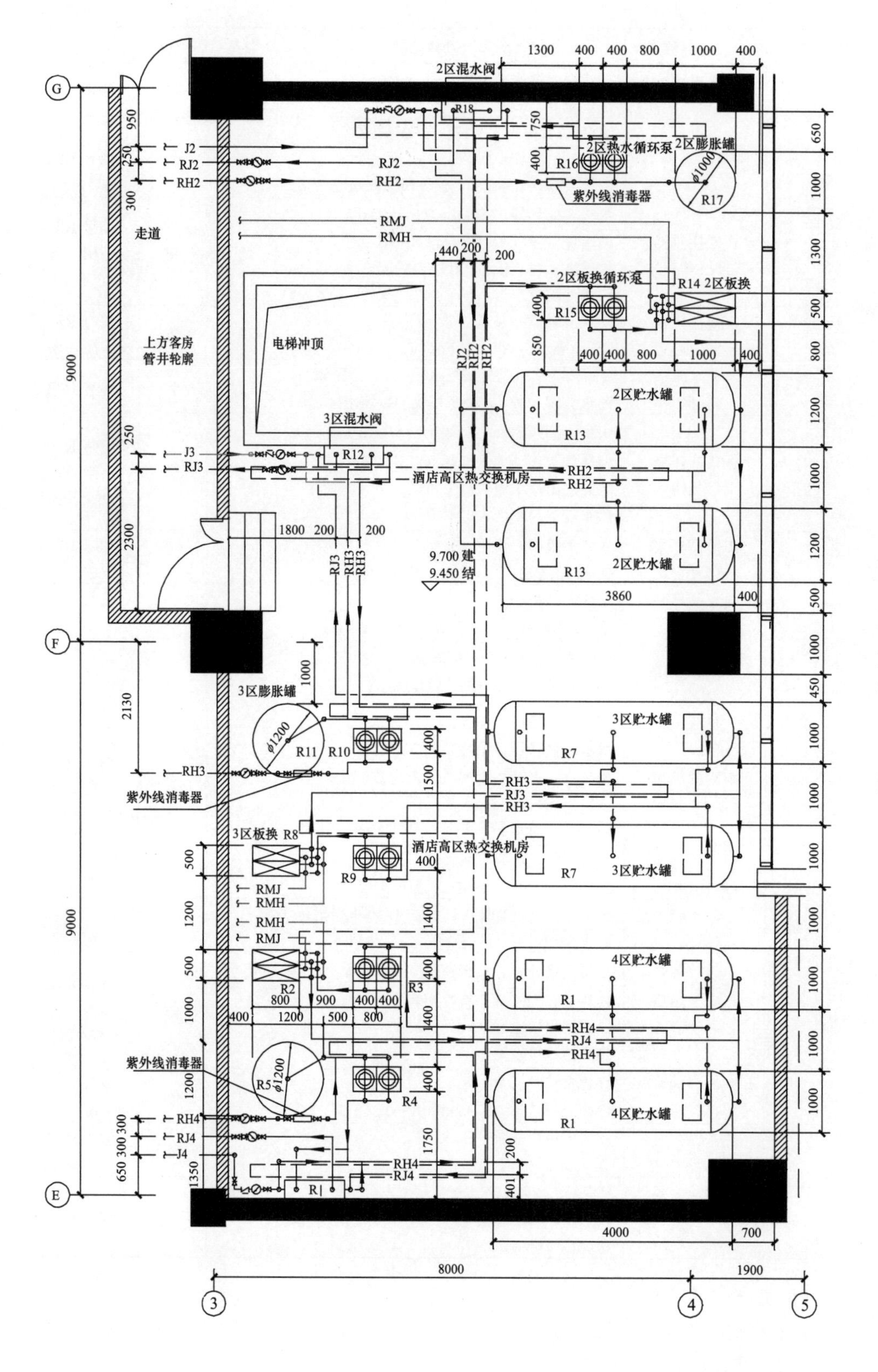

图 7.2-1 热水机房平面图

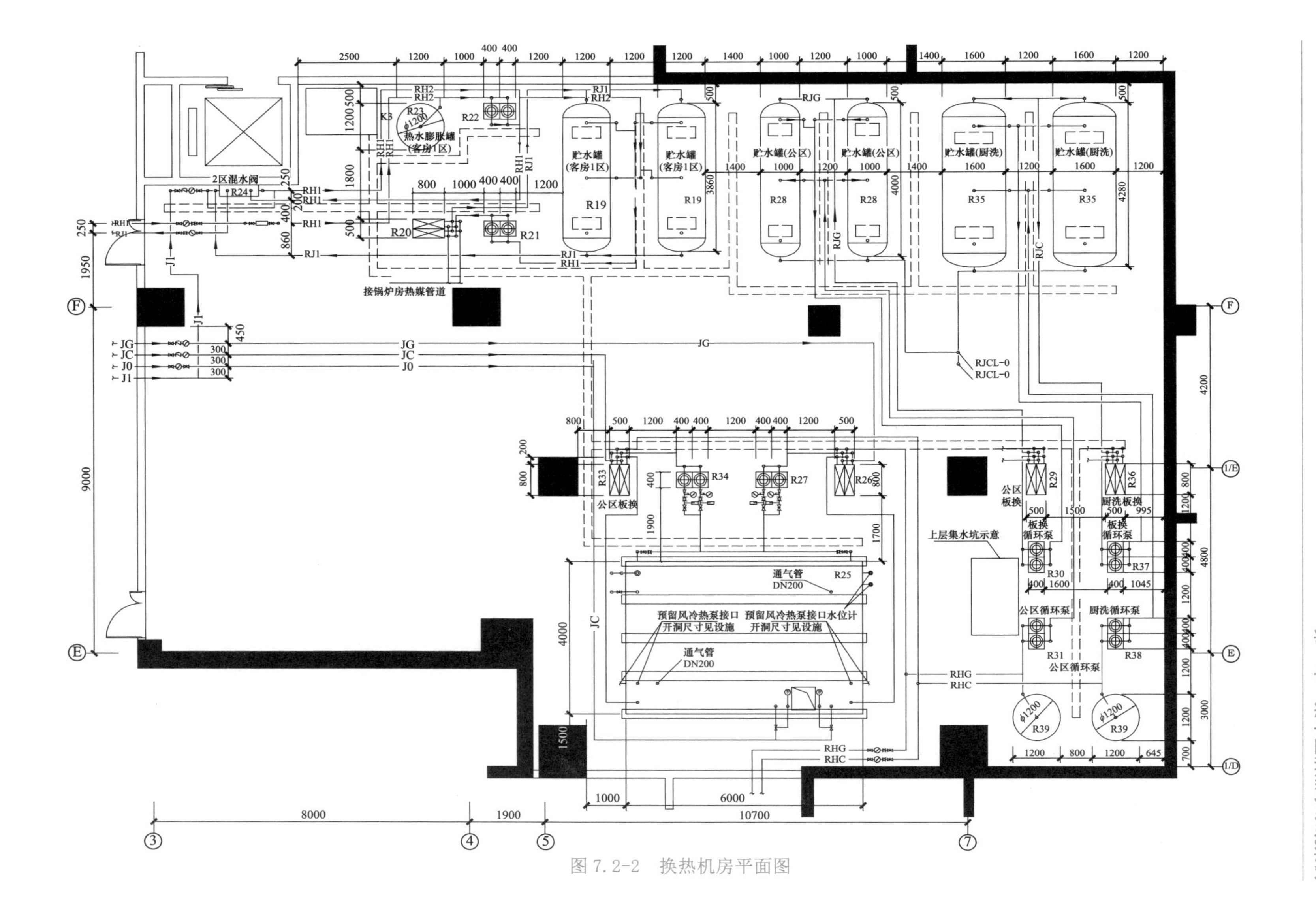

图 7.2-2　换热机房平面图

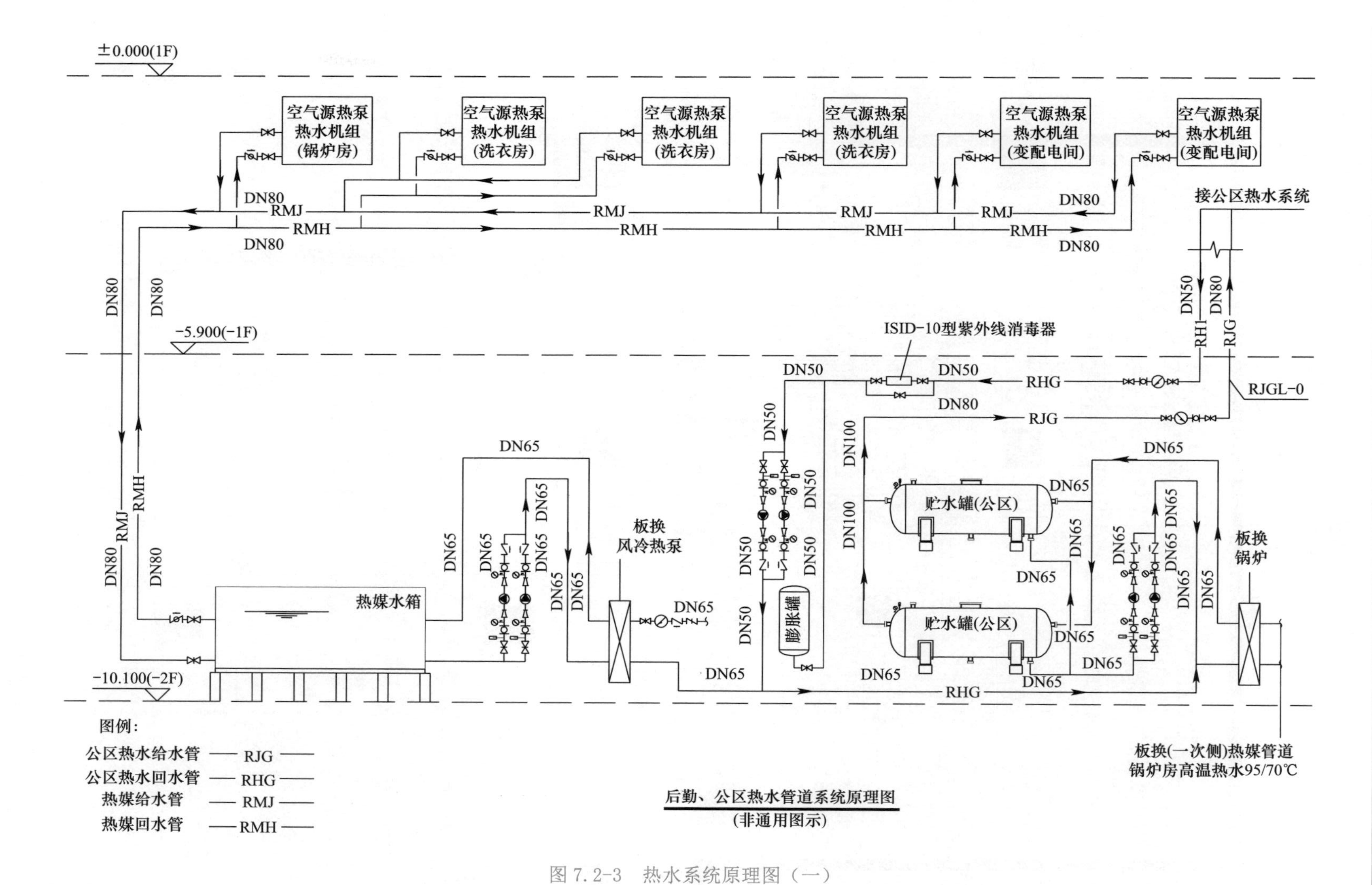

图 7.2-3　热水系统原理图（一）

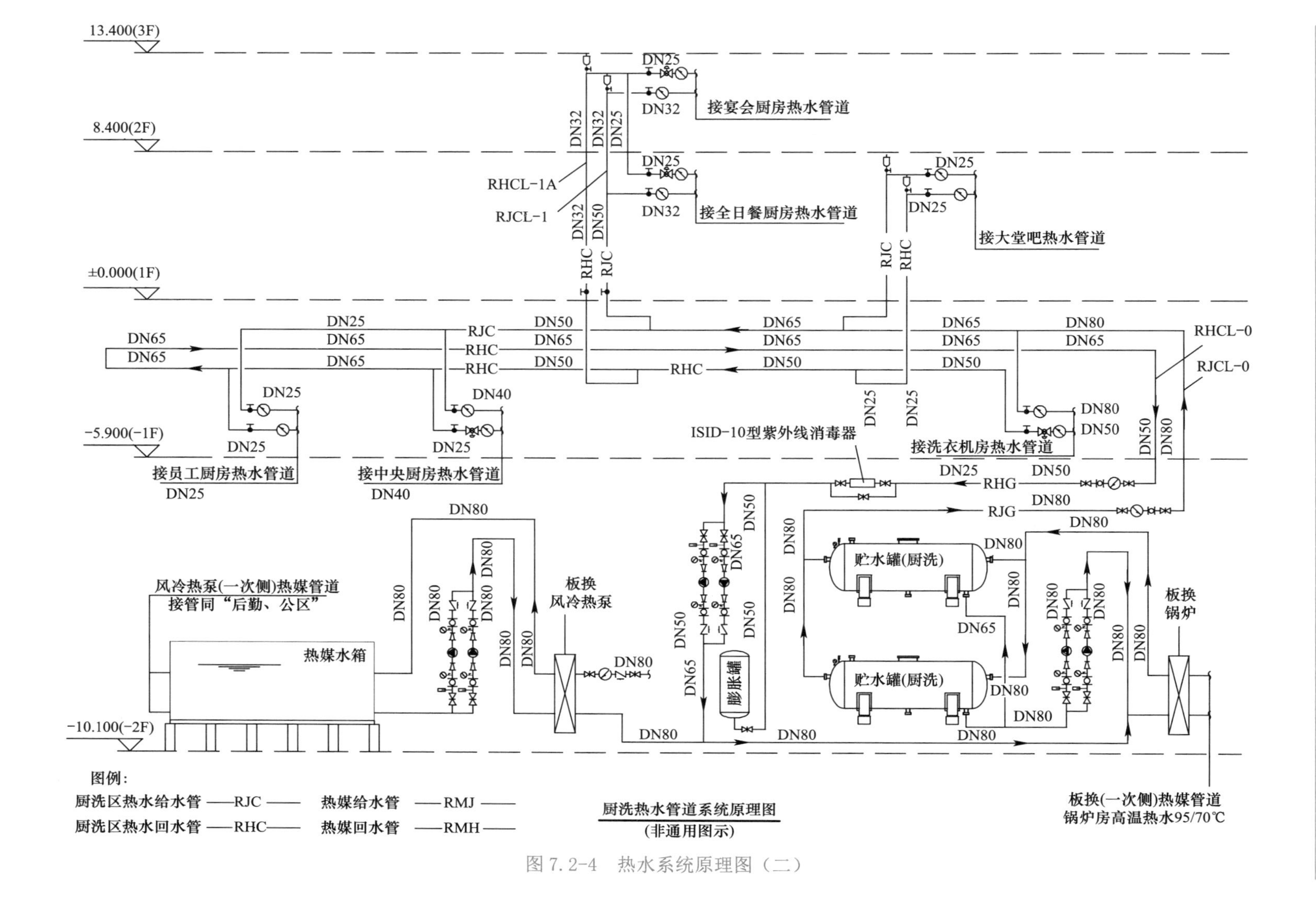

图 7.2-4　热水系统原理图（二）

7.3 西安某五星级酒店泳池余热回收系统案例

7.3.1 工程概况

本工程为西安某五星酒店项目，建筑面积 40502m²，建筑高度 80.3m。地下 1 层主要为设备用房、酒店服务用房及机械式立体停车库，1 层为酒店大堂，2 层及裙房为配套餐饮空间，3 层为酒店会议空间，4 层为泳池、健身、SPA 区域，5～19 层为酒店客房。

建筑给水水源为市政给水。热水用水部位为各层客房卫生间的淋浴及洗脸盆、公共卫生间的洗手盆、集中洗浴区域、厨房区域等。

7.3.2 泳池系统介绍

1. 工艺流程说明

泳池位于酒店 4 层，泳池机房位于 3 层。泳池循环方式采用逆流式循环。游泳池池体内全部循环水量通过溢水沟回水口进入水处理装置净化处理（均衡水箱、循环水泵、毛发收集、絮凝过滤、加热、紫外线、紫外线消毒）后，再由池底的给水口送入池内。经过预净化的池水通过循环泵加压后进入石英砂过滤罐过滤，罐体进出口配有压力表，当砂罐内的压力比正常工作压力高出设定数值时，对过滤砂罐进行反冲洗，将砂层内的污物排走。过滤及紫外线消毒后的池水通过泳池除湿热泵机组加热至设计温度。

2. 设计参数

泳池主要设计参数见表 7.3-1。

泳池主要设计参数表　　表 7.3-1

名称	参数
水池尺寸（m）	19.0×8.5×1.4
水池容积（m³）	226
循环周期（h）	4
循环流量（m³/h）	59.4
每日新水补充量（m³/d）	11.3
过滤速度［m³/(h·m)］	≤25
池水设计温度（℃）	27～28
初次加热时间（h）	<48
消毒方式	紫外线消毒

3. 泳池除湿恒温热泵

泳池内 90%以上的能量损失是由于池水蒸发造成的，这部分能量大部分以水汽的形式存在于泳池室内空气中。池水表面蒸发造成室内泳池空气湿度加大，需控制合适的湿度避免室内吊顶及墙面产生凝结水及腐蚀，并使人体处于舒适的湿度环境内。泳池热泵除湿机组利用再生系统，热泵运行过程回收池水表面蒸发的水蒸气热量保持室内空气恒温恒湿及池水恒温。

本项目泳池采用泳池除湿恒温热泵，设备型号为 V-060 型，除湿恒温热泵参数见表 7.3-2。

除湿恒温热泵参数表　　表 7.3-2

名称	参数
电源（三相交流）	380V/50Hz
安装电流	80A
工况	回风 28℃/湿度 60%
除湿量	60kg/h
总热量	116.8kW
总冷量	96.0kW
压缩机总功率	20.8kW
风机总功率	(7.5+1.5)kW
循环风量	16000m^3/h
排/送风静压	350Pa/550Pa
制冷量/充注量	R407c/42kg
水流量	10.1m^3/h

4. 系统运行

（1）当多功能除湿热泵机组自动检测到室内的相对湿度大于设定值 65%±5%时机组启动，此时机组内置的蒸发器对室内的热湿空气进行除湿，再热冷凝器对除湿后的空气进行加热，室内的相对湿度下降。

（2）当多功能除湿热泵机组自动检测到泳池水温度小于设定值 27±1℃时机组启动，此时机组内置的蒸发器对室内的热湿空气进行除湿，机组控制系统启动除湿机循环水泵，通过池水换热器对泳池水进行加热恒温。

（3）当多功能除湿热泵机组自动检测到室内回风温度大于设定值 29±1℃时机组启动，此时机组内置的蒸发器对室内的热湿空气进行除湿，机组控制系统启动室外冷凝器，室内多余的热量通过室外冷凝器排放，达到制冷效果。

（4）当室内的空气相对湿度、温度与池水温度达到设定要求时，此时机组内的压缩机停止工作，送回风机不停转动，系统不停检测室内的空气相对湿度、温度与池水温度。

（5）在冬季，当室内所需空调暖负荷小于机组提供值时，多功能除湿热泵机组系统自动打开热水阀，通过热媒水（60℃）给两用表冷器提供室内所需要的热量，对室内空气进行恒温控制。

7.3.3　泳池系统原理图

相关图纸见图 7.3-1、图 7.3-2。

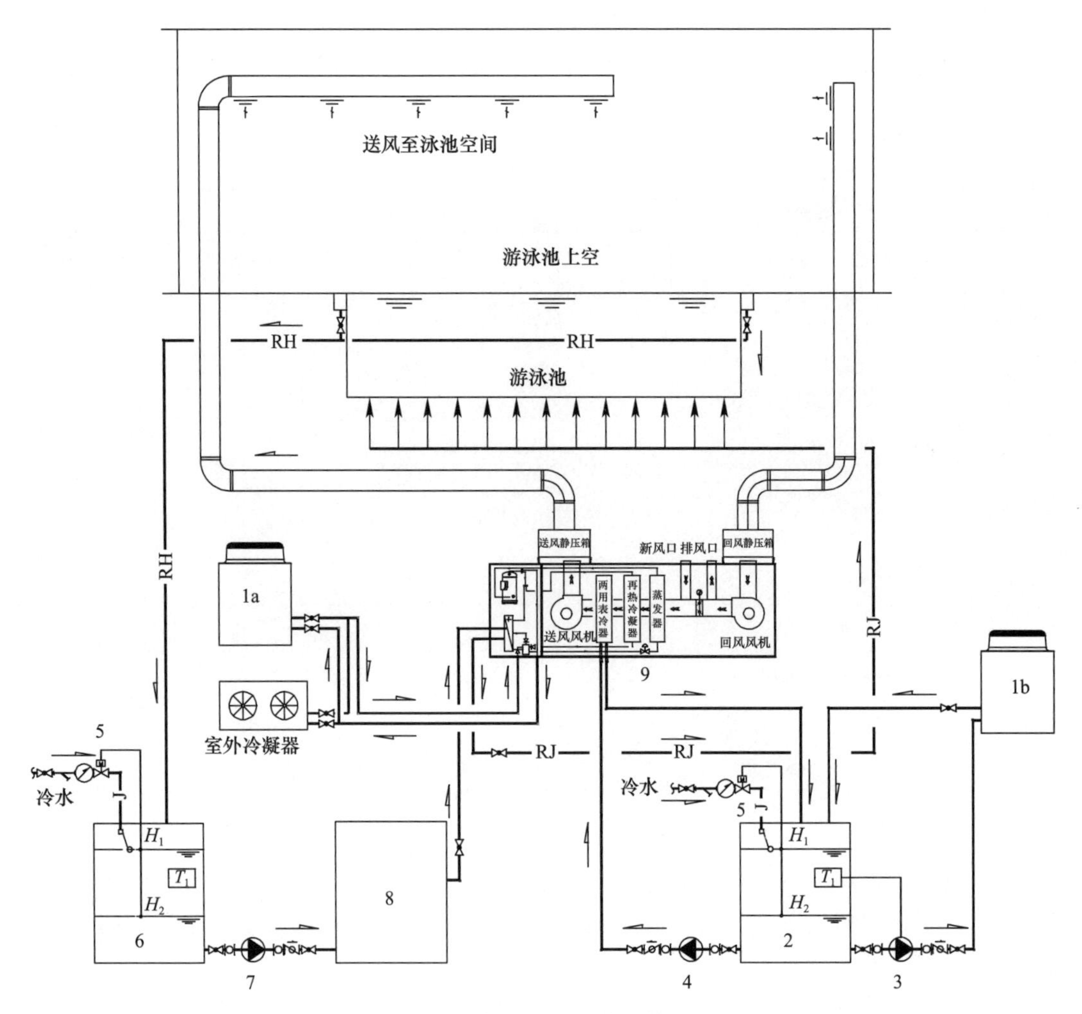

图 7.3-1 泳池除湿空气源热泵热回收系统

1a、1b—空气源热泵机组；2—贮热水箱；
3—空气源热循环泵；4—除湿热泵循环泵；
5—电动阀；6—均衡水箱；
7—泳池水循环泵；8—泳池水处理系统；
9—除湿恒温热泵

7.3.4 工程照片及附图

该项目设计时间为 2011～2013 年，竣工验收时间为 2017 年，开业时间为 2019 年 10 月。该项目泳池投入使用时间同开业时间。于 2020 年 5 月进行现场回访，2020 年 8 月、2023 年 6 月进行电话回访。回访过程中重点了解机电系统的运行情况及生活热水、排水、制冷、制热舒适度，同时关注了泳池除湿热回收系统使用情况，据业主反馈，泳池使用至今，泳池内吊顶及墙面无凝结水现象，系统运行良好。图 7.3-3～图 7.3-5 为 2023 年 5 月拍摄的相关图片。

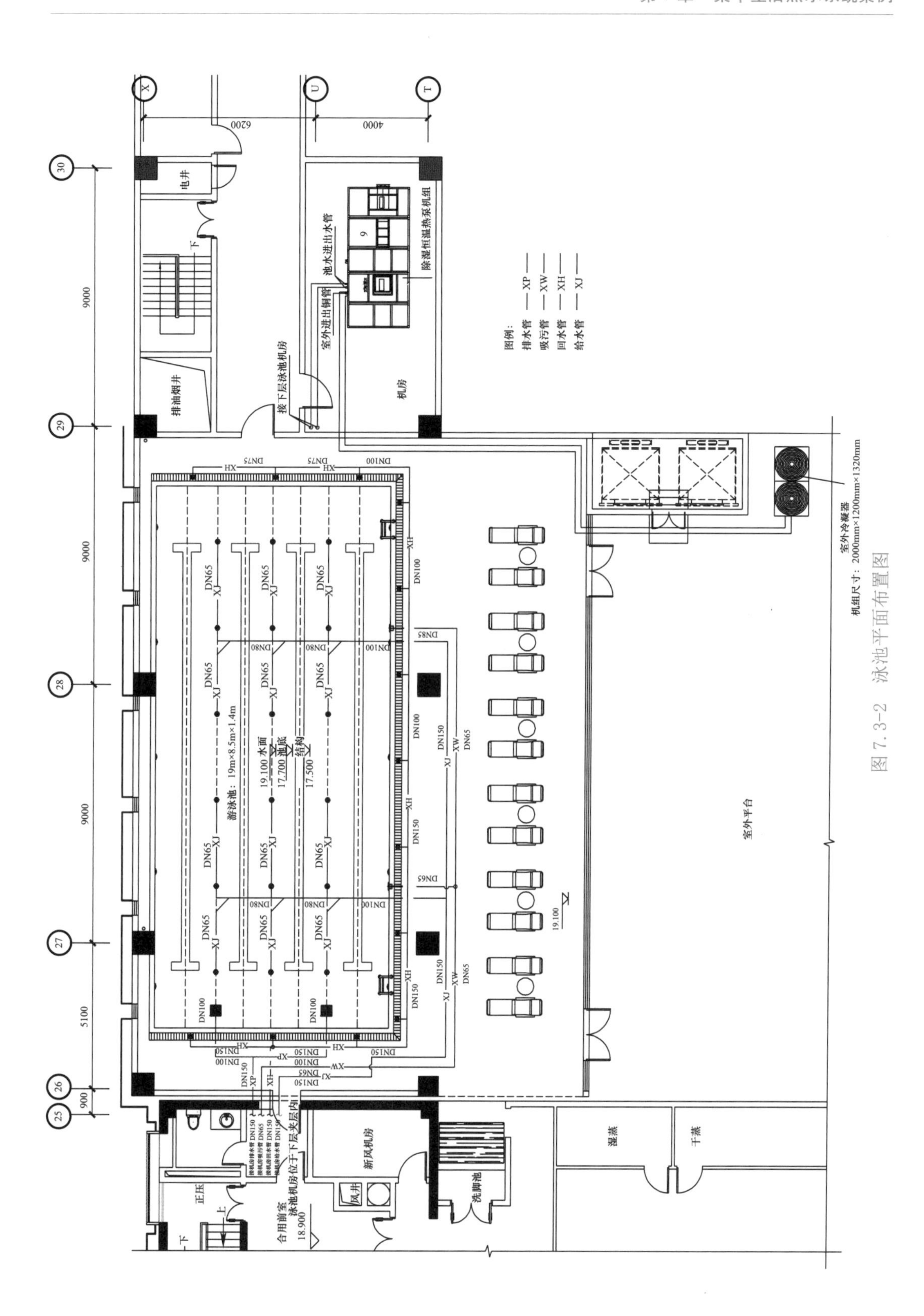

图 7.3-2　泳池平面布置图

图 7.3-3 泳池实景图

图 7.3-4 泳池机房除湿恒温热泵机组实景图

图 7.3-5 室外冷凝器实景图

7.4 某高级中学学生宿舍空气源热泵系统案例

7.4.1 工程概况

本工程为多层公共建筑，建筑面积约 7900m^2，建筑高度 23.25m。地上 6 层，1～6 层均为学生宿舍，其中 187 间为 8 人间，4 间单人间为无障碍宿舍。总住宿人数为 1500 人。每间宿舍设置独立卫生间，卫生间内设置 1 个蹲便、1 个淋浴器、2 个洗脸盆，每层设置公共卫生间、公共盥洗间及公共淋浴间。

建筑给水水源为市政给水，由项目用地南侧与东侧市政路各引入 1 根 DN200 供水管，接入地块内后呈环状布置，市政供水压力 0.2MPa。宿舍 1～6 层由水箱、变频加压泵组联合供水。热水用水部位为宿舍卫生间的淋浴器、洗脸盆及公共淋浴间。

7.4.2 计算参数

根据相关规范及工程资料确定部分参数，见表 7.4-1。

热水系统主要参数表　　表 7.4-1

项目	参数
冷水温度	7℃
热水温度	55℃
热水使用时间	2.5h 定时供应
设计小时热水量	34814L/h
设计小时耗热量	7604208kJ/h

7.4.3　方案设计

本项目热水系统采用空气源热泵为主热源，电加热为辅助热源。设置集热水箱，空气源热水机组通过管道与集热水箱连接，循环水泵使水箱中的水反复通过空气源热水机组加热，逐步升温集热水箱中的水，同时水箱内置电辅热。空气源热泵机组设于屋面，为避免噪声对宿舍的影响，将热泵机组设于公共卫生间屋面上。

1. 热泵设计小时供热量计算

$$
\begin{aligned}
Q_g &= \frac{m \cdot q_r \cdot C(t_r - t_l)\rho_r \cdot C_r}{T_2} \\
&= \frac{1500 \times 70 \times 4.187 \times (55 - 7) \times 0.988 \times 1.1}{12} \\
&= 1911181.3\text{kJ/h} \approx 530\text{kW}
\end{aligned}
$$

根据供热量，本项目选用 8 台 R-800 型机组，单台机组性能参数见表 7.4-2。

热泵机组参数表　　表 7.4-2

型号	RSJ-800/MS-820 型
温度设定范围	22～55℃
额定制热量	80kW
额定功率	20kW
最大输入功率	29kW
额定制热水量	15.5m^3/h
水侧压力损失	60mm

根据项目所在室外计算温度修正系数及空气源热泵机组化霜修正系数计算得最不利工况下空气源热泵机组制热量为 70kW，8 台共 560kW，满足热水负荷要求。

2. 集热水箱容积确定

(1) 设计小时耗热量如下：

$$
\begin{aligned}
Q_h &= \sum q_h C(t_{rl} - t_l)\rho_r n_0 b_g C_r \\
&= 240 \times 4.187 \times (38 - 7) \times 0.988 \times 233 \times 80\% \times 1.1 + 30 \times \\
&\quad 4.187 \times (30 - 7) \times 0.988 \times 412 \times 100\% \times 1.1 \\
&\approx 7604208\text{kJ/h}
\end{aligned}
$$

（2）设计小时热水量如下：

$$q_{rh}=\frac{Q_h}{(t_{r2}-t_1)C\rho_r C_r}$$

$$=\frac{7604208}{(55-7)\times 4.187\times 0.988\times 1.1}$$

$$=34814\text{L/h}\approx 34.8\text{m}^3/\text{h}$$

（3）定时供应系统的集热水箱有效容积取定时供应热水的全部热水量，定时供应2.5h，水箱有效容积：

$$V=34.8\times 2.5=87\text{m}^3$$

选用一座6m×6m×3m的保温水箱，分两格设置。

3. 电加热器功率计算

$$Q_f=Q_g-Q'_g$$

$$=Q_g-\frac{m\cdot q_r\cdot C(t_r-t_1)\rho_r\cdot C_r}{T'_2}$$

$$=2173816.7-\frac{1500\times 80\times 4.187\times (55-7)\times 0.988\times 1.1}{16}$$

$$=535661\text{kJ/h}\approx 148\text{kW}$$

4. 热水系统运行控制

（1）补水运行控制

集热水箱水位降低到设定的低水位时，冷水补水侧电磁阀开启补水，补水至设定的最高水位时，补水电磁阀关闭。

（2）加热运行控制

集热水箱中的热水水温降低到设定温度以下时，空气源热泵机组开启，使集热水箱的水经过机组中的水侧换热器循环加热，当贮热水箱中的水加热上升至设定使用温度时，机组停止运行。

（3）用户侧系统的回水控制

当用户侧水系统长时间无用水时，系统管路内水温下降，当下降至设定回水温度（20～50℃可调）时，回水电磁阀打开，同时集热水箱内的热水供至管网，使管网内水温上升；当热水管中水温升至设定温度时，回水电磁阀关闭，从而保证取水点水温满足用户需求。

（4）辅助电加热的控制

本项目为定时热水供应系统，集热水箱有效容积储存使用时间内的所有热水。正常情况下，空气源热泵机组可以满足使用需求，考虑到设备检修等特殊情况，设置辅助电加热，辅助电加热采用管道式辅热，辅助电加热的开启可根据环境温度和机组启停来控制。

7.4.4 热水系统原理图

热水系统原理见图7.4-1。

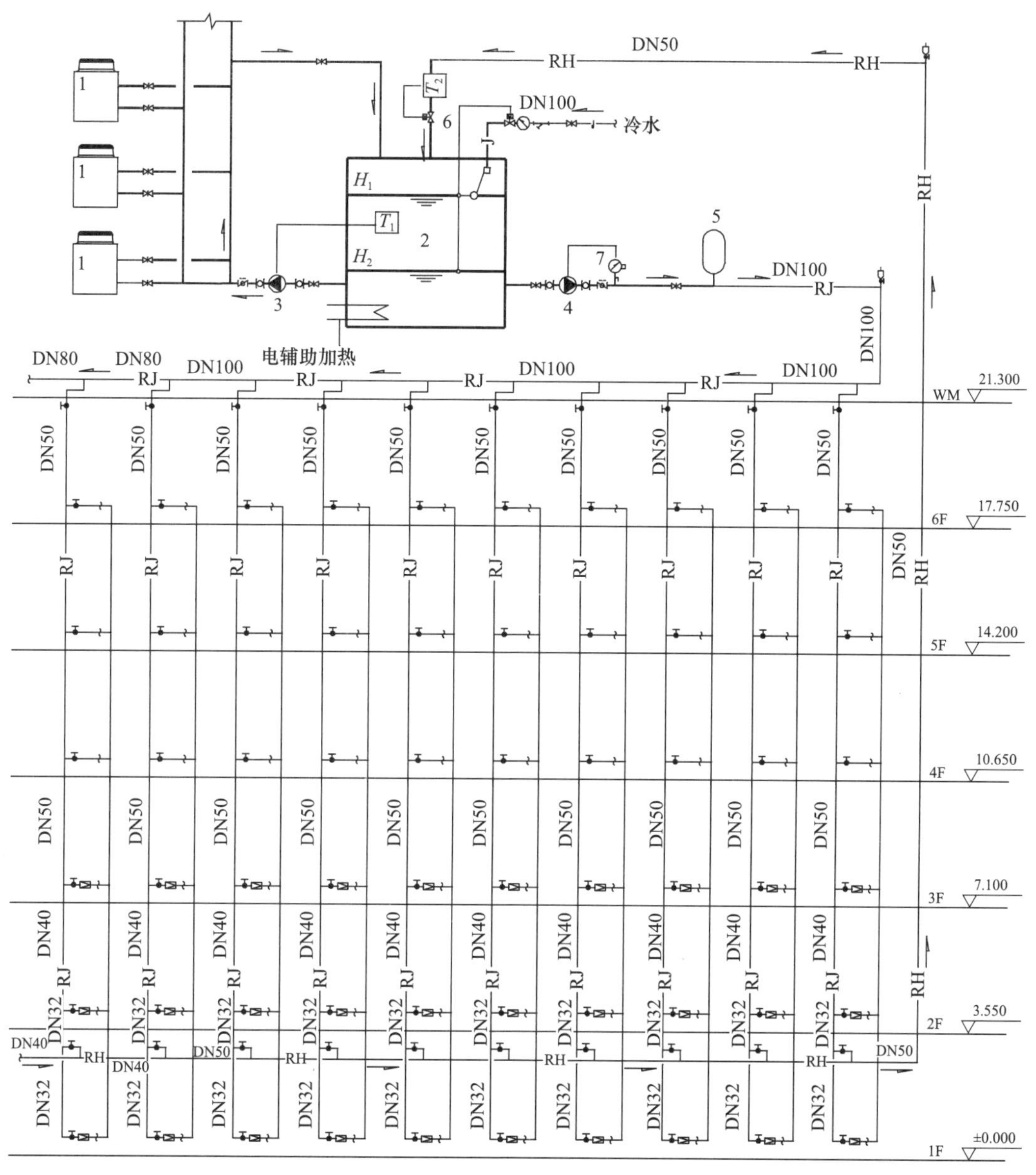

热水系统原理图
(非通用图示)

图例

—— J —— 给水管道
—— RJ —— 热水供水管道
—— RH —— 热水回水管道

图 7.4-1　热水系统原理图

1—空气源热泵机组；2—集热水箱；3—空气源循环泵；4—热水变膜加压泵；5—膨胀水箱；6—电动阀；7—压力开关

7.5 西安某软件新城热水系统案例

7.5.1 工程概况

本工程位于西安某软件研发基地一期东北角，属于软件新城一期起步区内。总建筑面积122362m²，其中地上建筑面积为94756m²，地下总建筑面积为27606m²。A1楼为科研办公，共3层；B楼为科研办公，东、西塔楼共23层，中间裙房共5层；地下2层，为特大型车库。

生活给水水源为市政自来水，由项目用地北侧引入1根DN200的市政自来水管道，在地块内形成环状给水管网。市政自来水供水压力仅0.18MPa，地下室由市政供水管直接供水，1层及以上用水分3个区采用3套变频调速给水设备供水（低区1～8层，中区9～18层，高区9～23层）。根据建设单位要求热水供应范围为各层卫生间的洗手盆。

7.5.2 热水系统基本参数

热水系统基本参数表见表7.5-1。项目所在地室外环境气象参数表见表7.5-2。

热水系统基本参数表　　表7.5-1

序号	项目	参数
1	冷水温度	4℃
2	热水温度	60℃
3	热水定额	5L/(人·班)
4	热水使用时间	8h
5	热水日用水量	25m³/d
6	设计小时耗热量	1600kW

项目所在地室外环境气象参数表　　表7.5-2

月份	累年月平均气温（℃）	累年月平均最高气温（℃）	累年月平均最低气温（℃）	累年月极端最高气温（℃）	累年月极端最低气温（℃）	累年月平均相对湿度（%）	累年月平均气压（百帕）
1	−0.5	4.9	−4.3	16.8	−16.3	69	974.9
2	3	8.7	−1.2	23.1	−14.8	67	971.5
3	8.1	14.3	3.1	29.3	−8.4	69	967.6
4	14.5	21.1	8.8	36.3	−1.4	69	963.3
5	19.8	26.5	13.7	39.3	3	68	959.9
6	24.7	31.3	18.6	43.3	10.6	63	955.3
7	26.5	32.2	21.4	40.6	15	71	953.7
8	24.7	30.2	20.2	41.4	12.7	78	957.3

续表

月份	累年月平均气温（℃）	累年月平均最高气温（℃）	累年月平均最低气温（℃）	累年月极端最高气温（℃）	累年月极端最低气温（℃）	累年月平均相对湿度（%）	累年月平均气压（百帕）
9	19.7	25.2	15.6	39.3	6.5	80	964
10	13.7	19.1	9.7	32.3	−1.9	80	970
11	6.7	12.4	2.5	26	−13.2	76	973.4
12	1	6.4	−2.8	22.3	−17.3	71	975.7

7.5.3 方案设计

1. 热源

根据室外环境参数可知，属于轻霜区，冬季累年平均气温基本都在0℃以上，又考虑用水范围仅为卫生间洗手，属高品质舒适性热水需求，故本工程集中生活热水系统采用太阳能为主要热源，直热型空气源热泵为辅助热源，即“太空组合”，以最大限度降低能耗。集热水箱、空气源热水机组、循环水泵、膨胀罐等设于B1楼或B2楼屋面，太阳能集热器设于电梯机房屋面。

2. 系统分区

B1楼与裙房部分热水由B1楼屋顶太阳能集热器与空气源热泵提供，B2楼与A1楼部分热水由B2楼屋顶太阳能集热器与空气源热泵提供。B1楼与B2楼完全对称，A1楼与裙房热水需求量基本相当，故B1楼与B2楼屋面太阳能集热器与空气源热泵配置相同。热水分两个区，−1～11层为低区，12～23层为高区，超压楼层均设支管减压阀。平面及系统具体如图7.5-1～图7.5-4所示。

3. 控制方式

（1）当集热器温度T_1(出)$-T_2$(进)$\geqslant$8℃时，循环泵P_1启动；当$T_1-T_2\leqslant$2℃时，循环泵P_1停止循环；

（2）当水箱水位低于设定水位时，电磁阀启动，自动补水，当水箱水位达到4水位时，停止补水；

（3）温控补水，当水箱温度T_3大于50℃时，电磁阀启动，补水，达到4水位时，停止补水；

（4）无水补水，当水箱水位为0（最低水位）时，自动补水至2水位（中水位）；

（5）辅助加热采用空气源热泵加热，当水箱温度T_3温度达不到50℃时，自动启动循环泵P_2，采用热泵加热，当$T_3\geqslant$50℃时，循环泵停止，热泵停止工作；

（6）当供水管道温度T_4低于40℃时，P_3启动，电磁阀打开，将管路冷水打进水箱开始供水侧循环，实现即开即热；

（7）高温断续循环：当集热器温度达到95℃且水箱温度T_3小于70℃时，循环泵P_1循环10min，停止20min（高温防炸管功能）；

（8）高温放水：当集热器温度达到95℃且水箱温度T_3大于等于70℃时，开始放水并进冷水开启P_1循环，高温防烫防炸裂功能。

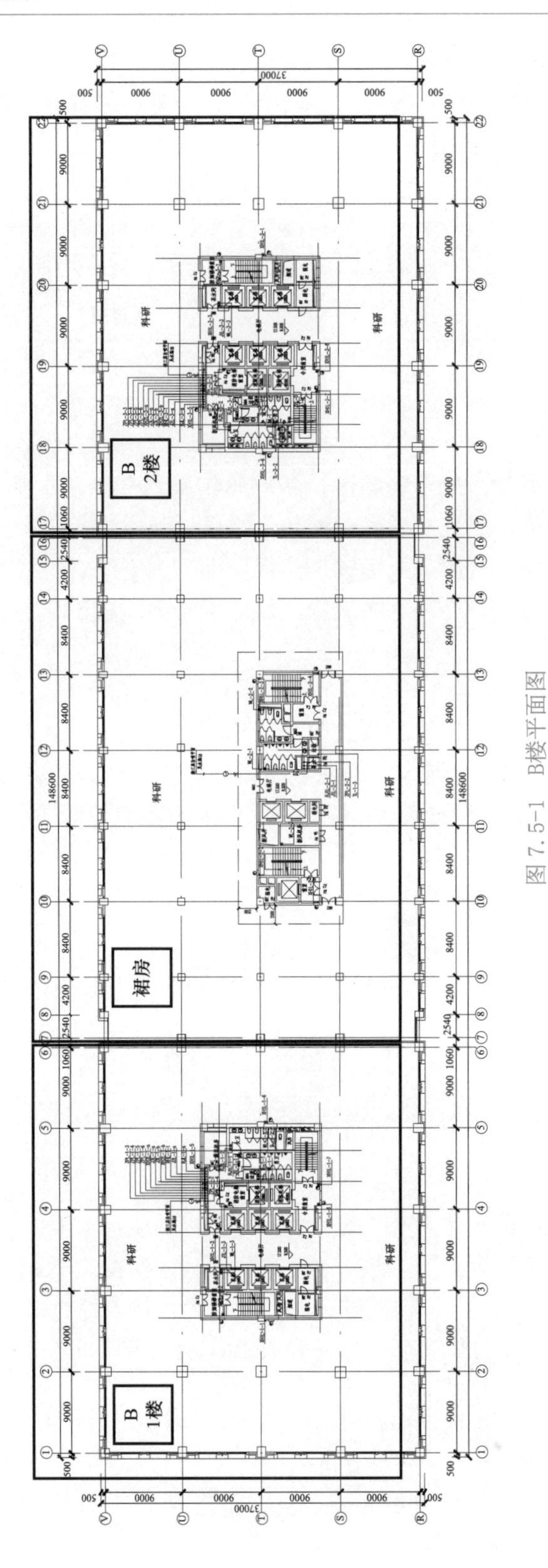

图 7.5-1 B楼平面图

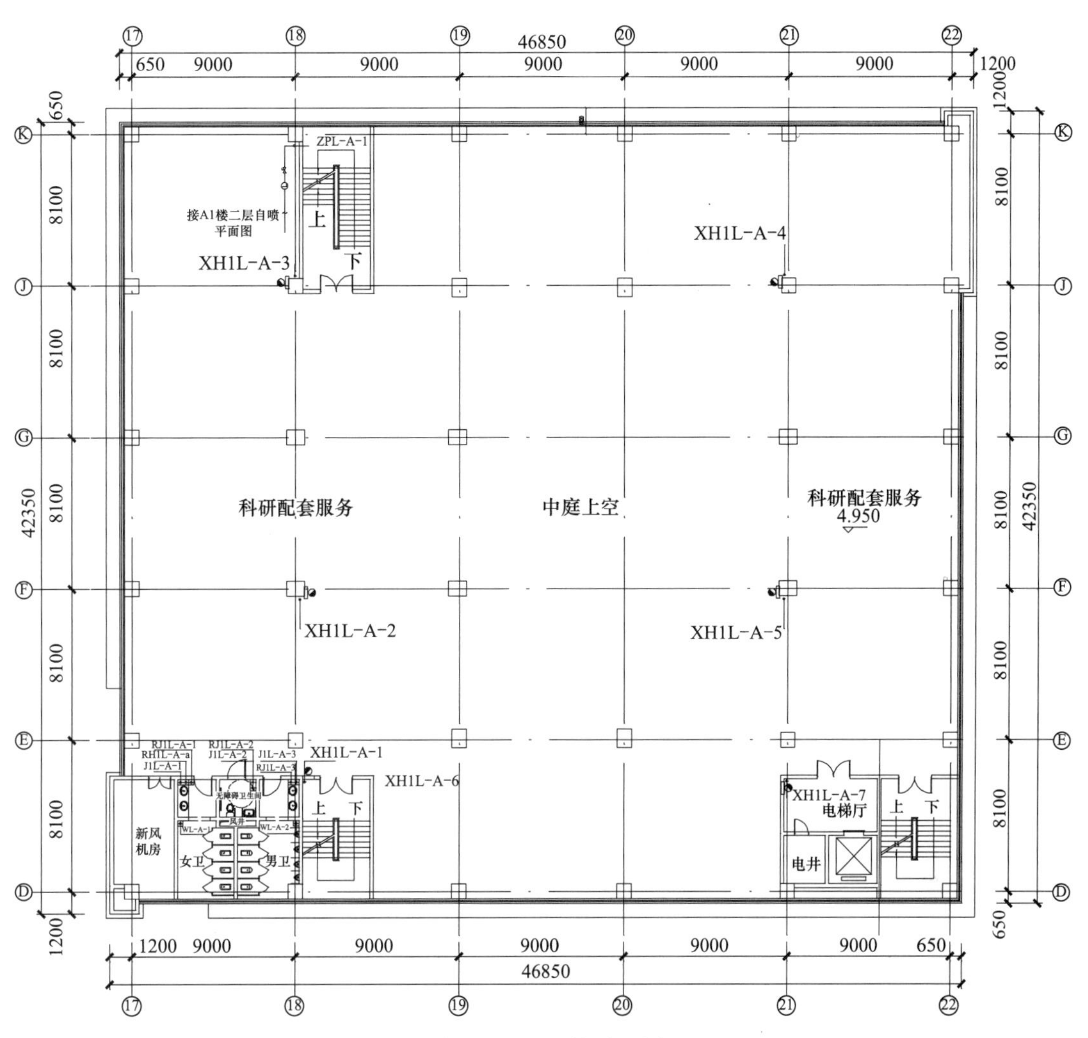
46850
650
9000
1200
8100
42350
650
接A1楼二层自喷平面图
ZPL-A-1
XH1L-A-3
XH1L-A-4
XH1L-A-2
XH1L-A-5
XH1L-A-1
XH1L-A-6
XH1L-A-7
科研配套服务
中庭上空
科研配套服务
4.950
新风机房
女卫
男卫
电梯厅
电井
上
下

图 7.5-2　A1 楼平面图

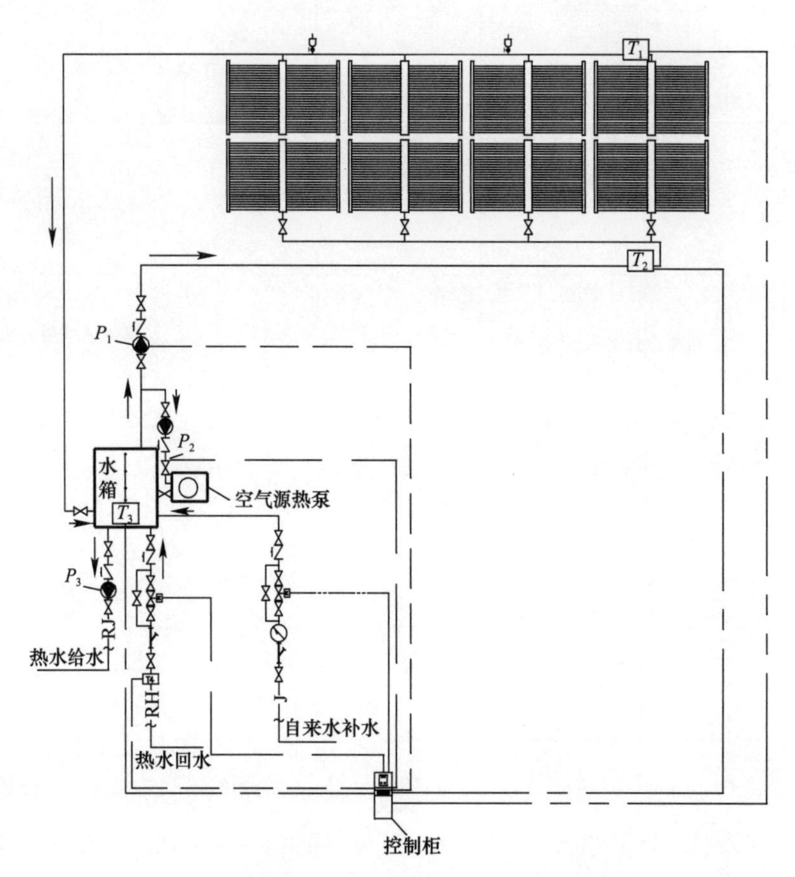

图 7.5-3　第一循环热水系统图

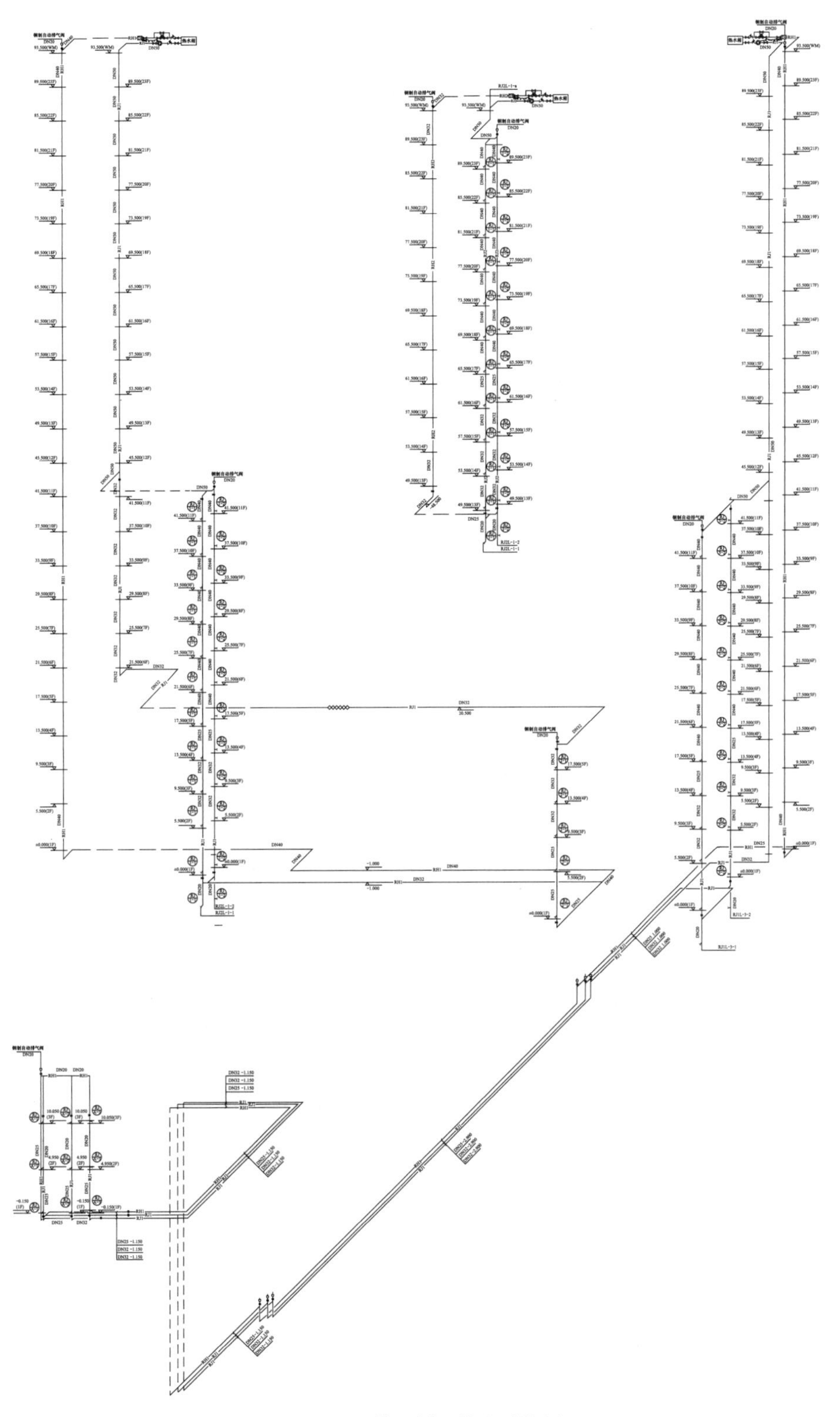

图 7.5-4　第二循环热水系统图

4. 主要设备表（表 7.5-3）

主要设备表　　　　表 7.5-3

设备编号	设备名称	规格及性能	单位	数量
1	太阳能集热器	ϕ47×1500，集热面积 6.25m^2/块	块	12
2	空气源热泵	制热量 39.5kW，产水量 850L/h	台	1
3	隔膜膨胀水罐	罐直径 500mm	套	1
4	贮热水箱	2.0m×1.5m×2.0m	座	1
5	太阳能循环泵	单泵 Q=3.6m^3/h，H=10m，N=1.5kW	台	2
6	空气源热泵循环泵	单泵 Q=3.6m^3/h，H=10m，N=1.5kW	台	2

7.5.4 现场照片及运行情况

2013 年 12 月设计完成，2017 年 5 月竣工验收并投入使用。于 2022 年 12 月进行现场回访，回访中物业人员反馈刚开始运行的半年时间中，有部分太阳能真空管炸裂漏水，更换后再无发生类似情况，系统一直运行比较稳定。夏季大部分由太阳能供水，耗电量较小；冬季空气源热泵运行时间较长，耗电量较大。现场照片如图 7.5-5～图 7.5-8 所示。

图 7.5-5　空气源热泵及贮热水箱

图 7.5-6　热水循环泵及膨胀罐

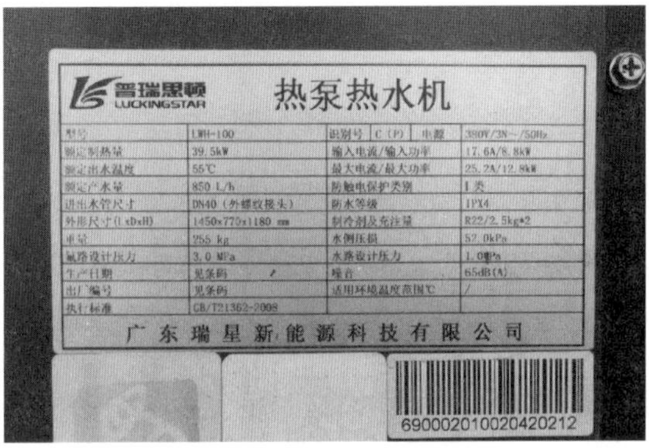

图 7.5-7　空气源热泵机组型号参数铭牌

图 7.5-8　太阳能集热器

参考文献

［1］ 张军. 地热能：余热与热泵技术［M］. 北京：化学工业出版社，2014.

［2］ 张军，等. 空气源热泵供热技术及应用［M］. 北京：化学工业出版社，2021.

［3］ 李元哲，姜蓬勃，许杰. 太阳能与空气源热泵在建筑节能中的应用［M］. 北京：化学工业出版社，2019.

［4］ 郑瑞澄. 太阳能利用技术［M］. 北京：中国电力出版社，2018.

［5］（美）艾德里安·格奥尔基，（罗）利维乌·穆雷桑. 能源安全 全球和区域性问题、理论展望及关键能源基础设施［M］. 北京：经济管理出版社，2015.

［6］ 王士军，刘珊，刘颂. 多种热水系统实例的节能对比分析［J］. 绿色建筑，2020（4）：48-49.

［7］ 刘锐锋，张晓萌. 太阳能技术在民用建筑热水系统中的应用［J］. 低温建筑技术，2010（3）：101-102.

［8］ 孙国林，李奇贺. 小高层学生公寓太阳能中央热水系统方案分析［J］. 能源与节能，2011（6）：11-12.

［9］ 中国建筑设计院有限公司国家住宅与居住环境工程技术中心. 15S128 太阳能集中热水系统选用与安装［S］. 北京：中国计划出版社，2016.

［10］ 罗运俊，等. 太阳能利用技术：第二版［M］. 北京：化学工业出版社，2013.

［11］ 戴松元. 太阳能转换原理与技术［M］. 北京：中国水利水电出版社，2018.

［12］ 郑瑞澄. 民用建筑太阳能热水系统工程技术手册：第二版［M］. 北京：化学工业出版社，2018.

［13］ 邵理堂，刘学东，孟春站. 太阳能热利用技术［M］. 江苏：江苏大学出版社，2014.

［14］ 姚俊红，刘共青，卫江红. 太阳能热水系统及其设计［M］. 北京：清华大学出版社，2014.

［15］ 袁家普. 太阳能热水系统手册［M］. 北京：化学工业出版社，2008.

［16］ 中国建筑标准设计研究院有限公司. GB 50364—2018 民用建筑太阳能热水系统应用技术标准［S］. 北京：中国建筑工业出版社，2018.

［17］ 中国建筑设计研究院有限公司. 建筑给水排水设计手册：第三版［M］. 北京：中国建筑工业出版社，2018.

［18］ 中国建筑标准设计研究院有限公司. 06S127 热泵热水系统选用与安装［S］. 北京：中国计划出版社，2006.

［19］ 中国建筑西北设计研究院有限公司. DBJ 61/T 193—2021 空气源热泵集中生活热水系统应用技术规程［S］. 北京：中国建材工业出版社，2021.

［20］ 王伟，倪龙，马最良. 空气源热泵技术及应用［M］. 北京：中国建筑工业出版社，2019.

［21］ 华东建筑集团股份有限公司. GB 50015—2019 建筑给水排水设计标准［S］. 北京：中国计划出版社，2019.

［22］ 周伟. 太阳能光伏光热复合空气源热泵热水系统性能研究［D］. 南京：东南大学，2016.

［23］ 陈东，谢继红. 热泵技术及其应用［M］. 北京：化学工业出版社，2008.

［24］ 杨凯. 碳达峰、碳中和目标下新能源应用技术：第 1 版［M］. 武汉：华中科技大学出版社，2022.

［25］ 李文兵，齐智平. 甲烷制氢技术研究进展［J］. 天然气工业，2005，25（2）：165-168.

［26］ 徐庆福，王立海. 现有生物质能转换利用技术综合评价［J］. 森林工程，2007，23（4）：8-11.